航天器组件级环境试验技术

吴清文　等编著

国防工业出版社
·北京·

内 容 简 介

本书中涵盖力学试验、热试验、电磁兼容试验等多种常见的环境模拟试验，并纳入材料级与机构类产品的相关试验，以及非常规环境试验，全面介绍航天器组件可能面临的各类环境条件及对应试验技术、评估方法。本书介绍了热平衡试验等易混淆的试验概念，与时俱进地增添了新技术内容，还介绍了“环境试验的安全措施及故障预案”等基于实际教训与宝贵经验的关键内容。

本书适合航空宇航科学与技术、动力工程与工程热物理、机械工程专业的高校师生和研究人员阅读。

图书在版编目（CIP）数据

航天器组件级环境试验技术 / 吴清文等编著.
北京：国防工业出版社，2025. 8. -- ISBN 978-7-118-13869-6

Ⅰ. V216. 5

中国国家版本馆 CIP 数据核字第 2025K31R32 号

※

国防工業出版社出版发行
（北京市海淀区紫竹院南路 23 号　邮政编码 100048）
三河市天利华印刷装订有限公司印刷
新华书店经售
*
开本 710×1000　1/16　**印张** 16　**字数** 303 千字
2025 年 8 月第 1 版第 1 次印刷　**印数** 1—1600 册　**定价** 98. 00 元

国防书店：（010）88540777　书店传真：（010）88540776
发行业务：（010）88540717　发行传真：（010）88540762

编委会

主　编：吴清文

副主编：刘春龙　赵　阳

编　著（以姓氏拼音为序）：

葛欣宏　贺　帅　李晓波　刘昌儒

刘春龙　刘宏伟　王　爽　吴清文

赵　阳

序

有幸提前阅读了清文及其编著团队撰写的《航天器组件级环境试验技术》，感到本书完全达到了最初制定的编写目标——“聚焦航天器组件产品的环境试验技术，将本书作为试验从业人员的基本参考手册或教材”。

清文从20世纪90年代中期开始涉足航天光学遥感器的力学分析、热分析与热设计、环境试验，迄今依然勤耕不辍，目前正负责我国首个大型空间巡天望远镜（中国的“哈勃”）的环境试验和质量工作。

能够看出来，本书是清文及编著团队在航天器环境试验方面将近30年工作的总结与升华，其中“环境试验的安全措施及故障预案”里面的许多内容更是源于实际工程中的教训与失败经验，它将成为指引从业人员的一盏明灯。

正如作者所言，机构类产品的寿命试验、磨合试验、可靠性研制试验等也纳入本书中。热平衡试验不是环境试验，而是热设计正确性验证试验，因其经常与热真空试验联合开展，也纳入本书中。并且本书澄清了许多容易混淆的概念，还与时俱进地增加了大量新的技术内容。

总之，本书做到了以下4个方面：

（1）准确性与权威性：所有的技术数据、试验方法和分析结果都基于最新的科学研究和工程实践；

（2）系统性与全面性：全面介绍了航天器组件可能遇到的各种环境条件，以及相应的试验技术和评估方法；

（3）实用性与指导性：提供了详细的试验操作步骤、设备要求和故障处理指南，以便读者直接应用于实际工作中；

（4）可读性与易懂性：以简洁的语言和清晰的图表解释复杂的技术概念和科学术语，使非专业读者也能轻松理解。

期待编著团队再接再厉，不断推陈出新，为我国航天器环境试验技术的发展贡献力量。

2024 年 11 月 25 日

前言

随着航天工程技术的不断发展，人类的认识从地球拓展到太空，从近地发展到深空，从太阳系拓展到其他星系。探索的信息，从可见、可及的领域发展到不可见、不可及的范畴，从单一信息发展到多元信息，认识的深度和广度不断提升。航天器的探索能力持续增强，标志着航天器的研制技术不断进步，其中试验技术是其基础保障技术。航天器组件级产品的研制工作，不仅需有经验的承制单位和专家来完成，还需要不断引入新的研制力量参与进来。然而，新的队伍的加入，往往存在对相关技术掌握不到位、不全面的问题，特别是在部分新型科学载荷的研制过程中。为了帮助新晋设计师快速、全面地掌握组件级环境试验的相关技术，特编写本书，同时拟将其打造为航天器组件级环境试验从业人员的实用业务手册。

为此，本书的编著目标如下：

(1) 清晰阐述基本概念、基本原理，同时保持简明扼要。

(2) 详细说明常见环境模拟试验的一般方案与要求。

(3) 参考试验规范，控制试验过程，并说明注意事项。

(4) 针对具体试验项目，对安全措施与故障预案进行明确指导。

(5) 总体目标是为试验从业人员提供参考。

本书包括力学试验、热试验、电磁兼容（EMC）试验等多种常见的环境模拟试验，涉及正弦振动、随机振动、噪声、冲击、加速度、热真空、热循环、高温存储、低温存储、EMC 等组件级环境试验，还有材料级的盐雾试验、湿热试验、真空紫外试验、原子氧试验和机构类产品的寿命试验、磨合试验等内容。此外，还包含了再试验和替代鉴定试验等非常规环境试验。为了确保内容的全面性和概念的准确性，书中纳入了环境应力筛选试验和可靠性研制试验。需特别说明的是，热平衡试验不是环境试验，而是热设计正确性验证试验，因其经常与热真空试验联合开展，也纳入本书中。本书中引述了部分标准和规范的内容，旨在节约读者查阅相关文献的时间，同时为读者提供相关线索，以便进一步研究。

感谢本书的全体编著人员，也感谢在本书编写中提供帮助和指导的专家、学者和领导。由于编者水平有限，书中难免存在疏漏与不足，恳请读者在使用过程中提出修改意见和建议。我们将不断更新内容，吸纳最新的技术和理论，使本书成为从业人员好的实用工具书。

2025 年 3 月

目录

第1章 空间环境

一般航天器组件面临的空间环境主要指微重力、真空、冷黑空间、空间辐照、原子氧、太阳光照射和地球（星球）的红外辐射等[1]。

1.1 微重力环境

航天器发射入轨后，引力与向心力抵消，处于失重或微重力状态，与重力状态相比，相关性能将发生较大变化。既有有利的因素，也有不利的因素。

对航天器组件不利的影响是重力释放导致其结构变形。现阶段，所有航天器组件，均是在地面 $1g$（g 表示重力加速度）重力条件下装调完成的，其环境试验也在 $1g$ 重力场中完成。因此，通常条件下，航天器组件的地面检测结果，特别是几何特性是包含 $1g$ 重力变形的。一旦发射入轨，整个飞行器将处于微重力状态，地面的重力变形会产生“反弹”，从而导致航天器组件的几何特性（光学元件的相对位置关系和面形）发生变化。

另外，热控所用热管在微重力环境下靠工质蒸发、毛细吸收工质回流工作，地面由于受重力影响，要尽量避免热管逆重力排布，否则会存在地面试验传热模拟不到位或无法模拟的情况发生。

失重状态下，自然对流现象减弱，依靠气体自然对流散热的仪器和元器件，热量排散将受阻，温度则很快升高。在地面进行模拟试验时，其失重条件不可能与空间相同。

当然微重力也会对一些传热器件带来有利的影响，如一些有运动机构的主动温控装置，因重力减小而比较容易驱动与控制。

1.2 真空

由于空间处于高真空状态，航天器与外部环境的热交换几乎仅以辐射的方式进行，而在地面上经常存在的气体对流传热可忽略不计，航天器与空间及内部各仪器、设备相互之间的热量交换变得较为困难，航天器要特别考虑散出多余的热量以防止温度升高。然而，高真空条件可用来设计出具有良好隔热效果的结构和多层隔热材料，它已有效地用于航天器某些部位，防止漏热、减少外热流的影响。

高真空对许多材料、运动机构、元器件产生的不利影响如下：

1. 材料蒸发

依靠材料表面吸收、辐射热量的温控涂层及各类材料长期处于真空环境中，它的表面加速蒸发，致使表面热辐射特性改变。一般来说，Al、Be、Cr、Mg、Si、Ti、Zn 的氧化物和其他化合物组成的无机材料（如陶瓷类）具有低蒸气压，适合空间长期应用。

有机材料在真空中的稳定性尤为重要，因为材料会产生挥发物凝结到周围温度较低且具有光学要求的热控表面、光学器件及电子元件上，造成表面污染（图 1－1）。因此，对于有些低温工作的组件，要考虑在轨烘烤去污的设计，避免因污染而造成仪器不能正常工作。在地面试验中，也要设法保证产品的温度高于排污装置的，避免试验过程中受到低温污染。

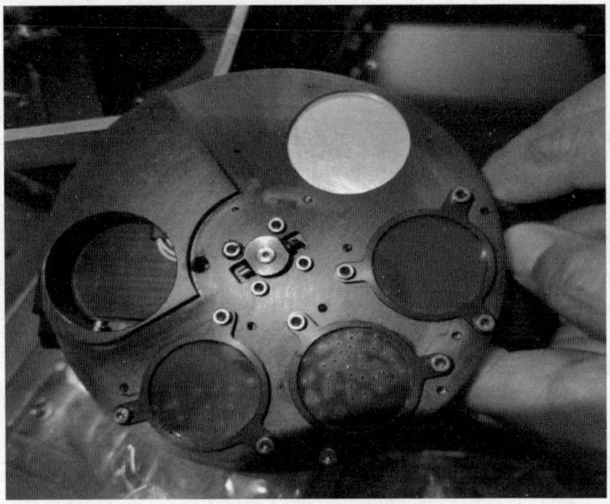

图 1－1　某产品的滤光片受污染状态

2. 出现干摩擦和冷焊

对一些机构的运动部件（如热控百叶窗的转动轴），由于高真空致使表面状态变化，高蒸气压的液体和固体材料蒸发，造成表面干摩擦甚至冷焊，使运动机构阻滞甚至卡死从而失去使用功能。这些部件在研制过程中，要考虑固体润滑和防冷焊设计。

3. 热阻加大，温差增加

在有气体的条件下，固体之间接触时，除材料自身接触外，气体还填充了各个微小的间隙空间。当传递热量时，可通过固体接触和固体－气体接触传导热量。在真空度提高后，传热面之间仅存在固体的点接触，传热通路减少，传热界面热阻增大，引起交界面温差增大。如果要加强界面传热，可以增加接触面/接合面、减小粗糙度，或直接在传热界面涂抹导热填料、增加软金属介质等，空间常用的导热填料包括硅橡胶、导热脂、导热垫、铟箔、铝箔等。

4. 电极间放电使材料受损或器件损坏

存在电压差的相邻表面，当真空度达到一定值后会产生极间放电，电弧导致表面损坏。特别对于航天器发射时主动段带电设备，发生低气压放电的概率较大，需要在防护设计、地面试验考核时重点考虑。

1.3 冷黑空间

宇宙空间的背景辐射能约为 $10^{-5}W/m^2$，相当于温度3K的绝对黑体辐射能(某些学者认为相当于4K的。无论3K的还是4K的，一般不影响工程师研制航天器)。同时航天器本体几何尺寸相较于宇宙空间而言，可以忽略不计，其自身对外辐射的能量全部进入宇宙空间。在开展热设计、热分析时，一般将环境温度设置为3K。

1.4 空间外热流

从近地空间到行星际空间，空间外热流主要来源于太阳辐射、地球、月球和各行星的热辐射及它们对太阳辐射的反射。地球轨道航天飞行器外热流，如图1－2所示。

1. 太阳辐射

太阳是航天器能量的来源，有了光照，太阳电池板才可以正常进行光电转换。

太阳是一个巨大的高温热辐射体，它的直径为 1.393×10^5km，其光球等效温度约5760K。太阳不断地向空间辐射大量的能量。太阳光谱的范围从波长小于 10^{-10}m 的 γ 射线到波长大于10km的无线电波，热物理学涉及的主要是转变成热能的部分，为0.1～1000μm，占总辐射能的99.99%。可见光波范围近似为0.38～0.76μm谱段（约占46%），0.76～1000μm谱段为红外线，其中0.76～2μm为近红外（约占47%），小于0.38μm的谱段为紫外线和伦琴射线；大于1000μm谱段为无线电波。

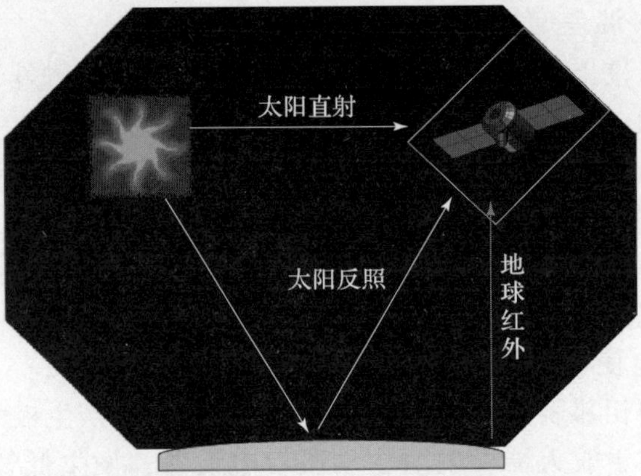

图 1－2　地球轨道航天飞行器外热流示意图

图 1－3 所示为太阳光谱辐射强度曲线，电磁辐射的波长范围。太阳光谱辐射强度曲线早期为 Johnson 曲线，M. P. Thekaekara 根据飞机、气球和航天器测量数据在 1970 年提出的光谱曲线，至今仍为美国航空航天局（NASA）使用。近年来随着一些精确定标和大气衰减修正，以及 Space Lab2 SUSIM 仪器的观察，有人提出对有些波段进行修正是必要的。

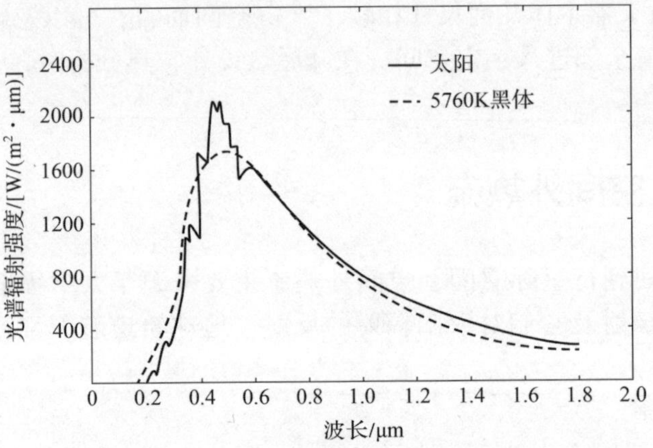

图 1－3　太阳光谱辐射强度曲线

按照地球离太阳的距离为 1 个天文单位（1AU）计的大气层外太阳辐射强度，称为太阳常数。不同距离的太阳强度可按下式计算：

$$S = \frac{q}{4\pi d^2} \tag{1-1}$$

式中：$q = 3.826 \times 10^{26}$ W；d 为距太阳的距离（m）。

根据太阳热流密度计算公式，太阳热流密度与距离太阳的距离平方成反比，距离太阳越远，热流密度越小。特别对于深空探测，如火星、木星及小行星探测，受重量约束，太阳帆板面积一般不会太大。另外，太阳热流密度随着离太阳距离增加而减小，热控系统应采取低功耗设计。

世界气象组织的仪器与观测方法委员会于 1981 年公布了新的地外太阳辐射谱，建议取地球大气层外太阳辐射照度的平均值为 1367W/m²，夏至达到最低为 1322W/m²，冬至达到最高为 1414W/m²。

2. 地球反照

太阳辐射进入地球－大气系统后，部分被吸收，部分被反射，其中被反射的部分称为地球反照。反射辐射的光谱特性很复杂，这是因为地球－大气对不同波段的吸收性质不一样，镜漫反射的成分也不同。在航天器热计算中，一般采用太阳光谱分布，并假定为反射遵循 Lambert 余弦定律。在热计算中，一般平均反射率取 0.3~0.35。

3. 地球红外辐射

太阳辐射进入地球大气层后，被吸收的能量转化成本系统的热能后，又以红外波长热辐射的方式向空间辐射，这部分的能量称为地球红外辐射。地球红外辐射与地区、陆地或海洋、季节等有关，地球辐射的波长在 2~50μm 之间，峰值为 10μm。大气基本上是不透明的，在 8μm 和 13μm 附近有窗口，所以从航天器上看到的是大气上面的组合辐射，相当于 250K 左右的黑体辐射。由于这个辐射叠加了从红外窗口辐射的地球表面辐射，因此入射到航天器上的地球辐射是随着航天器在轨道上位置的不同而不同的。

地球红外辐射热流密度平均值随季节变化范围为 229~245W/m²，不同地点的红外辐射热流密度值与云层厚度、水气等条件有关，变化值约 140~320W/m²。实际上，由于地球本身的热惯性（白天、黑夜、季节）和航天器在轨道周期的热惯性，这种变化的影响是很小的，因此在热设计中均采用地球反照平均值 0.3 计算，且认为地球红外辐射是从整个地球截面上均匀发散出的。以地球红外辐射热流密度为 237W/m² 计算了不同轨道高度下，航天器对地面和侧面地球红外辐射主要参数，见表 1－1。

表 1－1 地球红外辐射主要参数与轨道高度的关系

轨道高度/km	对地面			侧面			侧面与对地面热流比值
	热流密度/(W/m²)	黑体平衡温度/℃	对地视角系数	热流密度/(W/m²)	黑体平衡温度/℃	对地视角系数	
100	230	－20.8	0.97	92.2	－72.3	0.39	0.40

续表

轨道高度/km	对地面			侧面			侧面与对地面热流比值
	热流密度/(W/m^2)	黑体平衡温度/℃	对地视角系数	热流密度/(W/m^2)	黑体平衡温度/℃	对地视角系数	
150	226	-21.9	0.95	86.8	-75.3	0.37	0.38
200	223	-22.7	0.94	81.9	-78.2	0.35	0.37
300	216	-24.7	0.91	74.4	-82.8	0.31	0.34
400	210	-26.5	0.89	68.4	-86.8	0.29	0.33
420	209	-26.7	0.88	67.3	-87.5	0.28	0.32
500	204	-28.2	0.86	63.3	-90.4	0.27	0.31
600	198	-30.1	0.84	59	-93.5	0.25	0.30
700	192	-31.9	0.81	55.2	-96.5	0.23	0.29
800	187	-33.5	0.79	51.8	-99.3	0.22	0.28
1000	177	-36.8	0.75	45.9	-104.5	0.19	0.26
1200	168	-39.8	0.71	41.4	-108.8	0.17	0.25
1500	155	-44.5	0.65	35.3	-115.2	0.15	0.23
2000	137	-51	0.58	28	-124.1	0.12	0.20
5000	74.4	-83	0.31	9.8	-158.5	0.04	0.13
6400	59	-94	0.25	6.8	-168.5	0.03	0.12
10000	36	-114	0.15	3.1	-187.2	0.01	0.09
36000	5.4	-174	0.02	0.17	-231.5	0	0.03

1.5 月球热环境

月球是地球的一颗“航天器”，绕地球自转的同时，又绕太阳公转。其自转周期与绕地球一周的时间基本相同，是27.322个地球日。受潮汐锁定效应的影响，月球始终以同一面朝向地球，如图 1－4 所示。

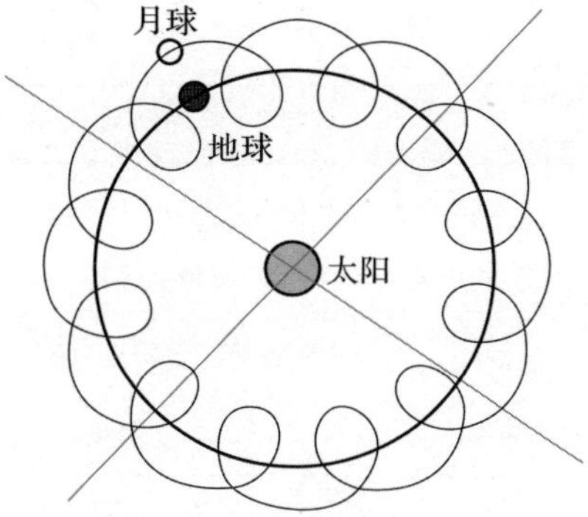

图 1－4　地球、月球、太阳运动轨迹示意图

月球的赤道平均半径为 1738km，月球绕地球公转和轨道参数如下：

（1）半长轴：384400km；

（2）轨道偏心率：0. 0549；

（3）近地点距离：363300km；

（4）远地点距离：405500km；

（5）平均公转周期：27 天 7 小时 43 分 11. 559 秒（27. 322 天）；

（6）绕地球公转轨道倾角：在 28. 58°与 18. 28°之间变化；

（7）交点退行周期：18. 61 年；

（8）沙罗周期：18 年 10/11 天；

（9）轨道与黄道面的平均倾角：5°9′；

（10）月球赤道与黄道的平均倾角：1°32′。

月球表面没有大气，且月球表面的平均太阳吸收率大约为 0. 92，造成太阳直射区域温度较高，不同纬度月球表面的温度变化见图 1－5，低纬度地区太阳直射点附近的月球表面温度可达 125℃左右，而在月夜期间，月球表面温度可降至－180℃以下，月球轨道热环境分析见表 1－2。

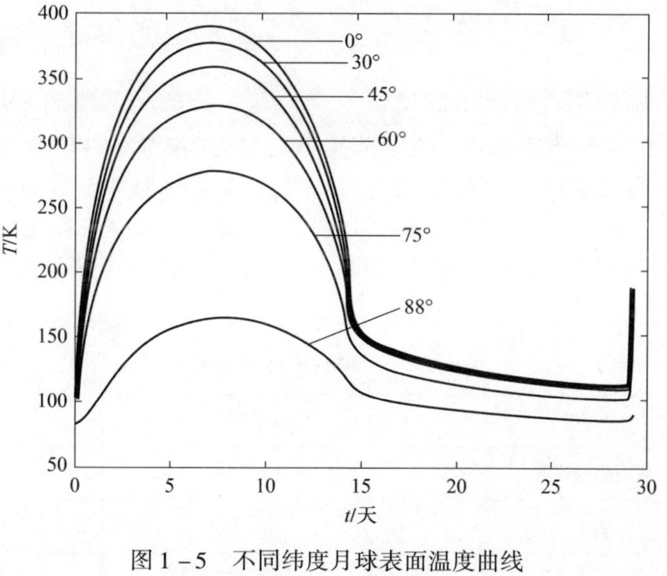

图 1－5　不同纬度月球表面温度曲线

表 1－2　月球轨道热环境

参数		近日点	远日点	平均值
太阳直射热流密度/(W/m²)		1414 ±7	1323 ±7	1368 ±7
反照率（直射点峰值）		0.073	0.073	0.073
红外辐射热流密度/(W/m²)	最大（直射点峰值）	1314	1226	1268
	最小（黑夜）	5.2	5.2	5.2

受月球自转周期较长影响，月球表面会出现月夜和月昼，而月球的南北极或高纬度地区月球撞击坑内，又会有极昼、极夜和长阴影出现。这些特性对于着陆月球表面长期工作探测器而言，存在诸如极端高温、极端低温、长期没有光照（太阳电池无法发电）等挑战。在长期月夜情况下，由于环境温度较低，可考虑采用同位素核源来保温（如钚 238）。对热控系统有影响的另一个因素是月尘，由于月尘的太阳吸收率较高，当它附着在航天器表面时，会造成探测器表面温度升高、散热面的散热效率降低等问题。热设计、分析时应考虑这些影响。

对于绕月飞行的航天器，特别是轨道高度较低时，月球表面红外辐射对散热面的加热效应明显大于地球轨道的作用。因此，布局散热面时应多加考虑这个因素。

1.6　火星热环境

火星是太阳系类地行星中的最后一个，与太阳的平均距离是地球与太阳的 1.5 倍，其平均太阳热流密度约为 589W/m²，约是地球的 42%，火星绕太阳公转轨道的偏心率较地球大，其变化为 ±19%。火星与地球参数对比，如表 1－3 所列。近日点和远日点太阳热流密度分别为 717W/m² 和 493W/m²，火星表面太阳反照率与地球相似，在赤道附近为 0.25～0.28，随纬度增加有所增加，最高为 0.5。

表 1－3　火星与地球参数对比

参数	火星	地球
平均赤道半径	3397km	6378km
扁率	0.0059	0.0034
赤道重力	0.375g	1g

续表

参数	火星	地球
自转周期	24h37min	23h56min
赤道倾角	25.19°	23.44°
日火（地）平均距离	1.5237AU	1.000AU
离心率	0.0934	0.0167
轨道倾角	1.85061°	0°
公转周期	1.8809 太阳年	1.0000 太阳年
卫星数量	2 颗	1 颗

由于火星表面大气较为稀薄，大气的红外线透过率较高，因此火星表面温差较大，夜晚温度较白天温度低很多。火星表面平均温度较地球低很多，太阳直射区温度可达 27℃以上，极区最低温度可低至 -120℃以下，火星表面平均红外热流密度约为 $110W/m^2$。

1.7　原子氧

原子氧是低地球轨道（LEO）空间环境残余大气的主要成分，主要由氧分子在太阳光辐射的光致分解作用下形成。由于两个游离的原子氧再复合形成一个氧分子，需要第三种粒子的参与，以带走复合时释放的能量，而在空间环境下，总压很低，处于高真空状态，原子氧与第三种粒子发生碰撞的概率很小，原子氧复合的概率就很小，因此，LEO 上，原子氧的浓度比较高。

原子氧通量，即原子氧积分通量沿轨道的时间积分。在 LEO 中，尽管大气分子很稀少，但温度很高，在太阳活动的环境下，300km 以上的大气温度仍可达到 1000K 左右，这时大气分子的热运动速度可达 1.15km/s[2]。

原子氧通量还受轨道高度（图 1-6）、太阳活动、飞行夹角、轨道倾角等的影响。

原子氧具有强氧化性、高温、高速等特点。一方面，原子氧本身具有很高的氧化性，可以与材料直接发生化学反应；另一方面，空间原子氧受太阳光的影响，其温度较高，可达 1000℃以上，可对材料表面产生较强的烧蚀效应。当航天器以 7～8km/s 的速度在 LEO 运行时，原子氧撞击航天器表面的能量约为 4～5eV，对航天器表面材料的轰击效应明显。如果原子氧与其他空间环境（如紫外线照射）协同作用，对空间材料的破坏性更大。

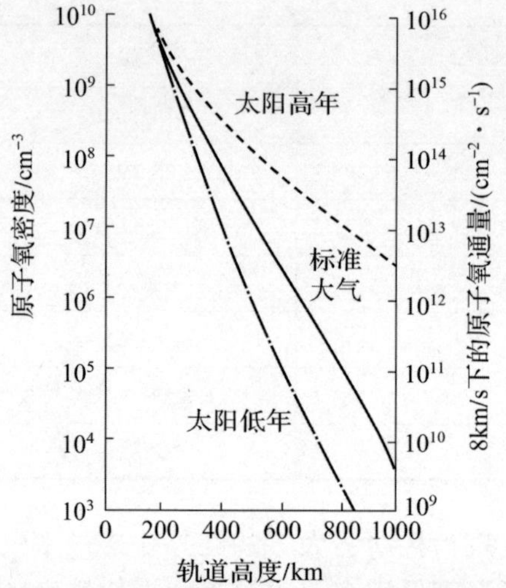

图 1-6　不同太阳活动条件下的原子氧通量、密度随轨道高度的变化

从 20 世纪 80 年代开始，对空间原子氧的关注越来越多。开展了多次飞行试验，具代表性的有 EOIM（evaluation of oxygen interaction with materials）-1、EOIM-2、STS（space transport system）-41G、COMES、LDEF（long duration exposure facility）、MEEP（mir environment effects payload），这些飞行进行了较多样品的试验，收集了大量的研究数据。

除飞行试验外，地面还可以开展原子氧效应模拟试验，或与真空紫外联合效应试验，受试验时间、经费限制，多数情况下要通过提高原子氧通量的方式开展加速试验，以测试样品长期在轨使用的性能变化。

航天器表面热控涂层受原子氧的剥蚀和破坏，通常其表面状态、热控属性将发生较大变化。常用的热控涂层如多层常用的表面膜层 F46 单面镀银二次表面镜、聚酰亚胺单面镀铝二次表面镜、防原子氧布，散热涂层如有机白涂、无机白漆、光学太阳反射镜（OSR）等，均受原子氧影响。通常，随原子氧通量的增加，热控涂层的太阳吸收率增大，而红外发射率基本保持不变。在选择热控涂层时，应尽量选择稳定性高、抗空间环境强的涂层，LEO 航天器，还要选择防原子氧能力较强的涂层。在航天器高、低温工况设置时，一般低温工况取热控涂层的初期参数，而高温工况取热控涂层的末期参数。

LEO 原子氧通量为 $10^{12} \sim 10^{15}$ atoms/($cm^2 \cdot s$)，随轨道高度增加而降低。另外，原子氧的浓度还会受到太阳周期活动、地球磁场强度、季节和昼夜等因素影响。除此之外，受航天器飞行方向的影响，其迎风面（飞行前方）遇到原子氧碰撞的概率较高，原子氧通量比其他面大。

LEO 原子氧是对航天器影响最严重的因素之一，对航天器的工作性能和使用寿命产生较大影响，因此 LEO 航天器选材料时，必须对原子氧效应予以足够重视，以保证航天器在轨期间的可靠运行和任务顺利完成。

我国空间站舱外设备表面多层组件面膜较为常用的一种防护层为防原子氧布（也称外用型阻燃布），它是一种玻璃纤维增强聚四氟乙烯复合材料，可以有效抵抗原子氧对涂层的侵蚀，热控性能可以长期保持稳定。

1.8　空间碎片

联合国和平利用外层空间委员会（United Nations Committee on the Peaceful Uses of Outer Space，UNCOPUOS）和国际机构间空间碎片协调委员会（Inter - Agency Space Debris Coordination Committee，IADC）对空间碎片的定义是地球轨道上在轨运行或再入大气层的无功能的人造物体及其残块和组件。

空间碎片的主要来源包括：

（1）丧失功能航天器残骸；

（2）航天器（包括火箭）解体/爆炸/撞击（破碎）等事件产生。

地球轨道上空间碎片的分布，如图 1 - 7 所示。

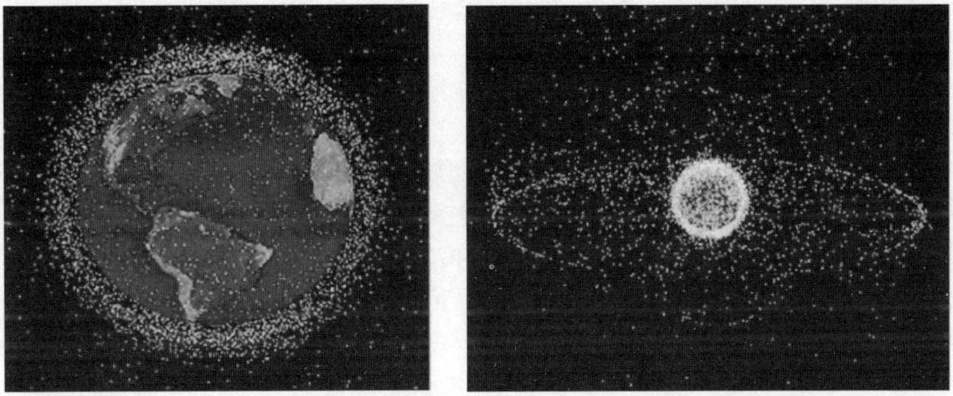

(a)　　(b)

图 1 - 7　地球轨道上的空间碎片分布示意图

（a）LEO 空间碎片分布；（b）GEO 空间碎片分布。

地球轨道中尺度在 10cm 以上的空间碎片数量已达 23000 个，尺度在 1 ~ 10cm 的碎片数量约为 50 万个，尺度在 1 ~ 10mm 的碎片数量约为 1 亿个，1mm 以下的碎片数量数以百亿计。空间碎片平均质量密度为 2.7g/cm^3，主要成分为铝/铝合金（占 44%）、复合材料（占 37%）、不锈钢（占 12%）、钛合金和铜等。空间碎片主要几何形状为板状、块状、杆状、薄片状，绝大部分为不规则形状。

在距地面 2000km 内的人类使用最频繁的 LEO，碎片运行速度为 7.8km/s（第一宇宙速度），它们与航天器发生超高速撞击，其相对撞击速度范围在 0~15km/s，平均撞击速度为 10km/s。空间碎片撞击产生的极高压强超过航天器材料屈服强度的数十倍到数百倍，会穿透航天器表面，形成大面积的高速碎片云，破坏内部的器件和系统，轻则导致航天器外露敏感表面性能衰退、功能丧失；重则对结构和载荷造成严重的机械损伤，甚至使整个航天器彻底爆炸解体，对航天器安全和航天员生命造成巨大潜在威胁。航天器的体积越大、在轨飞行时间越长，其遭遇空间碎片撞击的风险也就越大。

小于 1mm 的碎片即可对航天器外部设备和蜂窝板中的预埋件（如电缆、数据线、热控管路等），造成直接损伤，更大尺寸的空间碎片撞击，可导致航天器部组件、分系统乃至整器功能损失或失效，甚至爆炸、解体。超高速撞击实验表明，直径 1mm、速度 4.1km/s 的铝球就能击穿我国航天器常用的 25.4mm 厚的蜂窝板，对航天器内部设备造成严重威胁。

超过 10cm 的空间碎片，目前无法防护但可精准监测、编目管理，航天器可对其实施主动规避。1~10cm 的空间碎片尚不能精准监测，且无有效防护措施。1cm 以下的碎片无法监测，但可加装防护结构来被动防护。

空间碎片对热控系统的主要危害包括：

（1）热控涂层开裂、剥落，热辐射器穿孔、破裂；引起热特性、光学特性的改变，影响系统散热；

（2）热管损伤，影响传热，造成局部高温，影响系统性能和寿命；

（3）加热器、传感器损伤，影响热控系统正常工作。

虽说目前对于空间碎片暂无有效防护措施，但在热控系统设计时，可以对易损坏部件（如热管、加热器）进行备份、冗余等设计，在受空间碎片撞击时不至于彻底失效。

1.9 紫外辐射、带电粒子环境

前面在太阳辐射部分介绍过，太阳辐射中有一部分是紫外辐射，紫外辐射会引起材料性能的退化，特别是有些热控涂层在长期紫外辐射作用下，其太阳吸收率较寿命初期有所增大，甚至大幅增加，造成散热性能下降。在选择热控涂层时，应尽量选择性能稳定的涂层。在热分析时，应综合考虑涂层初期、末期性能。

带电粒子包括质子、电子、α粒子等，主要来源包括地球辐射带、太阳宇宙射线、银河宇宙射线等，这些带电粒子能量有时很高，将对电子元器件产生危害。热控系统主要考虑带电粒子的静电防护，包括多层组件、散热涂层等。

多层组件的表面膜层一般选用导电型表面膜层（如导电型 F46 单面镀银二次表面镜，导电型聚酰亚胺单面镀铝二次表面镜等），并且多层组件的每一层（含表面膜层）要通过接地桩与航天器接地。避免电荷累计，产生放电效应。对于中高轨道航天器，一般要求其散热涂层也进行接地，避免涂层产生静电释放。

1.10 其他空间环境

对于安装在舱外的组件，其所处的空间热环境还包括：

（1）飞行器发动机的羽流环境：对于污染比较敏感的部位，如光学镜面、散热面等，被发动机羽流污染后，将对其光学性能产生一定的影响，可能造成散热面太阳吸收率的增大，在热设计、分析时应予以考虑；

（2）飞行器表面的太阳反照、太阳遮挡等环境：当组件安装表面受太阳照射时，飞行器表面及其他载荷设备会产生较大的器表反照，有些工况下反照热流对散热面散热会产生较大的影响；

（3）飞行器表面大功率设备的热流环境：当组件附近安装有大功耗设备时，其表面温度一般较高，会产生较强的器表红外辐射，组件设置散热面，应避开大功耗设备影响。

综上所述，在进行组件热环境分析时，应当将组件作为一个单独的研究对象，全面分析组件以外的所有边界对组件的热影响，并且有针对性地开展热设计。

第2章 空间环境试验概述

航天器在研制、发射、入轨、返回过程要经历4个阶段的环境，包括地面环境、发射环境、轨道环境（空间环境）和返回环境。为了保证航天器的可靠性，必须在地面模拟这4个阶段的环境，并在这些模拟环境中开展充分的试验验证，其中以空间环境最为重要、因素最复杂、影响最大、投资最多。经验证明，航天器故障的70%是因空间环境的影响而造成的。

空间环境模拟试验，是航天器研制工作中的重要程序。由于航天器是由成千上万个零部件组成的复杂产品，发射以后，若出现故障，除航天飞机和载人飞船、载人空间站等有人在轨参与的飞行器外，在轨道上飞行器一般不能直接维修，因此很难查明故障原因。航天器的研制、发射耗资巨大，一旦发射失败或在轨提前失效，不仅在经济上造成巨大损失，在政治和军事上也将带来不良影响。

从1957年人类发射第一颗人造卫星以来，各国发射航天器的数量越来越多，且增长速度越来越快。早在1990年前发射失败的灾难性事故达140次，前10年发射的航天器平均寿命只有1年左右，在这些事故中50%以上是由空间环境的影响造成的。我国1970年发射第一颗卫星，到1990年发射共30颗卫星，就有26颗卫星的故障达43次之多。美国“哥伦比亚”航天飞机1981年4月首次飞行共发生故障80次，第2次飞行故障54次。苏联“联盟”（Sayat）飞船，因船、舰分离后密封舱泄漏，3名航天员全部遇难。这些重大故障主要是由于对地面空间环境试验没有给予充分重视与认真考虑造成的。可见，环境试验在航天器及其组件的研制中具有十分重要的作用。

由于绝大部分航天器是不回收的，在太空产生故障后不易查明原因，因此，在地面的空间环境试验中查明故障的原因容易得多，在初样研制阶段，开展鉴定级试验，同时对有限寿命的机构等产品开展寿命试验，甚至可靠性验证试验，充分暴露产品的早期故障，并排除故障。

随着航天技术的发展，应用型卫星的新特点是长寿命和多功能。载人航天器的特点是重复使用（航天飞机）、永久性（空间站）和大尺寸等。这些特点对空间环境试验提出了更高、更严格的要求，而且要考虑长期效应。

航天器的空间环境试验一般分为 3 个阶段，即研制试验、鉴定试验和验收试验。在每个阶段又按航天器组装级别的不同而分为组件级、分系统级和航天器（航天器整体）级试验，本书论述航天器组件级试验技术。

2.1　空间环境试验的分类

正式立项进入研制阶段后，航天器的研制工作通常分为方案阶段、初样阶段和正样阶段。

2.1.1　方案阶段的环境试验

方案阶段一般要做气动外形试验、热辐照功能试验、推进分系统高空性能试验、制导及导航与控制分系统的仿真试验、密封结构与烧蚀材料热真空试验、微重力条件下展开机构的性能试验、特殊空间环境试验（如原子氧、微流星、空间碎片、表面充放电、冷焊、磁环境试验）等。

这些环境试验项目的开展，目的是验证设计方案的可行性，同时在一定程度上提高技术成熟度。对于新研制的组件，要求开展原理样机或工程样机的研制工作，验证其功能和绝大部分性能，环境模拟试验不是本阶段的重点工作。

2.1.2　初样阶段的环境试验

（1）初样阶段环境试验的目的：检验产品设计和工艺的合理性，验证产品能否达到规定功能及在经受各种环境应力时的适应能力，并为正样产品技术状态的确认提供依据。

（2）初样阶段试验产品：包括部件、组件、分系统和航天器等全部飞行器的组成要素。新研制的航天器产品必须经过初样阶段试验的充分验证。以前型号中已经鉴定合格的产品用于新型号时，包括全部 A 类产品和部分 B 类产品，只要使用环境条件不高于以前的型号，可不必再做初样阶段试验。

（3）初样阶段环境试验的内容和量级：该内容根据不同型号产品的不同特点而各不相同，一般不应少于产品鉴定试验的内容，试验量级也不应低于产品鉴定试验的量级。其增加的试验内容和高出的试验量级，应由产品研制单位根据现有的经验、设备、技术力量来确定。

(4) 组件级的初样阶段环境试验：由于航天器组件种类繁多，试验内容不仅广泛而且因组件的功能各不相同分别有专门要求。例如，电子、电工组件首先要求在额定电压、电流、频率下在部件或组件级开展电性能试验；然后改变电压、频率并在各种环境下开展拉偏试验，检验组件的设计余量。环境试验应特别着重真空或常压下的温度循环。有特殊要求的组件，还要进行其他专项试验，如发动机试车、校飞试验、半导体线路与热控涂层的辐射试验、微波组件的微放电试验、光学产品的热光学试验等。

(5) 热控分系统或子系统的初样阶段试验：通常用结构热控件开展试验，模型上的部、组件用热等效模拟件代替，结构、表面涂层、绝热材料等模拟实际使用的热特性试验时，应模拟航天器任务期间的极端轨道工况。对有主动热控的航天器，还应模拟热控制器的所有工作模式；试验中所获得的温度及变化数据用以确定航天器温度场和组件的极端温度。

(6) 航天器初样阶段试验：主要指航天器电磁兼容性试验、热真空试验等项目。有时为某些特殊需要也可以进行其他航天器试验，例如，力学工程模型试验、星箭干扰试验、工程模型磁性试验等。

2.1.3 正样阶段的环境试验

正样阶段试验包括鉴定试验与验收试验。这里存在概念分歧：学术界认为鉴定产品及其鉴定试验，是正样飞行件及其相关工作；但型号管理层面，通过鉴定件完成鉴定试验并确定正样产品技术状态后，初样研制阶段才结束，因此鉴定件归属初样阶段的产品。本书不讨论该分歧，只讨论相关试验技术。

1. 鉴定试验

目的：检验正样产品经受各种鉴定试验环境的能力，检验产品的设计、制造和组装是否符合设计要求，且具有一定设计裕度。

鉴定试验分为组件、分系统和航天器 3 个组装级别。一般试验应按组装级别由低到高顺序进行。鉴定试验产品，就是同批次的正样产品，即按照与飞行产品相同的图样、材料、工装和工艺方法制造，它应能够在性能和质量上代表同批次的其他正样产品。中国航天将鉴定试验规划在初样鉴定件上落实。通过鉴定试验后，产品状态确定，转入正样件的生产阶段。对于鉴定试验过程中出现质量问题的产品，需开展故障归零工作，必要时需落实技术状态更改。

鉴定试验的量级等于最高预示环境加上环境设计余量。如果有组件被用于不同的航天器或在同一航天器中不同的分系统，则鉴定试验量级应取这个组件在各种情况下鉴定试验量级的包络。

2. 验收试验

目的：暴露正样产品在材料、工艺和质量方面的缺陷，排除产品的早期失效。

验收试验分为组件、分系统和航天器 3 个组装级别。一般验收试验应按组装级别由低到高顺序进行。验收试验的产品是供飞行或飞行备份用的正样产品，并且同批次的正样产品应已经通过了鉴定试验。

验收试验的量级等于最高预示环境，产品应在多次验收试验后不出现潜在的损伤及性能降级。

组件级验收试验的基线要求见表 2－1，包括“要求的”、“经评价要求的”和“不要求的”试验。通常组件验收试验应在组件级完成，但是在某些情况下，试验可以部分或全部在分系统级或飞行器级上进行。如相互连接的管路、射频电路和电缆等组件。

对于那些分属表 2－1 中两类或几类的组件，对每一类规定要求做的试验都应进行，如行星敏感器可以属于“电工和电子组件”，也属于“光学设备”，虽然光学设备不要求做热循环试验，但电工和电子组件要求做，因此行星敏感器仍应做热循环试验。

表 2－1　组件级验收试验基线

试验类型	建议试验顺序	电工电子组件	天线	机械活动组件	太阳电池阵	蓄电池	阀门或推进组件	压力容器或部件	推力器	热学组件	光学组件	结构组件
检查[a]	1	R	R	R	R	R	R	R	R	R	R	R
功能[a]	3	R	R	R	R	R	R	R	R	R	R	R
检漏[c]	4、7、12	ER	—	R	—	R	R	R	R	ER	—	—
冲击	5	ER[d]	ER	ER	—	ER	ER	—	ER	—	ER	—
振动	6	R	R[e]	R	R[e]	R[h]	R	R	R	R	ER[f]	—
声	6	ER	R[e]	—	R[e]	—	—	—	—	—	—	—
热循环	8	R	ER	ER	ER	ER	ER	—	ER	ER	ER	—
热真空	9	R[b]	R	R[g]	R	R[h]	R	ER	R	R	R	—
磨合	2	—	—	R	—	—	R	—	R	—	—	
检验压力	10	—	—	ER	—	R	R	R	ER	—	—	—

续表

试验类型	建议试验顺序	电工电子组件	天线	机械活动组件	太阳电池阵	蓄电池	阀门或推进组件	压力容器或部件	推力器	热学组件	光学组件	结构组件
检验载荷	11	—	ER	ER	—	—	ER	ER	ER	ER	ER	ER[f]
电磁兼容	13	ER	ER	—	ER	ER	ER	—	—	—	—	—
磁	14	ER										—

注：1. “R”表示“要求的试验”，是要求必做的试验，因为试验是有效的而且需要做的概率很高。

2. “ER”表示“经评价要求的试验”，是根据产品的具体研制情况来选择做的试验，因为试验一般不是很有效，而且需要做的概率较低。“经评价要求的试验”应根据情况逐项分析来作出评估。如果经过评估证明一项“经评价要求的试验”是有效的，“经评价要求的试验”就成为“要求的试验”。

3. “–”表示“不要求的试验”，是不需要做的试验，因为试验是不起作用的，因此需要做的概率极低。

“a”表示如可行，每次试验前后都要求进行，包括需要的特殊试验。

“b”表示对密封的或低功率部件选做。

“c”表示只对密封的或充压组件要求做。

“d”表示冲击值高时要求做。

“e”表示声或振动要求做一项，视何者更合适，另一项选做。

“f”表示如使用黏接结构或复合材料结构，要求做此试验。

“g”表示运载器的液压部件除外。

“h”表示试验后不能再充电的蓄电池不要求做。

2.2 主要试验项目及试验覆盖性

2.2.1 主要环境试验项目

与空间环境相关的主要试验项目简述如下，本书重点论述组件级产品的常见环境试验项目。

（1）热真空试验：这是在真空与温变条件下验证航天器及其组件各种性能与功能的试验，由冷浸、热浸与温度循环条件组成。热真空试验是航天器必做的项目。组件产品或分系统级热真空试验，与航天器系统级试验的要求和目的应有一定的针对性。组件级产品的热真空试验，重点关注产品的温度条件适应能力，而系统级试验重点关注平台结构的温度环境适应能力。

（2）静电带电与电磁环境及其效应试验：同步轨道下磁层亚暴会引起航天

器外表面静电、带电与放电的效应和电离层中带电、漏电等效应。高空的核爆炸会产生带电与放电的干扰。航天器舱体内部的电磁兼容环境与外部的自生电磁环境会产生带电与放电效应。因此，静电、带电与电磁环境及其效应模拟试验是必不可少的。

（3）微重力环境及其效应模拟试验：在微重力环境下需做航天员的训练与功能试验，以及大型柔性轻质结构的展开试验。空间资源（如晶体生长、药物提纯等）的开发和空间环境的利用都需要在微重力环境下进行试验。模拟试验包括物理模拟试验（如高塔、落管、飞机、气球火箭等试验）和效应模拟试验（如中性浮力槽、气垫、斜导轨等试验）。

（4）元器件和组件的可靠性老化、筛选试验：采用长寿命、高可靠性元器件和组件是保证航天器飞行可靠与长寿命的关键，应采用各种类别（包括空间环境）的老化、筛选试验方法与试验技术。

（5）航天器空间推进系统的空间环境试验：航天器上的各种控制、机动变轨的火箭发动机，都要在空间环境下做性能鉴定、功能评价与能力验证的试验，包括空间环境点火试验、羽焰污染试验、碰撞试验等。对于发动机羽焰影响区域的其他设备，需要开展羽焰影响评估工作，必要时开展试验验证。

（6）航天员舱外活动试验：该试验包括在热真空环境下的功能评价、安全救生系统的检验试验，在微重力环境下的适应性训练试验等。

（7）空间武器性能与功能评价试验：这是在空间环境条件下进行的模拟攻防作用试验。

（8）磁试验：磁试验是模拟卫星在运行中承受的地磁场环境及其效应试验。

（9）原子氧试验：在原子氧试验设备中进行原子氧和紫外线环境与航天器作用产生的物理与化学变化试验，重点关注迎风面上产品表面材料的适应能力。

（10）微流星和空间碎片的碰撞模拟试验：模拟太空中微流星和空间碎片与航天器表面（均指航天器外表面）相互作用的试验。

（11）粒子辐照试验：模拟空间粒子辐照环境在航天器上产生的效应试验。

（12）电子、质子、紫外线综合环境试验：模拟空间综合环境对航天器材料、器件等的效应试验。

（13）冷焊试验：检验活动部件在超高真空下是否出现冷焊现象（黏着、卡死）的试验。

（14）热平衡试验：热平衡试验是在空间环境模拟室（俗称真空罐）的真空与热辐射（太阳辐照或红外热流）条件下，检验航天器轨道飞行中的温度分布，验证航天器热设计数学模型，并考验航天器热控制系统功能、性能的试验。所有航天器都要做热平衡试验。某些航天器因温度过高或过低而产生故障或失效，因而必须在发射前充分开展热平衡试验。对于成熟度较高、状态没有明显变化的飞行器或组件，可以在仿真结果得到各方确认的情况下，减裁掉热平衡试验。

2.2.2 试验覆盖性

试验覆盖性，简单地讲，就是要回答试验验证的全面性，无论在哪个产品状态、哪个阶段均需对产品所经受的空间环境（载荷）进行验证，或试验，或仿真。仿真包括数值仿真和半物理仿真等方式。

在进入初样研制阶段，就通过试验覆盖性分析策划试验项目及其落实措施；到初样研制结束时，再通过试验覆盖性检查确认前期规划的试验项目的完成情况。如表 2－2 所列，是某项目的环境试验矩阵规划表，它是试验覆盖性分析的顶层设计。

表 2－2　某项目的环境试验矩阵规划表

产品名称	力学环境试验					热环境试验			空间环境试验				其他试验							
	加速度	冲击	正弦振动	噪声	随机振动	热循环	热真空	贮存温度	紫外线	带电粒子	原子氧	冷焊	真空放电	盐雾	湿热	内压力	电磁兼容	老炼	热平衡和热光学	寿命
组件 1	C	CZ	CZ		CZ	CZ	CZ	C						C	C		C		CZ	
组件 2	C	CZ	CZ		CZ	CZ	CZ	C						C	C		C		CZ	
组件 3	C	CZ	CZ		CZ	CZ	CZ	C						C	C		C		CZ	
组件 4	C	CZ	CZ		CZ	CZ	CZ	C						C	C		C		CZ	
……																				

注：C 表示初样阶段；Z 表示正样阶段。

2.3 空间环境试验方法

空间环境试验方法主要有以下几种类型：

（1）缩比模型试验：这是建立在相似理论基础上的试验方法，按照相似准则制造缩小模型进行试验（如热试验等），然后将结果换算为原型的相应参数。

（2）数值模拟试验：利用一定原始数据的数学分析方法，预报试验结果，缩短试验周期。

（3）效应模拟试验：这种模拟方法与真实模拟具有同等或近似的效果。

(4) 全尺寸物理模拟试验：用真实尺寸的模型或实物进行航天器或组件的物理模拟试验（如热真空试验、磁试验），试验数据可靠。

2.4　试验技术研究的主要方向

1. 大型热真空与热平衡试验技术研究

(1) 用瞬态热流红外模拟试验代替稳态热流红外模拟试验研究，实现轨道上动态热环境模拟，要求发出的热流随时间的变化与实际情况相接近。

(2) 数值模拟试验技术的研究，即用短时间或以某个工况取得的基本数据，用数值分析方法预示试验结果，缩短热平衡试验的时间。

(3) 用红外热流模拟试验代替太阳模拟试验技术的试验方法研究。

(4) 缩比试验技术研究。由于航天器尺寸的加大，空间环境模拟室尺寸受到限制，利用分舱或组件的热平衡试验结果，用数学模型分析边界条件，推算航天器试验结果的试验技术研究。

2. 轻质、柔性件展开与变形的试验技术研究

航天器上的各种轻质、柔性结构，如天线、太阳电池阵等，评价其展开的性能与功能，必须在微重力环境与热真空环境下做展开试验。例如，在水面上或在斜单轨上吊挂的展开试验，模拟微重力条件，研究它的位移差、效应及功能；研究天线、太阳电池阵等轻质构件在空间热环境下的变形与测量技术。

3. 航天器组件加速试验技术研究

用增大额定的试验量值、缩短试验时间的方法来获得相同的试验效果。例如，强化筛选提供长寿命、高可靠电子元器件的试验方法以及轴承的干摩擦寿命试验方法等。

结合电子、质子、紫外线、原子氧综合辐照环境的试验，用建立数学模型的方法，用 1 个星期的试验数据推算 5 ~ 10 年的结果。地面的盐雾模拟试验，也采取加速试验，通过 1 天的试验，等效模拟 1 个月的盐雾环境。

4. 微弱环境长期效应的试验技术研究

航天器由于尺寸加大与其寿命的延长，原来忽略不计的环境（如原子氧、微流星、大气阻力、污染等）必须加以考虑，应研究长期效应的机理、试验方法与试验技术。

5. 综合环境模拟试验技术研究

包括空间多参数环境的综合试验技术及空间环境与力学环境综合作用下的协同效应试验技术研究。

6. 航天员舱外活动的试验技术研究

主要包括对载人航天器的航天员出舱活动进行对接及各种修理、训练航天员适应空间环境的能力、评价各类装置的性能与功能、研究舱外活动的模拟试验方法与试验技术。

7. 姿控火箭发动机羽流试验技术研究

航天器的变轨飞行中广泛使用各种姿控与机动飞行的火箭发动机，要求在模拟空间环境下鉴定其性能、评价其功能。由于推进系统的工作状态、火箭条件变化很大，如何实现经济、有效的模拟试验是很复杂的研究课题。

8. 空间环境数值模拟试验技术研究

空间碎片、原子氧、污染、辐射等环境，均可通过建立数学模型，预示航天器长期运行的结果，进行数值模拟试验技术研究。

2.5 试验剪裁

航天器经历的环境十分复杂，包括振动、加速度、冲击、气动力、噪声、微流星、真空、冷黑空间、太阳辐射、磁场、等离子体、质子、电子等。它们对航天器造成的环境效应各不相同，存在不同的综合效应。为了保证航天器的可靠性，在地面上完全再现这些环境来检验航天器是不可能的，也是没有必要的。

环境试验的任务在于寻求那些影响航天器最终产品实现其既定能力和特性最重要的环境因素及其量级水平，以及在地面实现这类环境的模拟方法、设备、试验原理和试验程序，使航天器产品的性能和可靠性在经过必要的环境试验后得到保障。从提高环境试验的有效性和降低环境试验及产品研制成本的角度，试验环境的选择应当着重那些产品实际存在且对航天器影响最大的环境因素。这种试验环境的选择，实际上就是一种剪裁，为了把注意力集中到那些最能影响产品性能和最能暴露产品失效原因的环境因素上，从而简化试验设备和试验方法，提高环境试验的效果和经济性。

试验剪裁是针对具体型号产品的任务要求，按照它的工作寿命期间任务剖面对标准中每一项要求进行分析、评估和权衡的过程，必要时对其进行修改、删减和补充，经过试验剪裁后确定适用于该产品的最低试验要求，并能保证成功地完成任务[3]。

为保证试验计划经济有效，试验剪裁的过程宜考虑型号产品的质量要求、计划进度、试验经费和技术风险来选择合适的试验项目、试验余量、试验要求、试验顺序等，既要避免进行多余和无效的试验，又不要漏掉能够检测出产品设计缺陷和质量缺陷的必要试验。

航天器及组件环境试验规范中，环境试验项目的安排，主要依据环境试验的任务、产品的组成与结构、产品所经历的环境状态、可靠性要求、加工工艺、技术水平、设备状态，以及试验的程序和规划，等等。对高可靠、长寿命航天器及组件产品，对不同类型组件，并不要求做相同项目的环境试验，要求做的试验又分为必做和选做两种。这种试验项目的剪裁主要取决于组件所经历的环境及环境效应的严重程度，通常的裁剪措施如下：

（1）地面温度、湿度环境，对电子和电子组件影响较大，要求必须做；而对其他组件，则影响不那么大，可选做或不做。

（2）由于机械组件对真空环境不敏感，故不要求做真空放电试验，主动段不开机的电子设备通常也不要求开展真空放电试验。

（3）热真空试验，对绝大多数组件是至关重要的，故都必须做，只是试验的循环次数针对不同产品有所不同。

（4）紫外辐照、粒子辐照试验，只对电子器件、热控涂层、光学敏感器件等敏感组件要求必做；而对非敏感组件，选做或不做。

（5）干摩擦、冷焊试验，只对在高轨道下工作的活动机械组件有试验要求。

（6）磁试验，仅对有严格剩磁矩要求的航天器才做。

（7）表面充、放电试验，只对在静止轨道上长期工作的航天器才要求做。

尽管试验剪裁可以使环境试验更接近于实际要求，并获得一些好处，但也存在潜在的危险，如果剪裁不当，将带来一定的危险。因此，为了使试验剪裁能真正有效与可靠，必须注意以下几个方面：

（1）剪裁必须适应具体航天器计划的真实要求，只有对在特定计划下的航天器设计要求、产品状态、使用环境和环境剖面、环境应力量级、操作条件，甚至工作程序等进行过认真细致的了解和科学分析，有明确而完整的环境要求之后，才有可能对照通用标准的要求实施切合实际的剪裁，这是剪裁成败的关键。应特别注意加强对产品实际环境特性的测量和遥测数据的累积统计工作，以及工作环境对产品效应的分析研究工作。

（2）剪裁不应违反环境试验的原理及鉴定、验收条件的规定，应遵循严格的试验程序。不应单凭经验或主观臆断或者为管理、进度、经费等条件所左右而盲目剪裁。

（3）对高可靠、长寿命航天器的一切剪裁，应以保证环境试验的有效性和确保其高可靠为最终目的。对某些看来有理由但尚无把握的剪裁，应及时用试验来验证环境和运行过程中的假定是否真实，实施措施是否可行和有效，切勿匆忙剪裁。

（4）剪裁必须履行必要的技术程序，应是设计生产试验部门与管理使用部门通力合作的产物，是“实践—认识—再实践”不断深化渐进的过程，必须以明确的技术文本为依据，并经过必要的审批手续方能确定和实施。

2.6 试验规范

制定环境试验规范应考虑航天器的复杂性和继承性、所用的运载火箭、当前的技术水平、飞行任务要求、研制成本及可接受的风险度等因素。

试验规范要求考虑环境设计余量，指用于产品设计和鉴定试验时为减少失效风险而扩大的环境范围，包括对最高环境预示量级的增加、最低环境预示量级的减少，以及持续时间的增加等。对于温度环境的设计余量规定为±10℃，即验收试验的高（低）温裕度为5℃，鉴定试验的高（低）温比验收试验的高（低）温升高（降低）5℃，另外鉴定和验收试验环境温度的容差各±4℃。

预示的最高和最低组件温度环境，即航天器每个组件在所有工况中能预期达到的最高及最低温度（这个预期温度应该用热平衡试验加以验证），再加上考虑某些不确定的因素（如复杂的表面性质、污染、辐射环境、接触导热变化和不精确的地面模拟等），影响的余量根据航天器的具体情况适当确定。

2.7 环境试验的一般顺序

在正常飞行历程中，先经历发射环境，之后是真空和潜在的温度极限。因此在该飞行历程中，飞行硬件先经历噪声和振动的影响，之后是真空和温度变化的影响。据此，在做完力学试验之后再做热真空试验，就模拟了实际的飞行历程。有证据表明，许多声诱发的失效只有当航天器处于热真空环境中才能检测出现。这些失效在声试验中之所以未能发现，可能是因为试验时间太短或处于非运行通电状态。与动力学声环境有关或引起的典型失效有不良焊接点、间歇故障、轴承损坏、断线、虚焊、泄漏、不纯的材料等。

环境试验的一般顺序确定原则：

（1）先易后难。

（2）先力后热。

（3）容易产生破坏的试验优先开展。

环境试验的一般顺序，如图2-1所示。图中的顺序，尽量保持飞行器真实承受环境应力的先后顺序，先地面、后飞行，先力、后热、再电磁，基本上就是研制、发射、在轨飞行的顺序。

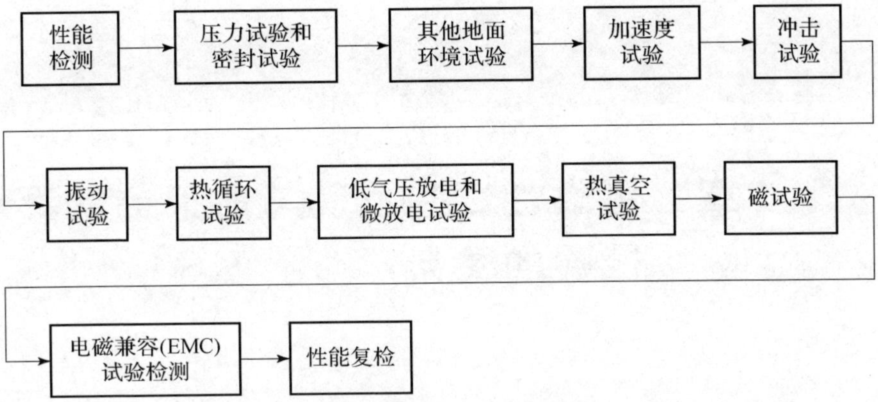

图 2-1　组件产品鉴定及环境试验的一般顺序

需要说明的是，既然是一般顺序，就不是固定不变的。在有关条件不允许时，研制单位可根据产品技术特点、研制过程的特殊需求，综合考虑组件试验需求、分系统和系统总体的试验需求，适当调整其顺序。

图中仅在全套环境试验前后分别标示了性能检测和性能复检，事实上，每个试验前后均需通过性能检测来判断组件产品在当前试验项目中是否发生变化，从而判断它是否可以承受相应的环境应力。

第3章 可靠性试验及其与航天器的环境试验的关系

3.1 可靠性试验与航天器的环境试验的关系

关于可靠性试验和环境试验，相关标准作了明确规划，装备的研制与生产试验，涉及环境应力筛选、可靠性增长试验、可靠性鉴定试验和可靠性验收试验四类试验。而航天器环境试验包括低气压（高度）试验、高温试验、低温试验、温度冲击试验、温度高度综合试验、太阳辐射试验、湿热试验、霉菌试验、盐雾环境、砂尘试验、浸渍试验、加速度试验、振动试验、噪声试验、冲击试验、温度湿度高度综合试验等试验项目。

GJB 1027A—2005《运载器、上面级和航天器试验要求》规划了地面温度环境试验、地面湿度环境试验、加速度试验、随机振动试验、正弦振动试验、冲击试验、声试验、真空放电试验、微放电试验、热真空试验、热循环试验、压力试验、检漏试验、电磁兼容性试验和磁试验等项目[4]。

综合比较可靠性试验和环境试验的相关项目及做法，其实是在不同角度保证装备（产品）的可靠性。相对而言，学术界关于可靠性及设备环境试验，更多地指批量生产的军用设备的试验；而 GJB 1027A—2005 针对单件、小批量为特色的卫星等航天器产品。虽然所规划的试验项目中存在较多相同的项目，但其实施办法或试验载荷存在较大差异。

从航天飞行器鉴定试验和验收试验的目的可以看出可靠性试验与环境试验的关系：

(1) 鉴定试验的主要目的，是要确认正样产品能够承受将遇到的环境载荷而且有足够的（强度、刚度、热、寿命等）裕度，由于空间飞行器是单件、小批量生产，造价昂贵，不可能如同批量生产的武器装备那样进行“可靠性鉴定试验”，然而它是 QJ 1408A《航天产品可靠性保证要求》中规定的“可靠性验证”（工作项目 303）工作中不可缺少的部分[5]。

（2）验收试验的主要目的，是要验证交付使用的产品符合规范要求，提供工艺和材料缺陷的质量控制保证。验收试验是要对百分之百的飞行产品进行环境应力筛选，暴露产品的潜在缺陷，尽量排除早期失效，提高其在轨工作的可靠性。由此可见，可靠性标准中规定的“环境应力筛选”实际上已包含在验收试验中。

3.2　可靠性研制试验

可靠性研制试验，一般包括在方案阶段或初样研制阶段进行的各项试验。该阶段试验的主要目的是为充分验证产品的设计和制造工艺和方案的正确性，验证它们有要求的（包括强度、刚度、热和寿命等）设计裕度，暴露设计和制造工艺中的薄弱环节并得到改正，尽量不将隐患留到正样研制阶段。因此，研制试验实际上是一个“试验—分析—改进—再试验”反复迭代进行的过程，通过该过程使产品的固有可靠性逐步提高，确保研制的产品有符合要求的性能和裕度，在有充分的把握后，再转入正样产品的设计和制造。[6]

航天器产品可靠性研制/增长试验，是航天产品贯彻研制与可靠性大纲的典范。

（1）可靠性研制/增长试验：航天器产品在方案设计阶段和初样研制阶段使用研制试验件通过“试验—分析—改进”过程提高产品固有可靠性的试验。

（2）研制试验件：专门用于获得航天产品设计和试验数据的试验模型，主要有工程模型、结构模型、热模型等。

（3）拉偏试验：对产品步进施加偏离产品工作参数、环境参数规定值应力的试验。

（4）试验目的：通过“试验—分析—改进”过程中反复验证，消除产品的设计方案和工艺方案缺陷，提高产品固有可靠性，并满足产品可靠性要求。

（5）试验阶段：方案设计阶段和初样研制阶段的试验，主要是初样研制阶段。鉴定件应该是从正样产品中抽样获得。但当前型号研制中往往鉴定件放在初样阶段，导致鉴定件与可靠性研制件同属一个研制阶段，可靠性研制试验应排在鉴定试验之前，尽量避免前期未完成的工作带到产品鉴定阶段。

（6）可靠性试验件和鉴定件：可靠性试验件，用来获得试验数据，用于产品的详细设计及对详细设计的修改。包括工程模型、热模型、结构模型、结构热控模型等，其最终技术状态，是鉴定状态，因此鉴定件是可靠性试验工作成果的最终体现；鉴定件，用于鉴定试验，最终确定正样产品的技术状态。

(7) 可靠性试验件的装配级别：

①元器件材料级、部件级、组件级、分系统级（舱段)、系统级（整星、整船、整器)。重点在后三者。

②组件级试验，一般不允许研制试验件作为鉴定件使用，不允许既做可靠性研制/增长又做鉴定试验，特别是新研产品须严格控制。

③分系统级和系统级试验使用的研制试验件，如果能达到鉴定目的，则将试验件视为鉴定件。

④系统级试验在初样研制阶段一般不投产鉴定件用于功能/性能、环境适应性等方面的全面验证，系统产品的鉴定件，可由正样阶段用于首飞的准鉴定产品来代替。

3.2.1 试验目的

在产品研制阶段早期，通过进行“试验—分析—改进”过程，系统地检测和消除设计和工艺上的薄弱环节，为满足长寿命、高可靠的要求提供适当而足够的设计余量，从而实现产品可靠性增长。可靠性研制试验的目的如下：

(1) 发现潜在问题：通过对航天器组件进行一系列的可靠性试验，可以及早发现可能存在的问题和缺陷，包括性能不稳定、易损部件和潜在故障模式等，以便提前进行改进和优化。

(2) 优化设计：可靠性研制试验也有助于为航天器组件的设计和制造提供数据支持，帮助工程师们优化设计方案，改进制造工艺，提升产品质量和可靠性。

(3) 确保安全性：通过对航天器组件进行可靠性试验，可以确保其在实际使用中具有足够的可靠性和稳定性，从而确保航天器的安全性，并降低因故障或失效带来的风险。

(4) 延长使用寿命：通过进行可靠性试验，可以及早发现潜在问题并进行预防性维护，延长航天器组件的使用寿命，降低维护成本，提高整个航天任务的成功率。

3.2.2 可靠性研制试验工作项目及相关说明

1. 冗余设计验证

冗余设计对象包括各子系统，冗余设计在各项地面试验当中的验证主要是指在热循环、热真空和低温存储等试验过程和与分系统联试的过程中，通过故障注入模拟故障，并通过控制系统对各组件主份与备份的状态进行判断，发送主份/备份断电和切换指令，并在切换后对各项参数性能进行监测。

（1）试验人员通过软件注入故障信息时，控制系统通过遥测参数可及时识别，从而证实了故障检测的有效性。

（2）主备份切换时，通过继电器使被切换单元下电，可有效地实现故障的隔离。

（3）通过在不同工况和环境下开展的多次切换验证试验单元，验证切换指令和切换执行单元可有效实施。

（4）通过上述两级的冗余试验验证过程，对冗余设计三要素，即故障检测有效性、故障隔离有效性和切换有效性进行了有效的验证。

2. 冷备份验证

冷备份指长时间放置后的启动可靠性验证。为验证航天载荷在长时间放置后的启动可靠性，制定以下低温存储验证试验条件：环境压力为常压，容器内充以干燥空气，防止常压下冷凝水的影响，试验条件可覆盖长时间储存环境条件，通过试验验证，经历低温贮存后可启动正常，各参数正常，存储不会对其产品性能产生影响。

3. 降额设计验证

降额设计验证是指在产品设计中考虑到各种可能的降额情况，通过验证确保产品在这些情况下仍然能够正常工作或达到设计要求。首先需要确定产品可能会面临的各种降额条件，如温度变化、电压波动、负载变化等；其次在实验室或合适的环境下进行测试，模拟各种降额条件，观察产品的性能和响应，如可以在热平衡试验中进行降额设计验证，热平衡试验根据不同工况又分为保活拉偏工况、保活工况、高低温工况，对各工况下的关键温度参数进行记录。

4. 裕度设计验证

针对重要的结构件特征，对应的策划开展拉伸试验测试、扭转试验测试、弯曲试验测试，实际测试结果若高于设计值，表明在原设计裕度上仍有余量。

针对活动组件及薄弱环节策划开展裕度验证，如针对空载和满载的输出力矩，进行动力裕度的验证。

5. 抗力学环境设计验证

需要开展抗力学环境的验证试验，检验产品经受正弦振动、随机振动、加速度载荷、冲击载荷、运输载荷的能力，获取各部位的响应参数；验证产品制造、组装是否符合设计、工艺要求；暴露产品材料、结构等方面的缺陷。通过力学试验验证组件级、整机级产品设计的正确性、合理性。

6. 热设计验证

策划热设计验证试验，通过热试验验证产品设计的正确性、合理性。检验产品依据试验指南规定的试验条件，经历热平衡、热真空、热循环、低温存储、温度梯度等热试验，对关键位置温度数据进行采集，验证温度水平均在规定范围之内，且满足降额设计要求，验证产品热控设计和实施符合设计工艺要求。

7. 防静电设计验证

防静电设计验证是指对产品的防静电设计方案进行验证和测试，以确保产品在实际使用中能够有效地防止静电对其造成的损害。如果不加以控制和防范，则可能会导致电子设备故障、数据丢失，甚至损坏等问题。因此，对产品进行防静电设计验证至关重要，策划在航天产品电性件和正样产品进行 ESD 试验，设计人员或试验人员通过试验验证 ESD 设计是否满足要求。

8. 机构润滑设计有效性及密封设计有效性验证

若载荷存在机构润滑设计，若其润滑设计及密封性存在问题，在长时间的振动、温度循环下，则会使性能参数产生漂移或变化。在开展力学试验、热试验、拉偏试验、盐雾试验、寿命试验和可靠性试验等超长时间的环境试验的验证过程中，带载情况下电机电流波动在允许范围内，可说明摩擦状态、润滑状态和机械结构在试验前后工作正常。对全过程前后产品的性能特性进行监控，通过检测是否发生变化，可证实其润滑设计和密封设计的有效性。

9. 防冷焊设计有效性验证

在策划开展的各项真空试验中，检查是否出现冷焊现象，可以验证防冷焊设计合理性和有效性。

10. 可靠性增长试验

可靠性增长试验旨在通过试验在装备研制或生产阶段获取设计缺陷的信息，以便进行分析并采取纠正措施，从而及早解决大部分可靠性问题，提升产品的可靠性水平。

装备的可靠性取决于设计质量。然而，受各种因素的影响，设计缺陷是难以避免的。在研发阶段，产品通常无法达到用户对可靠性的要求，因此需要进行可靠性增长活动。这些活动并非针对设计低劣的产品，而是针对经过认真设计但由于某些技术原因未达标的产品。与可靠性设计相比，可靠性增长活动需要投入更多的资源和时间，因此管理者通常只为通过可靠性设计评审的产品制订可靠性增长计划。

可靠性增长的核心在于消除影响产品可靠性水平的设计缺陷。关键在于发现这些设计缺陷，需要通过试验或运行来检测产品故障机理。一般的可靠性增长是指根据可用资源选择实施纠正措施以提高产品可靠性；可靠性增长管理是有计划、有目标的工作项目，对时间和资源进行系统安排，以实现预期的可靠性指标。

可靠性增长活动是一个连续的闭环控制过程，包括发现设计缺陷、故障分析、实施纠正措施和推广纠正措施到同型号产品中。这些活动可以在工程研制阶段、生产阶段甚至使用阶段进行。虽然按照标准规定应在装备研制阶段进行可靠性增长试验和工作，但根据产品的技术状况和可靠性水平，也可在其他阶段进行。可靠性增长试验是可靠性增长活动的主要内容，通常安排在工程研制基本完成后进行。

可靠性研制试验通过对载荷施加适当的环境应力、工作载荷、寻找产品中设计缺陷，以改进设计，提高产品的固有可靠性水平，使产品尽快达到规定的可靠性要求。例如，为了暴露薄弱环节，可以开展如下环境应力、工作载荷拉偏：

（1）在高温和低温工况下，温度拉偏 ±10℃，分别开展供电电压拉偏测试、交换机转发能力拉偏测试、驱动能力拉偏测试、过电流拉偏测试、供电电压拉偏测试、供电电压瞬间掉电摸底测试、指令电压/宽度摸底测试、总线指令密集度摸底测试、交换机转发能力拉偏测试、驱动能力拉偏测试、过电流拉偏测试、接口故障拉偏测试；

（2）通过上述极端环境条件的测试，发现产品工作异常、参数波动等情况，进而发现薄弱环节并迭代改进设计，实现可靠性增长。

11. 可靠性定量验证试验

若载荷是典型的空间活动机电产品。根据以往的航天产品研制经验，电子产品、结构产品经过充分的设计把关、生产过程控制、常规试验验证，能够保证其寿命远远大于系统产品的任务寿命，而运动机构产品，由于多方面的不确定性原因，其寿命直接影响到系统产品的任务寿命，因此需在模拟空间应用环境下开展寿命验证试验，以保证系统产品的任务寿命，并进一步验证其可靠性。

与活动有关的零件和部件分别是轴承、齿轮、滚珠。活动部件是其寿命、可靠性的薄弱环节，其失效形式分别是疲劳失效、润滑失效。

通过对航天器载荷任务剖面和可靠性特征量分析、试验条件、试验方法与流程、故障判据、试验过程异常现象处理、试验设备、试验数据记录要求等的确定，围绕着薄弱环节策划可靠性评估定量验证试验。

12. 工作项目说明

进行可靠性研制/增长试验是通过查明、分析和纠正故障模式以及验证纠正措施的有效性等来提高系统可靠性。应根据产品的特点和经费等约束条件有计划地进行“试验—分析—改进”闭环管理控制，实现产品的可靠性研制/增长试验目标。

可靠性研制/增长试验要与其他研制试验综合考虑和统筹安排，航天器和运载器的可靠性增长试验要与其他相关规定的研制试验一起考虑。受试产品要包括新设计或已有设计不能满足新的任务要求的组件、设备或分系统。

可靠性研制/增长试验的应力（环境应力、工作应力）应足以发现设计的薄弱环节并诱发故障或验证设计余量。试验项目应尽量包括设备之间或部件与组件之间正常的接口连接，以确保系统工作中不引入新的故障模式。

可靠性研制/增长试验应注意性能检测、故障检测和故障确认，利用“故障报告、分析及纠正措施系统”，通过采取减小其影响的改正措施来提高系统的可靠性。得到任务提出方认可的成功的可靠性增长试验可以代替可靠性鉴定试验。

3.2.3 可靠性研制/增长试验的注意事项

开展可靠性研制/增长试验，应注意以下事项[6]：

(1) 可靠性增长试验只能暴露问题，不能提高产品固有可靠度，只有采取纠正措施，防止故障再现才能达到可靠性增长目的。

(2) 可靠性增长试验必须纠正那些会降低产品的性能，增加维修和保障费用的故障。因此，首先应排除对完成任务有关键影响和用户费用有关键影响的故障。一般做法是通过排除影响任务可靠性的故障来提高任务可靠性，通过纠正出现频率很高的故障来降低维修费用。

(3) 可靠性增长试验的受试产品，为了按增长试验计划进行，保证纠正措施得以实现而不拖延进度，需要适当地安排试验顺序，一般采用的顺序是：首先，进行环境应力筛选试验以消除受试产品的缺陷，并缩短以后的试验时间；其次，应按可靠性试验规范规定，进行环境试验；最后，综合应力、寿命剖面的试验、分析和决定。

(4) 可靠性增长试验与环境应力筛选试验的区别，见表 3－1。

表 3－1　可靠性增长试验与环境应力筛选试验的区别

试验种类	环境应力筛选试验	可靠性增长试验
目的	暴露和消除设计、制造缺陷，导致的早期失效	确定和改正设计导致的可靠性问题
进行时间	在生产过程中	在生产之前
试验时间	一般为 10 个温度循环和 10min 随机振动	一般试验时间固定的，即设备平均无故障工作时间（MTBF）的几倍
样品数	一般 100% 进行	至少 2 个产品（如果可能）
是否通过	无（筛选应最大限度地暴露早期失效）	MTBF 的增长必须与选择的增长模型相关联

如果可靠性增长试验成功，并未暴露任何问题，则可靠性增长试验演化为可靠性验证试验；如果在可靠性验证试验过程中暴露出重大问题，须采取改进措施使可靠性获得增长，则可靠性验证试验演化为可靠性增长试验。

3.3　航天器机构可靠性试验

按照可靠性特征量来划分，航天器机构可以分为 3 类：特征量为寿命（威布尔分布）的机构、特征量为性能参数的机构和特征量为失败数的机构。针对这 3 类航天器机构的可靠性试验方法，须有针对性，采取不同的方法[7]。

3.3.1　可靠性试验的一般流程

图 3－1 给出了从可靠性试验方案制定到可靠评估全过程的流程。

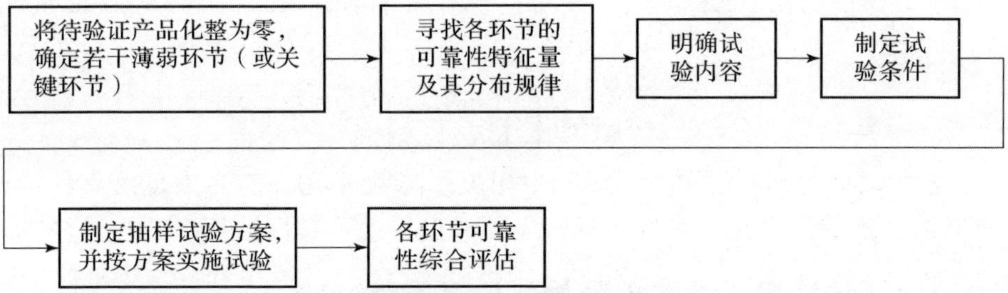

图 3－1　可靠性试验的一般流程

首先，需要分析产品的主要功能、故障模式及其影响，找出对产品功能实现具有致命影响的且发生可能性较大的各种故障模式，依据分析结果确定产品若干薄弱环节（或关键环节）的串联系统。

其次，确定各薄弱环节（或关键环节）对应的可靠性特征量，这些特征量应当是可检测的随机变量而不是常量。特征量的分布规律需通过必要的摸底试验获得（试验数据以相关分布检验确认）。

可靠性试验的内容应与产品各环节实现规定功能相对应。在试验方法的选择上，本着既能验证产品可靠性又尽可能节约试验件数量和试验费用的原则，尽可能采用可靠性特征量的计量型试验方法代替计数型试验方法。

可靠性试验条件，应当参照产品使用时的任务剖面中最恶劣的环境条件制定，即产品若在任务剖面中最恶劣的环境条件下都能可靠工作，则在该任务剖面中的其他环境条件下就能更加可靠地工作。

当完成可靠性试验后，依据各环节可靠性评估结果，就可得到产品的可靠评估结果，据此判断产品可靠性是否满足预定的可靠性指标要求。

3.3.2 特征量为寿命的机构可靠性试验

特征量为寿命（威布尔分布）的机构，一般是那些需要长期在轨运动的机构。在已知机构可靠性指标 R（待验证）的前提下，采用何种方法来验证机构是否满足该指标就是设计可靠性试验方案的任务。在设计这类机构的可靠性试验方案时，首先需要明确试验对象及其技术状态，通过分析产品的主要功能及故障模式，明确受试的环节及特征量（如寿命）；其次需要确定试验内容（例如机构的寿命试验）和试验条件（如真空低温环境条件）；然后需要明确任务参数 X_0（例如任务时间）、可靠性特征量 X 及其分布［如寿命 X 服从威布尔分布(形状参数 $1<m\leqslant 3$。m 由工程判定取值，且取值可保守一点)］；接下来需要明确机构待验证的可靠性指标 R、试验判断风险 P 和投试数量 n。可靠性指标 $R=P(X>X_0)$ 的量值一般由航天器分系统确定；β 由航天器系统统一规定取值，$\beta=1-\gamma$（γ 为置信度）；一般 $n\geqslant 2$。于是，根据威布尔分布的规律求得特征量试验值 X_R 为

$$X_R = X_0\left[\frac{\ln\beta}{n\ln R(X_0)}\right]^{\frac{1}{m}}$$

可靠性试验的判断规则：当试验中相关故障数 $r=0$，产品满足可靠性指标；当 $r>0$ 时，产品不满足可靠性指标，需要改进，使可靠性增长。

3.3.3 特征量为性能参数的机构可靠性试验

特征量为性能参数的航天器机构较为普遍。例如，航天器上的弹簧分离推杆，要求其输出的推力 X 既不能过大也不能过小，需控制在某个范围内。这类机构的可靠性特征量就是其性能参数 X，它将受到特征量容许下限 X_L 和特征量容许上限 X_U 双侧参数的限制（$X_L\leqslant X\leqslant X_U$），可靠性 $R=P(X_L\leqslant X\leqslant X_U)$；而有些机构的性能参数只受到单侧参数的限制，例如，要求舱门机构的漏率 X（可靠性特征量）不大于特征量容许上限（最大漏率）X_U，即对应的可靠性 $R=P(X\leqslant X_U)$。

在设计这类特征量为性能参数的机构可靠性试验方案时，无论是特征量受单侧参数限制的情况，还是特征量受双侧参数限制的情况，都需要说明试验对象、试验内容、试验条件、可靠性特征量 X 及其分布、特征量容许限（下限 X_L 或上限 X_U)、可靠性指标 R、试验判断风险 β、投试数量 n。R 和 β 分别由航天器的分系统和系统来确定，$\beta=1-\gamma$；一般 $n\geqslant 5$。

对于特征量受双侧参数限制（$X_L\leqslant X\leqslant X_U$）的情况，在给出 X_L 和 X_U 的同时，还需给出特征量下限超差概率 p_1 和上限超差概率 p_2。p_1 和 p_2 满足关系

式$R=1-(p_1+p_2)$。X_L、X_U、p_1、p_2 均为设计指标。

对于特征量受单侧参数限制的情况，依据 R、n、γ 可查国家标准 GB 4885 求得 K。

假设 n 次试验获得的样本有效观测值为 $x_i(i=1,2,\cdots,n)$，则样本均值 x 和样本标准差 S 分别为

$$x=\frac{1}{n}\sum_{i=1}^{n}x_i$$

$$S=\sqrt{\frac{\sum_{i=1}^{n}(x_i-x)^2}{n-1}}$$

可靠性试验的判断规则如下：

（1）对于要求 $X\leqslant X_U$ 的情况，若 $x+KS\leqslant X_U$，则机构满足可靠性指标；对于要求 $X\geqslant X_L$ 的情况，若 $x-KS\geqslant X_L$，则机构满足可靠性指标。否则，机构不满足可靠性指标，需要改进，使之增长。

（2）对于要求 $X_L\leqslant X\leqslant X_U$ 的情况，若$(x-K_1S,x+K_2S)\in(X_L,X_U)$，则机构满足可靠性指标。其中，$K_1$ 和 K_2 分别根据 n、γ、p_1 和 n、γ、p_2 查标准 QJ 1384 获得。

3.3.4　特征量为失败数的机构可靠性试验

特征量为失败数的成败型航天器机构多数为火工机构，一般在轨仅作一次性动作。连接解锁机构、太阳翼压紧释放机构等都属于这类机构。这类机构的试验结果或者为"成功"或者为"失败"。

根据待验证的可靠性指标 R 设计这类机构可靠性试验方案时，需要说明试验对象、试验内容、试验条件、可靠性特征量 X 及其分布、可靠性指标 R、试验判断风险 β、投试数量 n。

R 和 β 的确定方法如前文所述。n 需要参考机构产品投产批量 N 的大小来决定。

若 $N\geqslant 10n$，则当失败数 $F=0$ 时，根据 R 和 β 按式（3－1）决定 n。

$$n=\frac{\ln\beta}{\ln R} \tag{3-1}$$

若 $N<10n$，则 n 由式（3－2）决定或依据 R、N 和 γ 查 GJB 376 得到

$$\sum_{x=0}^{F}\frac{n!(N-n)!(N-NR)!(NR)!}{N!x!(n-x)!(N-NR-x)!(NR-n+x)!}=1-\gamma \tag{3-2}$$

可靠性试验判断规则：若 n 次成败型试验中失败数 $F=0$，则机构满足可靠性指标；反之，则不满足。

3.4 寿命试验

航天器组件寿命试验是一种用于评估产品或材料使用寿命的测试方法，本节提出的方法适用于机械电子类航天产品等的使用寿命和储存寿命的试验与评估。寿命试验与评估工作适用于产品设计定型阶段、试用阶段和使用阶段。

对于可能有磨损、性能漂移或疲劳型失效模式或是性能降低的组件，应进行寿命试验。寿命试验应模拟组件工作寿命期间可能经受的环境条件。环境条件的选择应考虑组件寿命末期的使用要求及其主要寿命特性。评价磨损和性能漂移失效模式的典型环境宜使用正常环境、热和热真空环境，评价疲劳型失效模式宜使用压力、热、振动环境。

3.4.1 组件鉴定寿命试验的目的

验证组件在工作寿命期间的长期工作时间和工作循环次数中工作性能不超过规定范围的能力，并具有适当的余量。寿命试验目的通常包括如下几个：

（1）评估产品的可靠性：寿命试验可以帮助确定产品在特定条件下的使用寿命，以评估其可靠性。

（2）预测产品寿命：通过模拟实际使用环境进行寿命试验，可以预测产品在不同环境下的使用寿命、储存寿命，帮助预测产品的寿命和预期寿命。

（3）识别潜在故障模式：寿命试验有助于识别产品在长期使用过程中可能出现的故障模式和原因，帮助研制方改进产品设计和生产工艺。

（4）满足用户要求和任务指标要求：用户对产品的寿命和可靠性都有相关的指标和要求，通过寿命试验可以确保产品符合这些要求。

3.4.2 组件寿命试验的技术流程

组件产品寿命试验的技术流程，如图 3－2 所示。根据飞行产品的任务要求和产品设计方案，规划寿命试验要求及试验方案。完成寿命试验后，对产品进行开盖检查，确认产品在寿命试验过程中发生的变化，并判断其寿命设计裕度。

对于寿命周期较长的产品，需要生产专门的寿命试验产品，否则直接使用鉴定件开展寿命试验。寿命试验产品中与寿命相关的部组件的技术状态，需与正样一致。

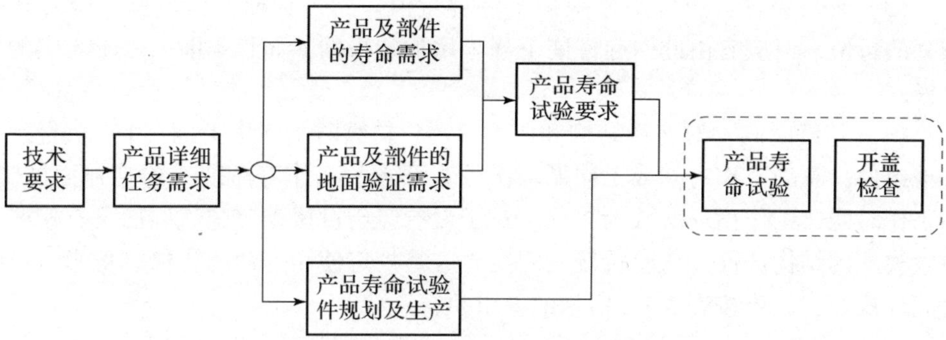

图 3－2　组件产品寿命试验技术流程图

对建立在统计基础上的寿命试验，试验持续时间与样本数、置信度和所要验证的可靠性有关。组件中有经受磨损的机构应分别做寿命试验，试验的持续时间应有高置信度来保证机构在工作寿命中不会磨损坏，试验结束后，应拆卸机构和运动机械组件，检查有无异常现象。如果有正当理由，可以较早地拆卸组件并进行检查。应对可能发生疲劳失效的零件关键部位进行检查以确定它们的完整性。

原则上，组件产品的寿命试验需在初样阶段就完成，作为转入正样生产的标志之一，但对于长寿命产品，无法完成的，需在正样阶段甚至产品发射入轨后继续完成其寿命试验。

3.4.3　组件鉴定寿命试验说明

组件寿命试验的试验量级和持续时间如下：

（1）压力：对充压结构和压力容器，压力值应按以下规定执行。

①检验压力：除非另有规定，充压结构的最小检验压力至少为最高预期工作压力的 1.1 倍。对压力容器和其他压力部件，如压力管路和接头，最小检验压力应按有关技术规定的要求。应将压力保持一段时间使其足以保证达到规定的压力。除非另有规定，除压力容器外，保持时间至少 5min。

②压力循环：除非另有规定，组件内压升到最高预期工作压力，保持 5min，然后将压力（表压）降到零，构成一个循环。循环次数为预计的工作次数的 2 倍。关于压力容器，试验应按有关技术规定的要求。

③爆破压力：除非另有规定，充压结构的最小设计爆破压力至少为最高预期工作压力的 1.25 倍。对压力容器和压力部件，最小设计爆破压力值应按有关技术规定的要求。设计爆破压力值应保持一段时间使足以保证达到正确的压力。

（2）对其他组件，一般应使用正常环境压力，对于预计在真空环境中性能会降低的不密封组件，应使用 6.65×10^{-3}Pa 或更低的压力。

（3）环境条件：应采用极限预示环境量值。为了加速寿命试验，也可采用较高的量值，但应有由此引起性能下降率增加的根据，而且不能引入不真实的失效模式。

（4）持续时间：对充压结构和压力容器，持续时间应按上面（1）执行。对其他组件，总的工作时间或工作循环次数为预示的工作寿命期（包括地面试验）内工作时间或工作循环次数的2倍。对于没有经历过振动鉴定试验而具有疲劳型失效模式的结构部件，试验持续时间至少应是规定使用寿命的4倍。寿命试验的时间或次数，也可按表3-2所列的要求执行。

表3-2　寿命试验次数要求表

循环类型	预示循环次数/次	寿命试验的系数
地面试验循环次数（最小取10次）	1~1000	4
	1001~100000	2
	>100000	1.25
在轨工作循环次数	1~10	10
	11~1000	4
	1001~100000	2
	>100000	1.25

（5）功能试验循环：在试验开始前和完成后，都应进行功能试验。在寿命试验期间应进行详细的功能试验，功能试验应在足够短的时间间隔内完成，以便确定变化趋势。

3.5　活动部件（组件）老炼试验

对活动部件（组件），该项试验，有时又被称为飞行产品跑合试验或磨合试验，不是机构装配过程中的工艺试验。它是航天器组件可靠性及寿命试验技术中的关键环节，是指在模拟航天器组件实际运行过程中，对其进行持续运行和负载试验，以模拟磨损和疲劳情况，验证其性能和可靠性。该试验可以在实验室环境中模拟和评估组件在实际运行中的寿命和可靠性，发现潜在问题，为组件的维护和保养提供参考价值。它对验证航天器组件的性能和可靠性起至关重要的作用。

3.5.1　试验意义

该试验的意义在于可以评估航天器组件的可靠性和稳定运行能力，从而为组件的维护和保养提供重要参考价值。通过磨合试验，可以及早发现组件可能存在的问题，提前进行预防性维护，延长其使用寿命，减少故障率。同时，磨合试验还可以为航天器组件的设计改进和优化提供数据支持。通过该试验，检测组件寿命初期的材料和制造质量缺陷，并使机械组件磨合或跑合，从而保证它们能在平稳、协调和受控状态下运行。

3.5.2　试验设计

在进行磨合试验时，需要确定试验的运行参数，如负载、速度、温度、压力等。这些参数的选择需要充分考虑航天器组件的实际使用环境和工作条件，以及磨合过程中可能产生的磨损和疲劳情况。同时，航天器组件的安装和模拟运行过程也是磨合试验设计的重要环节。对于航天器中的组件，需要特别考虑真空条件下的运行情况。

3.5.3　试验量级及持续时间要求

试验量级和持续时间要求如下：

（1）压力：一般采用正常环境大气压力。

（2）温度：如能够达到试验目的，可在常温下运行；否则，应在有代表性的运行环境温度下运行（建议在验收级试验温度范围内进行）。

（3）持续时间：应进行 15 次循环或是整个寿命期间预期循环次数的 5%，取其大者。

当组件在典型的工作载荷、速度和环境下运行，并同时监测敏感参数时，则组件应在规定的时间周期内运行。对阀门、推力器和其他产品，确保检测出早期故障的较好方法是工作循环次数而不是工作时间，应在常温下进行功能循环。对于推力器而言，一次循环是指包括启动、稳态运行及关机在内的热点火过程。用肼推进剂进行热点火的推力器，在试验点火后应将飞行用阀门内肼的污迹全部清除干净。寿命周期极为有限的装置，如压力推进贮箱，不需要做磨合试验。

短寿命次数的活动部分（组件）的老炼试验，宜在产品热真空试验中开展。对于长寿命活动部件（组件），必要时规划专门的老炼试验。

3.5.4　试验的过程与监测

在进行磨合试验时，需要对航天器组件的性能和运行状态进行不断监测，记录磨损情况和疲劳程度，及时发现可能存在的问题和隐患。这需要运用先进的监测技术和设备，如传感器、数据采集系统等，对航天器组件进行全方位、多参数的监测。此外，还需要考虑磨合试验过程中的实时数据传输和处理技术。

3.6 航天器组件环境应力筛选试验技术

3.6.1 航天产品环境应力筛选试验概述

QJ 3138—2001《航天产品环境应力筛选指南》规划了环境应力筛选的范围、一般要求和环境应力筛选方法等详细要求[8]。该标准引用了我国电子产品环境应力筛选方法、电子设备环境应力筛选指南等标准的相关内容。

环境应力筛选的目的：环境应力筛选是向产品施加适当的环境应力（主要是热循环应力及随机振动应力）和电应力激励，暴露其存在的制造工艺和元器件等缺陷，并加以剔除的一道工序，它是一种经济有效的保障硬件无制造缺陷和元器件缺陷的工艺，而不是一般意义上的试验。当然，对某些设计不够成熟的产品或可靠性增长试验不充分的情况，它也可作为早期发现设计隐患、提高产品可靠性的手段。

环境应力筛选主要适用于电子产品，包括电子组件、单机和系统。原则上，亦可用于电气、光电、机电或电化学产品。主要试验对象：电子学部分、机构件（如空间相机的偏流机械、调焦机械、快门机械、输片盒等）。

环境应力筛选主要用于产品的批生产阶段，批生产产品出厂前，一般应100%地进行环境应力筛选，至少应在元器件级以上的最低组装级或根据工程实际规定的最佳组装级的产品上逐个进行环境应力筛选，以消除早期故障。环境应力筛选试验在寿命各阶段的应用如表 3－3 所列。

表 3－3　环境应力筛选试验在寿命各阶段的应用

寿命阶段		环境应力筛选试验的应用目的
研制阶段	初样	可靠性增长试验的预处理
	正（试）样	可靠性鉴定试验前预处理
生产阶段		各组装级的筛选以消除工艺和元器件缺陷
		可靠性验收试验前的预处理
使用阶段		故障修复件、备件消除早期故障

3.6.2　环境应力筛选试验要求

《电子产品环境应力筛选方法》规范了电子产品环境应力筛选要求、条件和方法，要求在研制和批生产阶段开展环境应力筛选试验，适用于地面固定设备、地面移动设备、舰船用设备、飞行用设备及外挂、导弹用设备等。被筛选产品可以是印制电路板组装件、电子组件或整机。对于大型电子产品，应优先考虑在较低装配级别（如印制电路板组装件）上进行筛选。

其目的是，在电子产品上施加随机振动及温度循环应力，以鉴别和剔除产品工艺和元器件引起的早期故障。

筛选对象及内容：元器件级、电路板级和设备级分别进行 100% 的应力筛选试验（高低温循环和随机振动）。

目的：剔除产品的早期失效和低层次产品组装成高层次产品过程中引入的工艺缺陷和接口方面的缺陷。

对运动机构的试验要求：正弦振动、随机振动、高低温循环和长时间跑合试验。

对结构的试验要求：在装调完成后要进行正弦振动和随机振动试验，以减小或消除装配应力并验证结构稳定性。

注意：对于非常大的组件，如果声和振动激励都不能充分提供适当的制造质量试验检验，应力筛选试验应降低到较低的装配级开展，如有必要，则可降到电路板级。

3.6.3　环境应力筛选与有关可靠性试验的关系

环境应力筛选（QJ 3138）与可靠性增长试验：环境应力筛选主要用于剔除生产过程中元器件和工艺缺陷，以保证产品的使用可靠性。而可靠性增长试验是通过试验—分析—改进（TAAF）程序，发现并消除产品设计问题使产品的可靠性满足规定要求。

环境应力筛选与可靠性统计（鉴定和验收）试验：环境应力筛选是可靠性统计试验的预处理工艺。任何进行用于可靠性统计试验的样本必须经过环境应力筛选。只有通过环境应力筛选、消除了早期故障的样本，其统计试验的结果才代表其真实的可靠性水平。

环境应力筛选与传统批生产抽样验收试验：环境应力筛选方法要求批生产产品应 100% 地进行。传统的批生产抽样验收是在抽样的基础上进行的。

第4章 航天器组件力学环境试验技术

4.1 力学环境试验概述

在航天器任务周期内所有组件都会经历运输、发射、对接、分离等一系列力学环境，为了保证航天器组件的可靠性，需要在产品研制的初样阶段和正样阶段常开展正弦振动、随机振动、冲击、加速度、噪声等力学试验。力学环境试验是航天器组件环境试验中重要的组成部分，也逐渐发展成为一门综合性的基础技术学科[3]。

航天器组件的力学环境试验包括运输、振动（包含正弦振动和随机振动）、噪声、冲击和加速度等试验项目。

运输是航天器组件在搭载各种交通工具转运过程中经历的力学载荷，主要包括公路运输、铁路运输、海路运输和靶场运输四种力学环境。由于路面粗糙不平、发动机和传动机构的不平衡、空气扰动、启动、刹车及碰撞引起公路车辆的振动和冲击。跑道粗糙、动力装置的不平衡、空气动力、声压脉动、颤振、着陆冲击、制动刹车及弹射冲击导致飞机振动和冲击。由发动机噪声、空气动力噪声、抖振、系留释放、级间分离及控制系统不稳定等原因造成导弹和火箭的振动和冲击环境。由轨道的不均匀或粗糙、轨道接点的不连续、车轮的不平衡、弯道行驶、空气动力、牵引力的变化、挂钩、制动及车钩系统的间隙碰撞造成铁路车厢的振动和冲击。船舶的螺旋桨、传动轴系和动力装置的不平衡及流体的动力作用（波浪冲击和撞击）产生船舶的振动环境。

如果产品的鉴定级正弦振动或随机振动试验的量级能够覆盖运输试验条件，则可不专门安排运输试验项目；如果鉴定级力学试验量级不能覆盖，则需要通过实际运输试验或实验室等效运输试验进行考核。

振动包括低频正弦振动和瞬态振动两类，其中低频正弦振动是由地面运输、火箭发动机工作、运载火箭结构与液体推进系统的共振频率耦合产生。由加工件材料的不均匀、质量的不平衡、车床传动机构中齿轮啮合不匀及轴承粗糙等原因造成车床的振动。由转子质量的不平衡引起转动机械（如汽轮机、水轮机、发电机、电动机及其他动力机械）周期激励的振动环境。由运动部件速度突然的变化造成冲压机械的冲击环境。瞬态振动是由火箭发动机点火、关机和级间分离等突发性载荷，通过飞行器结构传到航天器组件上并逐渐衰减。

机电产品在交变载荷和冲击载荷激励下，一方面产生产品自身的振动，另一方面又将一部分振动能量通过产品振动声而辐射。流体沿固体表面流过时产生附面层气流的压力脉动，使固体振动和内部空穴噪声振荡。桨叶旋转时，使叶片附近的气体产生与转速和叶片数目乘积为基频的压力脉动。其他还有激波噪声、进气道噪声、燃烧噪声、炮击噪声及地面和地下火工品或核爆炸等这类高声压级、高频振荡型瞬态声激励源。航天器的噪声是由航天器起飞或动力飞行过程中在航天器外表面或整流罩上形成的空气脉动压力引起的，这种空气脉动压力即噪声。

噪声可以分为由航天器运载火箭排气所产生的声学噪声和航天器在高速飞行过程中产生的启动噪声，通过航天器外壳或整流罩和飞行器结构传到航天器上，形成随机振动环境作用于航天器的各个部位。

产品装卸、运输、贮存和维护的冲击环境。例如，野蛮装卸时产品重复跌落；运输过程中随机弹跳冲击，贮存时铲车搬运和堆垛冲击及现场或工作台上产品安装、检修时的倾倒或翻倒等冲击环境。航天器的冲击主要包括 3 个方面：①航天器在飞行过程中，为使航天器和运载火箭分离、抛整流罩、舱段分离，及各种伸展组件的解锁、释放和展开等，需要使用各种类型的火工装置，这些火工装置在工作时产生时间极短的冲击载荷一般称为爆炸冲击环境；②航天器组件在地面运输和吊装过程中受到碰撞式的冲击载荷；③航天器在轨运行期间因舱体交会对接受到的瞬态冲击载荷。

航天器在发射上升阶段火箭发动机推力作用下的环境可近似看作恒加速度环境；航天器再入大气层返回地面时，在空气阻力和人工减速装置作用下受到加速度值比发射上升阶段小，而方向与运动方向相反的恒加速度环境；还有飞机助力起飞、机动着陆减速都可近似看作恒加速度环境。加速度是航天器在动力飞行中，由火箭发动机的推力获得的加速度，变化较缓慢而近似于稳态，再加上振动环境响应加速度的低频部分，共同组成航天器的加速度环境。

力学环境会对航天器及航天器组件造成结构性损坏，轻则会影响飞行任务的完成，重则会导致整个飞行任务失败。另外，航天器在任务周期内经历的力学环境经常是耦合的，例如，在动力飞行过程中，既会受到加速度环境的影响，又会受到噪声和振动环境的作用，这些力学环境的交叉重叠引发的综合效应也不容忽视。产品在上述力学环境激励产生的环境效应主要有以下 3 个方面：

1. 结构完整性破坏

在恒加速度环境下，过应力可能导致材料断裂。在稳态振动或声环境激励下，材料可能产生微裂纹，并随时间不断扩展，损伤连续累积，最后导致材料强度降低、疲劳断裂或寿命蜕变，结构完整性局部或整体破坏。疲劳破坏是最普遍的破坏模式，在机械零部件的失效总数中，50%～90%属于疲劳破坏。振动应力也加剧了运动机械的磨损，导致运动机构配合面损伤，间隙增大，精度降低，产生异常的噪声、振动、表面腐蚀和空化效应，摩擦副的温度迅速升高，加剧了磨损，最后导致运动机构故障而使产品失效，由于磨损造成的事故所占的比例相当大，在瞬态冲击环境作用下材料的强度与加载速度密切相关。冲击的行波效应，造成应力，导致材料断裂。以上这些环境效应是不可逆的，将导致结构整体或局部的永久性失效。

2. 产品功能失效

功能失效是指产品在力学环境作用下性能降低、超差、故障失效。按照效应的性质，功能失效大致可划分为下列几种：

（1）力学特征变化：例如，在恒加速度环境下，减震器刚度特性变化导致减震功能失效；部件的永久变形造成机械碰撞而损坏；液体在失重或超重环境下的特性变化造成管道堵塞或泵抽空；具有方向敏感性部件的复杂机构由于重量不足而失灵。

（2）电性能变化：例如，导线和密布元器件振动磨损而短路；电子元器件机械疲劳损坏；印制电路板断裂；继电器误动作；电子噪声；电容的介电常数变化；绝缘电阻降低。

（3）光学特性变化：例如，在动态载荷环境下，光学系统失调和精度下降。

功能性失效可能是可逆的，一旦力学环境量级降低或除去，产品功能就恢复正常；也可能是不可逆的。

3. 工艺故障

例如，紧固件松动、密封失效、涂层裂缝、起皱和剥落及元器件脱焊等。这些故障主要是由设计、制造和装配的不合理和缺陷而引起的，在动力学环境的作用下，加剧了工艺缺陷的暴露和影响。

综上所述，在航天器的生产研制过程中，力学环境试验是必不可少的一环，开展力学环境试验的主要目的可以总结为以下 3 个方面：

（1）验证航天器结构设计的正确性，考核航天器结构的抗力学性能是否满足要求。

（2）暴露航天器在材料、元器件选择和制造装配过程中可能隐藏的缺陷，验证加工、组装是否符合工艺要求。

（3）研究力学环境对新材料和新结构的影响，研究各种隔振、减振措施的有效性。

4.2　运输试验

运输试验按照开展方式的不同，分为实际运输试验和实验室等效运输试验两大类。对于以实际运输试验方式进行运输试验考核的产品，要求在公路、铁路、海路、靶场垂直等运输过程中严格控制并监测记录产品经历的加速度载荷，对运输过程的具体要求如下：

（1）公路运输：二级公路，产品轴向（前进方向）和横向加速度≤1.0g，垂直地面方向加速度≤2.0g；

（2）铁路运输：产品轴向（前进方向）和横向加速度≤1.5g，垂直地面方向加速度≤2.0g；

（3）海路运输：产品轴向（前进方向）和横向加速度≤1.0g，垂直地面方向加速度≤2.0g；

（4）靶场垂直运输：产品轴向加速度≤2.0g，横向方向加速度≤0.5g。

对于难以通过实际运输方式开展运输试验的航天器产品，可以通过在实验室开展等效运输试验来验证产品的抗力学性能。公路、铁路、海路运输的等效振动试验条件如表4-1所列。其中，在等效垂直铁路运输时，机构、导管、管接头、紧固件、接插件等不能承受大位移的部件及结构应力集中的部位可以按表4-2条件开展试验。

表4-1　某飞行器的运输等效振动试验条件

名称	公路运输		铁路运输			海路运输
功率谱密度	1~40Hz	40~500Hz	1~3Hz	3~80Hz	80~350Hz	1~100Hz
	0.015g^2/Hz	-3dB/oct	9.15dB/oct	0.004g^2/Hz	-8.54dB/oct	0.002g^2/Hz
总均方根加速度值	1.449g_{RMS}（g_{RMS}为均方根加速度）		0.687g_{RMS}			0.445g_{RMS}
每项试验持续时间	每1600km运输里程折合振动试验时间60min		每1600km运输里程折合振动试验时间60min			每320km运输里程折合振动试验时间60min
加载方向	3个轴向		3个轴向			3个轴向

表 4-2 某飞行器的靶场垂直运输振动试验条件

名称	载荷参数	
功率谱密度	0.5~35Hz	0.0315g^2/Hz
	35~50Hz	-3dB/oct
总均方根加速度值	1.15g_{RMS}	
每项试验持续时间	18min	
加载方向	3 个轴向	

4.3 正弦振动试验

正弦振动最初用于实验室试验是为了检验设备在服役时能承受预期振动环境而不损坏的能力。随着标准和试验设备的进步，研究这些振动，通常意义上，只用于模拟那些可能遇到具有同样特性的振动条件，如靠近旋转机构附近的设备[9]。

4.3.1 航天器组件正弦载荷的来源及试验目的

正弦激励主要来自运载火箭发动机不稳定燃烧而产生的推力脉动变化，旋转设备的不平衡转动，液体运载火箭所特有的飞行器结构与液体推进剂、贮箱及供应系统在燃烧室压力和推力脉动变化下相互作用而产生的纵向自激振动。正弦激励主要是低频正弦振动，其频率范围大致为 5~100Hz。

正弦振动试验分为定频试验与扫频试验。定频试验是固定频率（通常是共振频率）、固定振幅的试验。扫频试验（也称扫描试验）是振幅按规定的量级和频率随时间线性或对数变化的试验。卫星组件级正弦振动试验一般做正弦扫描振动试验，且扫描方式为对数扫描，扫描速度为每分钟扫过的倍频程数。

不同研制阶段的试验目的有所不同，基本目的如下[3,10-11]：

（1）初样研制阶段：检验新设计概念的有效性；确认已经证明有效的设计概念和技术在新产品设计中的适用性；获取产品结构主要的固有动态特性；验证结构设计规范，确定设计安全储备；通过试验中出现的故障或破坏模式分析，发现设计中的缺陷，并采取有效的纠正措施，提高产品的环境适应性，降低产品正样设计的风险。这种试验一般不需要模拟实际振动环境，试验的振动量级往往比最大预估的振动环境严酷，常用于预估产品设计质量和设计安全储备。

（2）正样鉴定阶段：这是产品研制设计验证阶段进行的试验，试验的目的主要是暴露设计和工艺装配中存在的问题；验证产品的机械特性和电气性能是否符合设计要求或有效标准的规定；检验所设计的产品在振动环境激励条件下的工作能力。这种试验应尽可能模拟实际振动环境对产品造成的环境效应，试验的振动量级为最大预估环境加上适当的设计余量。

（3）正样验收阶段：这是在产品验收时进行的试验，试验的目的是检查正样产品是否能保持鉴定试验时所具有的机械、电气性能；暴露正样产品在材料、工艺和质量方面的缺陷，排除早期失效。对产品的研制质量来讲，振动环境是一项重要的环境因素，振动试验一般是必做的验收试验项目。验收试验的振动量级取最大预估的振动环境。

4.3.2　正弦振动常用参数的换算

1. 运动参数的换算

正弦振动试验中常用的运动参数是位移、速度和加速度。一个正弦振动信号的位移、速度和加速度由式（4－1）、式（4－2）和式（4－3）表示。

$$x = D\sin(\omega t) \tag{4-1}$$

$$v = D\omega\cos(\omega t) = v\sin(\omega t + \pi/2) \tag{4-2}$$

$$A = -D\omega^2\sin(\omega t) = A\sin(\omega t + \pi) \tag{4-3}$$

式中：D 为位移幅值（半峰值 0－p）(mm)；v 为速度幅值（mm/s）；A 为加速度幅值（mm/s^2）；ω 为角频率，$\omega = 2\pi f$；f 为频率（Hz）。

由以上公式可得到位移幅值 D、速度幅值 v 和加速度幅值 A 之间的关系，即

$$v = 2\pi f D$$

$$A = (2\pi f)^2 D$$

为了使用方便，通常加速度幅值都用重力加速度的倍数表示，因此，加速度与位移幅值之间的关系又可表示为

$$A = \frac{Df^2}{250}g \tag{4-4}$$

该公式是正弦振动试验中常用的关系式，用来进行加速度和位移的换算，如已知位移幅值（0－p）为 0.5mm，频率为 50Hz，则加速度幅值为

$$A = \frac{0.5 \times 50^2}{250}g = 5g \tag{4-5}$$

2. 扫描速度和扫描持续时间的换算

对于正弦扫描，频率一般以对数规律随时间变化，当然有时也以线性规律变化。

对于线性扫描，其扫描速度可用试验规范中给出的上、下频率之差，除以扫描持续时间来计算。

对于对数扫描有 $v_\beta = \dfrac{N}{T}$

式中：v_β 为对数扫描速度（oct/min）；T 为扫描总时间（min）；N 为试验规范中上下限频率的倍频程数（oct）。

N 由式（4－6）计算

$$f_2 = 2^N f_1 \tag{4-6}$$

式中：f_1 为下限频率（Hz）；f_2 为上限频率（Hz）。

两边取自然对数则得

$$N = \frac{\ln\left(\dfrac{f_2}{f_1}\right)}{\ln 2} \tag{4-7}$$

于是对数扫描速度

$$v_\beta = \frac{\ln\left(\dfrac{f_2}{f_1}\right)}{T\ln 2} \tag{4-8}$$

4.3.3 试验条件及其容差

1. 试验条件

正弦振动试验条件包括试验频率范围、试验量级、扫描速度或扫描持续时间及其试验方向。

试验的幅值通常用单峰加速度来定义，有时也用峰－峰值，对于非常低的频率（低于几赫兹），用位移进行定义会更方便，因为此时加速度值非常小。中间频率段，有时也会采用速度进行定义[9]。试验量级常以表格形式或幅频曲线形式给出。图4－1所示为以幅频曲线形式给出的卫星组件典型的正弦扫描振动试验条件。

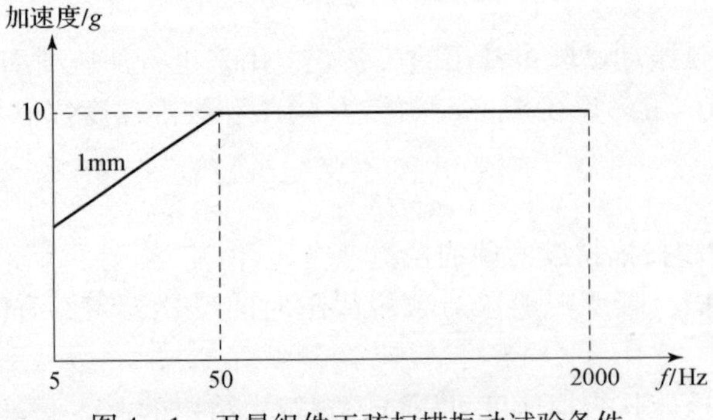

图4－1　卫星组件正弦扫描振动试验条件

（试验方向：3个轴向；扫描速度：1oct/min）

航天器组件级正弦试验的频率一般取为 5 ~ 100Hz，若有需要，频率上限可提高到 300Hz。鉴定级试验量级为最高预示正弦振动环境的 1.5 倍，扫描速度 2oct/min。验收级试验条件，为最高预示环境。表 4 - 3 所列为某飞行器某组件（含 15kg 以上设备）正弦振动试验条件。注意：某些振动台控制软件关于正弦振动试验条件的输入在幅值部分为 p - p 值，此时低频段位移值应为 0 - p 的 2 倍。

表 4 - 3　某飞行器组件（含 15kg 以上设备）正弦振动试验条件

参数名称		频率范围/Hz			
		4 ~ 10	10 ~ 17	17 ~ 60	60 ~ 100
幅值 0 - p	验收级	14.7mm	3.6g	13g	5.6g
	鉴定级	22mm	5.4g	19.6g	8.4g
加载扫描率	验收级	4oct/min			
	鉴定级	2oct/min			
加载方向		3 个轴向			

在验收级或鉴定级正弦振动前后均加上频率扫描试验，用于现场分析产品承受正弦振动载荷的能力。在大量级试验前，可以适当增加不大于验收级 1/3 的小量级试验，作为预振动，为后续正式的大量级试验的试验条件下凹或限幅做准备。关于正弦振动的下凹和限幅的要求和办法，在 4.8 节详细叙述。

2. 试验容差

严格来说，试验容差也是试验条件的组成部分，因为制定试验条件时就已经考虑了试验误差的因素。试验时能否满足容差要求决定了试验的有效性。在某标准中，卫星及其组件的正弦振动试验容差为

（1）频率：±0.5Hz（<25Hz）

±2%（≥25Hz）

（2）加速度幅值：±10%（<200Hz）

±15%（≥200Hz）

经验表明，满足加速度幅值的容差要求并不容易，因为控制精度与许多因素有关。例如，控制系统的动态范围和压缩速度、试验夹具和试件安装的合理性、试件本身的动特性等都可能影响控制精度。

4.3.4　试验方法

1. 振动台的选用

选用的试验台应满足试验条件规定的频率范围、最大加速度和最大位移等基本条件。

（1）频率范围：振动台的使用频率范围应满足试验条件规定的上、下限频率要求。

（2）推力估算：根据试验产品、试验夹具、振动台动框、台面（或水平滑台台面）总质量和试验最大加速度所估算出来的需用推力，应小于振动台额定推力，有

$$F_T = ma < F_0 \tag{4-9}$$

式中：F_T 为试验需用推力（N）；m 为试件、夹具、台面、动框所组成的运动系统的总有效质量，一般用物理质量代替（kg）；a 为试验规范给定的最大加速度（m/s^2）；F_0为振动台的额定推力（N）。

（3）最大位移估算：试验规范中给定的最大位移幅度或根据最大加速度所计算出来的最大位移应小于振动台的最大额定位移，其近似值可按下式计算：

$$D = \frac{250a}{f^2} < D_{max} \tag{4-10}$$

式中：D 为计算出的最大位移（mm）；f 为与加速度对应的频度（Hz）；D_{max} 为振动台给定的最大位移（mm）。

在频率较低时，虽然其加速度不大，但其位移可能较大，因此要特别注意低频时的位移检验。

（4）最大速度估算：根据试验条件，计算出的最大速度应小于振动台的最大额定速度。

2. 试验件的安装与固定

试件与夹具或试件与振动台台面的连接应能模拟试件的实际安装情况，严格禁止严重影响试验效果的安装方式。

试件与夹具或试件与振动台台面之间的连接要牢靠，其接触面不宜过大。最好将连接孔处加工成凸台形式，或用垫圈垫起，以确保接触良好，减少振动波形失真。

夹具与振动台台面的连接螺栓要有足够的强度和刚度，以保证振动试验时有平坦的传递特性，因此连接螺栓的固有频率 f_r 应不低于试验的上限频率 f_{max}，即

$$f_r = \frac{1}{2\pi}\sqrt{\frac{K}{m}} \geqslant f_{max} \tag{4-11}$$

将连接螺栓刚度 $K=AE/l$，连接螺栓截面积 $A=\pi nd^2/4$ 代入式（4－11），则有

$$n\frac{\pi d^2}{4l}\geqslant(2\pi f_{\max})^2\frac{m}{E} \tag{4-12}$$

式中：n 为螺栓个数；d 为螺栓直径（m）；l 为螺栓有效长度（m）；$f_{\max}$ 为试验上限频率（Hz）；m 为夹具与试验件的总质量（kg）；E 为螺栓材料的弹性模量（Pa）。

通过上式可以计算螺栓的直径、个数及材料。

3. 振动控制点位置和控制加速度计的安装

（1）振动控制点的位置：振动控制点的位置应能使试件在振动试验中的振动量级输入较真实地模拟实际振动环境。控制点选择一般应遵循以下两个原则：

①控制点的位置应选在试件与振动夹具连接面上的连接螺孔附近。没有夹具的，则选在试件与振动台面的连接螺栓附近；

②振动控制点应远离干扰源，如天线、电机及易出现撞击和噪声的部位。

（2）控制加速度计的安装：安装控制加速度计时，应使加速度计与地绝缘，以减少接地回路引起的噪声电平；否则由于噪声电平过大，影响控制质量，降低了控制精度。通常选用薄的胶木片和小的胶木块作为绝缘材料。控制加速度计的安装优先采用螺接方式。因螺接方式最牢靠，即使在很高的量级下振动，加速度计也不致脱落。其次采用胶接方式，通过胶水与绝缘薄片把加速度计直接粘在控制点部位。这种方法简单、方便、灵活，但在高振动量级时，加速度计可能会发生脱落现象。

4. 振动控制仪压缩速度的选择

在正弦扫描振动试验中，在频率缓慢变化下，输给振动台一个动信号，以保证控制振动量级不变。但是由于试件、夹具及振动台等的共振及反共振，如要保持试件的输入振动量级不变，则振动控制仪的输出电压需相应改变。例如，当试件共振时，台面振动量级增加，将引起控制点加速度计输出电压的增加，此时振动控制仪输出电压乃至振动台输入功率会自动地减小，直至恢复到变化前的同样振动量级为止。当控制加速度计检测到振动量级增加或减小时，振动台的输入功率不是自动地减小或增加，而是用一定的时间恢复原来的振动量级，这就是调节速度的时间常数，也就是压缩速度。因此，压缩速度选择的好坏直接影响到控制精度。

一般振动控制仪上的压缩速度 v_{P} 有两种方式：一种是与频率无关的常压缩速度；另一种是随频率变化的压缩速度。选择时根据试件固有频率 f_{r} 的高低，放大因子 Q 值的大小及扫描速度 v_β 等因素确定。

通常

$$v_{P} \propto \frac{v_{\beta} f_{r}}{Q}$$

式中：Q 为包括试件、夹具、台面、动圈等整个活动系统的放大因子，$Q=\frac{1}{2\xi}$，其中 ξ 为阻尼比。

通常放大因子 Q 值高，扫描速度小，固有频率低则选择慢的压缩速度。

上面的压缩速度选择依据仅仅是原则性的，一般情况是凭借经验。对于重要试件，通常选取中等压缩速度即可。

图 4-2 所示为某组件在开展振动试验的方案，采用了四点平均控制（C1、C2、C3 和 C4），产品上各安装加速度传感器 A1 ~ A25 作为测量传感器。

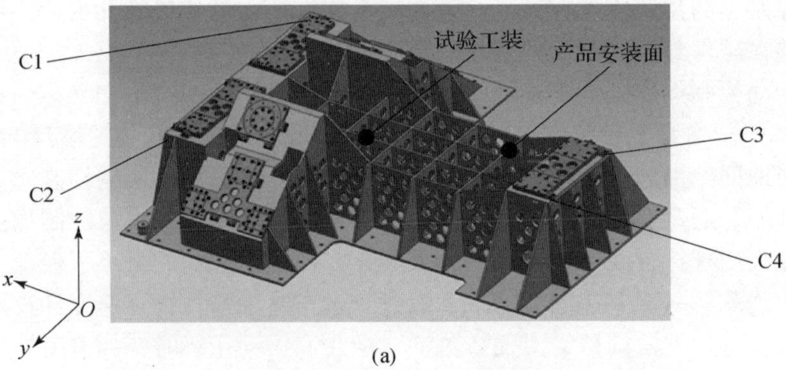

(a)

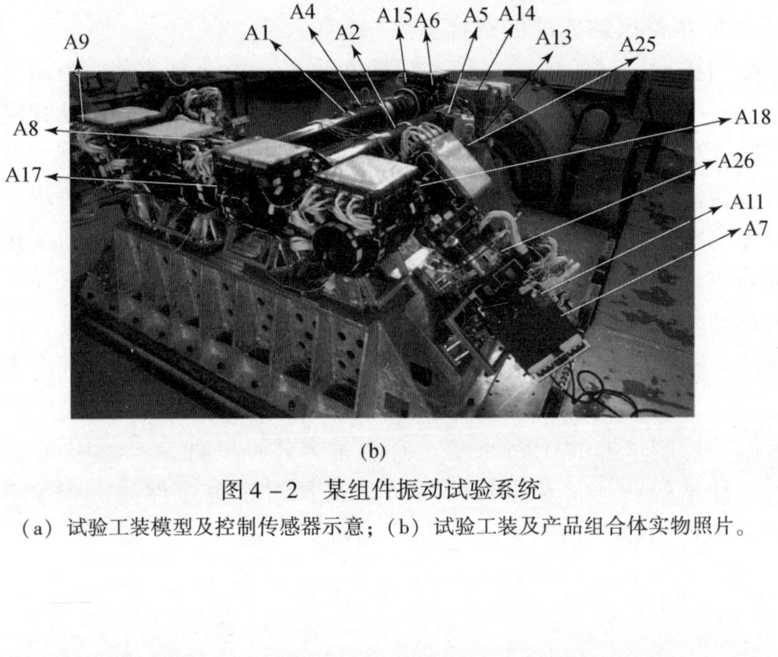

(b)

图 4-2 某组件振动试验系统

（a）试验工装模型及控制传感器示意；（b）试验工装及产品组合体实物照片。

4.3.5　试验控制措施

1. 一般控制策略

实际振动环境一般是 3 个轴向的。而试验通常是单轴向依次进行，其根本原因在于 3 个轴向同振的试验所需的经费过高。通常利用电磁振动台分别在水平滑台和垂直台面上完成组件级产品的 3 个轴向的正弦振动，通过调整产品方向或产品与工装组合体的方向，开展 3 个方向的产品试验。

为了尽可能减少在试验轴向以外的另外 2 个轴上产生寄生振动，原则是将试件和工装组件的重心与振动台台面中心重合。

按基础激励法开展多点控制试验，控制传感器布置在工装上产品的安装面处。

在工装、参试产品上布置测量传感器，获得局部响应，用于数据处理与分析。尽量使用三向传感器，保证某一方向与当前振动方向一致。部分敏感部位的传感器，可以兼作限幅控制传感器。

常见飞行器的建造规范中对组件级产品有基频要求，如对于有支架的组件产品，要求基频大于 70Hz；对于无支架的组件产品，要求基频大于 100Hz。该要求，对组件产品的动态刚度提出了较高要求，能够有效避免与飞行器的基频重合的情况。事实上，飞行器的 3 个方向的基频有所不同，其横向刚度相对较低，在无法达到总体的通用要求时，需与总体进一步沟通，获得能够实现有效隔振的要求，如要求组件产品的单向基频高于卫星总体的基频 10Hz，或者与上级总体的频率的倍率大于 $\sqrt{2}$倍。因此，基于这样的设计理念，个别设计师为了在正弦振动试验中不发生共振，对于有支架的产品也追求其基频高于 100Hz，是值得商榷的。

2. 控制点出现峰值超差的原因及控制措施

在实际试验中，有时会出现控制谱某些频率处的幅度超出条件的情况，即“控制不住”。其原因一般可归为 3 类：共振、控制点和控制算法、物理不可实现或干扰[10]。

共振的原因有以下 4 个：

（1）工装设计存在问题，某些位置或试验方向的放大严重；

（2）控制点的位置不合适，尤其是在一些薄弱壁结构上；

（3）试验件和夹具组合体存在较大偏心；

（4）非线性的结构导致不可控的撞击。

控制点和控制算法：对于双台振动，有时有这样的情况。在某个频率处某个控制点 A 位置是反共振点，或者接近反共振点，或者控制点松动脱落，输出与对应的主要驱动激励之比量值很低，传递函数是较低的谷；为了达到条件，控制系统会依据传递函数尝试按比例将驱动的量级提高，此时虽然这个控制点 A 更接近条件，但是可能造成另一个控制点 B 也同步提高，以致尽管另一个驱动对应频段降低到接近极限，仍然不能将控制点 B 控制在规定量级的情况。在这一点上不同控制程序可能策略并不相同，有的算法是允许一个控制点有一定正向偏差，以使另一点更接近条件，有的则是正偏差的上限更严格。但总的来说，一般正偏差不会超过 3dB。这本质上与单台的平均控制有类似之处。

一般来说这类原因导致的超差比较小，如果出现一个控制点高频下降，另一个控制点高频上升情况，更应警惕的是传感器脱落和夹具松动。

物理不可实现的原因：双台的控制点超差，是因为在常规物理学环境下不可实现，比如一个刚度很大的实心圆柱，在两端让其实现差别很大的试验条件，显然是不可实现的。实际的情况可能是一个细长体，在距离较近的两个位置激振，而条件却相差很大，这实现起来常常有困难，容易导致相干和谱密度超差报警。此种情况，应该重新考虑试验条件和试验设计；或者各方协商，讨论包括放宽报警限等各种方案的可行性。

对于第一种原因产生的“共振”，首先应确定是哪种原因导致的，针对具体原因采取相应措施，尽可能消除共振。如果是控制点位置不合理，应调整控制点位置。对于工装设计问题，如果难以更改，则可尝试更改控制点的位置，与常规认知相反，并不一定用响应峰值最高的点做控制点更容易抑制峰值。因为控制不住本质上主要是动态范围问题。尝试不同的点有助于找到最佳控制点。但控制点往往可调整的范围有限，此时可以考虑采取增加限制点的方法。限制点与控制点的区别在于，控制点会应用控制软件的控制策略，而控制策略一般是固定的，难以改变。限制点则可以人为地将某个频段强制设置最高上限，不受控制点需达到条件的约束。但是采取这样的限制点的策略，往往需要在更宽的频段上对共振峰进行控制，才能产生效果，而这一般会导致该频段的试验量级降低，这需要严格的分析论证，并视重新调试试验情况而定。

对于非线性撞击导致的控制超差问题，一般应消除非线性因素。如果是试验件的非线性问题，则可以尝试更改控制点位置。

对于双台试验问题：从试验人员角度，可以变换控制点，或增加限制点。从控制器厂商角度改进控制算法，对于此种共振峰的处理，在降低对应频段驱动仍不能限制在容差内时，应考虑算法优化和安全报警策略，不应使某个控制点偏差大幅超出主流标准规定。

4.3.6　正弦振动试验及其结果应用的补充说明

（1）来自总体的正弦扰动试验条件，在 20Hz 以下的位移量级多半比较大，甚至超出试验台的位移极限。遇此情况，及时与总体沟通。之所以低频段组出大位移，主要考虑飞行器的横向低频共振，而组件产品往往其共振频率远高于此频段，在飞行阶段以刚体位移为主要表现形式，组件级试验中具备适当减小位移量的条件。

（2）峰值响应频率随着载荷增大而下移且响应峰值有所下降：组件产品由多个零部件组成，具有一定非线性，一般的机电产品都会出现一定非线性。正弦振动前后的组件的基频下降不超过 5%，可以认定为正常现象。对于不同的组件，该判据需加严或适当放宽。另外，因组件产品存在非线性，在载荷增大时，如鉴定级正弦振动相对验收级正弦振动，输入条件增加了 50%，但其峰值响应大约是 $1.5\times0.9=1.35$（倍），同时峰值响应对应的频率也可能略有下降，这种情况一般是正常的。

（3）在小量级特征扫描曲线中没有发现预期的基频：这个情况，多半是因为试件相对复杂，在高于基频的较近频段内响应较大，将基频点的响应“淹没”了。遇此情况，可以适当加大扫描载荷的量级。

（4）组件产品的阻尼系数求取：没有前期数据时，仿真分析中可以取 0.03。一旦有了正弦振动结果，特别是频率范围较宽的特征扫描结果了，就可以通过半能带法或峰值响应法求得组件产品的阻尼系数。

半能带法：$\xi=\dfrac{\Delta f}{2f_0}$，其中 ξ 为阻尼系数，Δf 峰值响应值的 $\sqrt{2}/2$ 倍响应处对应的上下频率差（带宽），f_0 为峰值响应频率；

峰值响应法：$\xi=\dfrac{1}{2Q}$，其中 Q 为峰值响应放大倍率，或共振放大倍率。

（5）通过峰值响应判断组件产品的动态刚度及隔振、抗振能力：简单地认为响应曲线上具有拐点特征的峰值点为固有频率点。组件的固有频率越高，其抵抗低频振动的能力越强，但需投入较大产品质量等代价，因此需追求小质量、高刚度双重目标。更经济的办法，是通过避免组件自身密频现象和固有频率远离振源频率两种办法来提高组件的动态稳定性。为此，对于“没有支架的组件产品的基频频率要求高于 100Hz，有支架的组件产品的基频高于 70Hz”的要求，要量力而行。如果没有能力达到该目标时，与总体沟通，争取采取组件产品的固有频率远离振源频率的措施。

（6）扫频试验上行和下行的共振频率和响应峰值不同：其原因是上行或下

行没有达到完全的共振。在快速扫频过程中，频率一直在变化，在每个频率停留的时间短，振动次数少，导致在真正的共振频率处振动的周期数少，响应未达到共振峰值，而是在接近共振频率的激励下幅值继续增长，在某个频率达到峰值，形成表面上的峰值和共振频率。为了得到准确的共振频率和峰值，扫描速度不能太快，当然也不能太慢，以免共振时间较长对试验件造成损伤。可以采取上行、下行各扫一次，取两次共振点的平均值，或者多次测试取平均值。另外，试验件的非线性，也可能导致上行、下行扫描的频率不一致。

4.4 随机振动试验

鉴于噪声试验设备相对较少，对于不方便或不必要开展噪声试验的组件产品，开展随机振动试验，实现对产品进行考核。从技术层面上讲，运载器对航天器产生声激励，但这种激励由于夹具结构复杂等，在组件级对组件产品进行模拟是不现实的，因此用随机振动替代来激励试件。

随机振动试验分为窄带随机试验与宽带随机试验，窄带随机扫描试验与宽带随机加窄带随机、宽带随机加正弦的试验[3,10-11]。卫星及其组件的随机振动试验通常指宽带随机振动试验，其频率范围为 10~2000Hz。

通常利用电磁振动台分别在水平滑台和垂直台面上完成组件级产品的三向随机振动，通过调整产品方向或产品与工装组合体的方向，开展 3 个轴向的产品试验。

目前，随机振动是航天器硬件产品动力学环境试验中应用最广泛的，一般认为它是在振动实验室内能再现的最真实的环境，并且是暴露产品制造质量缺陷的有效工具，特别是对电子组件。

4.4.1 试验条件及其容差

1. 试验条件

随机振动试验条件包括试验频率范围、试验谱形及量级、试验持续时间和试验方向。试验谱形及量级常以表格形式或加速度功率谱密度曲线形式给出。图 4-3 所示为以功率谱密度曲线给出的某卫星组件典型的随机振动试验条件。试验频率 20~2000Hz。鉴定级试验量级比最高预示随机振动环境高 4dB。试验时间应至少为最高预示声环境下飞行暴露时间的 2 倍，或验收试验持续时间的 2 倍，取其中最长者，但不得少于 2min/轴向。

表 4-4 所列为某舱段内组件（小于 15kg）的随机振动试验条件。该条件经常作为电子产品的应力筛选试验条件，频率范围为 10~2000Hz。

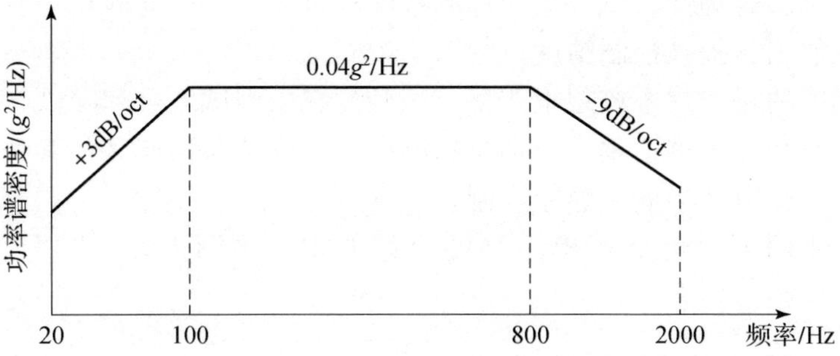

图 4－3　某卫星组件随机振动试验条件

（试验方向：3 个轴向；试验时间：3min）

表 4－4　某舱段内组件（小于 15kg）随机振动试验条件

频率范围		10～50Hz	50～300Hz	300～2000Hz
功率谱密度	验收级	3dB/oct	$0.1g^2$/Hz	－12dB/oct
	鉴定级	3dB/oct	$0.25g^2$/Hz	－12dB/oct
总均方根加速度值	验收级	$6.11g_{RMS}$		
	鉴定级	$9.68g_{RMS}$		
每项试验持续时间	验收级	60s		
	鉴定级	180s		
加载方向		3 个轴向		

在验收级或鉴定级随机振动前后均加上频率扫描试验，用于现场分析产品承受随机振动载荷的能力。在大量级试验前，可以适当增加不大于验收级 1/3 的小量级随机试验，作为预振动，为后续正式的大量级试验的试验条件下凹或限幅做准备。关于随机振动的下凹和限幅的要求和办法，在 4.8 节中详细叙述。

2. 试验容差

在某标准中，卫星及其组件随机振动试验容差如下：

（1）加速度功率谱密度为 20～500Hz（分析带宽 25Hz 或更窄）±1.5dB；500～2000Hz（分析带宽 50Hz 或更窄）±3dB。

（2）总均方根加速度为 ±1.5dB。

与正弦振动试验一样，要满足随机振动试验的容差要求，不是对每个试件都能做到的。控制精度主要与控制系统的动态范围、均衡速度、均衡精度，试验夹具和试件安装的合理性、试件本身的动特性等有关。解决试验超差主要应从上述几方面分析原因，提高控制精度。

需要说明的是，这个容差很严格，试验过程中因试验台和参试产品、设备构成的系统较复杂，很难达到，特别是高频段。在确认参试产品和参试设备均没有试验风险时，可以适当放宽容差限制。

另外，不同型号可能提出不同的容差要求，原则上以本型号的总体要求为准。

4.4.2 试验方法

1. 振动台的选用

(1) 振动台随机推力的计算。

当振动台只给出正弦额定推力时，其随机额定推力一般可用下式估算：

$$F_{R0}=\frac{F_{s0}}{k} \tag{4-13}$$

估算出的推力，应小于随机额定推力，即

$$F_{R0}=ma_{RMS}<F_{R0}=\frac{F_{s0}}{k} \tag{4-14}$$

式中：F_R 为试验需用随机推力（N）；m 为运动系统的有效质量，一般包括试件、夹具、振动台台面及动框等总的物理质量（kg）；a_{RMS} 为试验规范中给定的总均方根速度（或称有效加速度）(m/s^2)；F_{s0} 为振动台给定的正弦额定推力（N）；F_{R0} 为振动台随机额定推力（N）；k 为换算系数，其值在 1～3，对变压器耦合式功率放大器通常取 1.6。

(2) 振动最大位移的计算。

根据试验规范所估算出的最大位移应小于振动台给定的最大位移。对平直谱，随机振动的最大位移可用式（4-15）估算：

$$D\approx 533\sqrt{\frac{W_1}{f_1^3}} \tag{4-15}$$

式中：D 为位移（半峰值 0-p）(mm)；W_1 为频率 f_1 处的功率谱密度（g^2/Hz）；f_1 为下限频率（Hz）。

2. 总均方根加速度的计算

随机振动试验条件一般只给出功率谱密度曲线，因此试验前一般需要计算出总的均方根加速度，图 4-4 所示为典型谱形，其总均方根加速度计算方法如下。

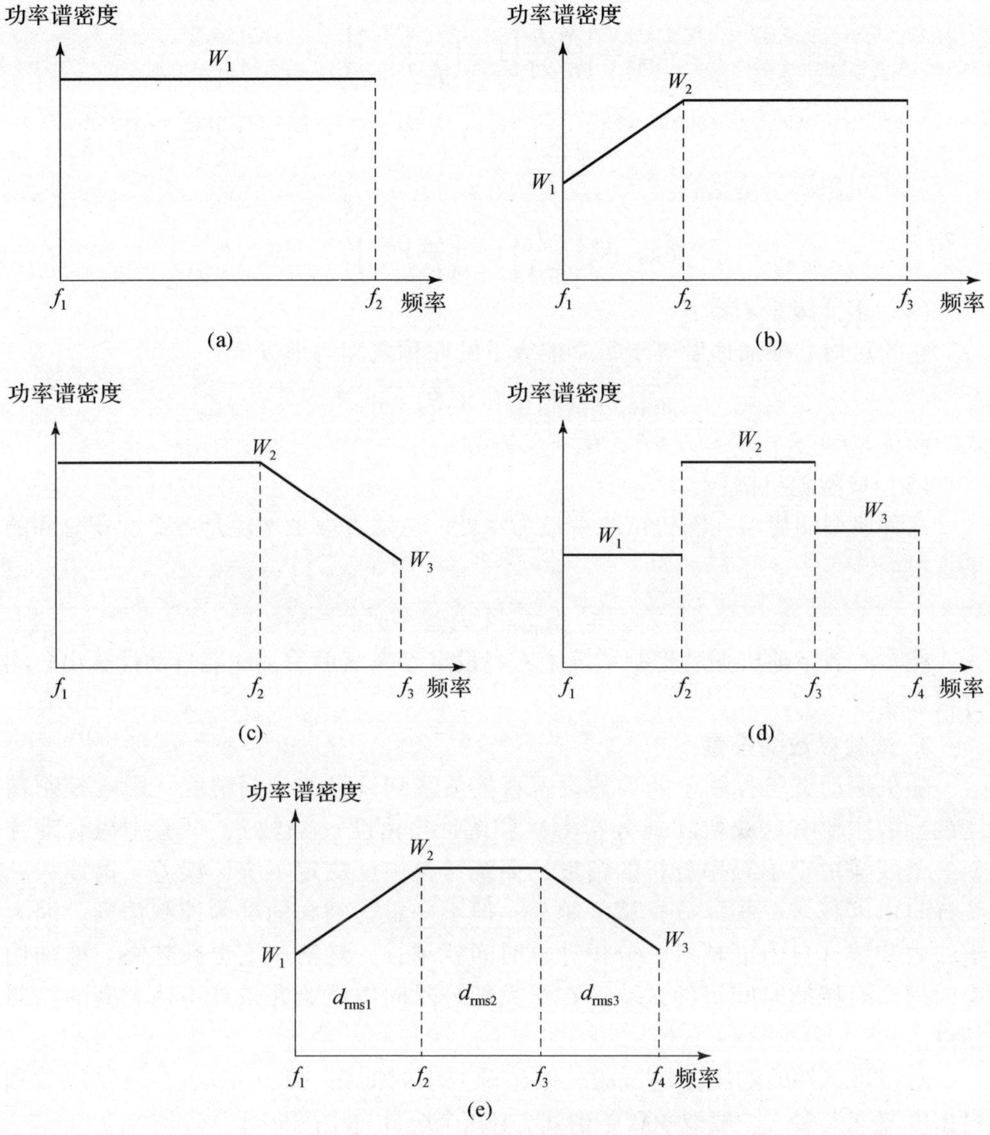

图4-4　随机振动典型试验谱形

（a）平直谱；（b）正斜率上升谱；（c）负斜率下降谱；（d）多能级平直谱；（e）梯形谱。

（1）平直谱：

$$a_{\mathrm{RMS}}=\sqrt{W_1B_1}=\sqrt{W_1(f_2-f_1)}$$

式中：B_1 为频谱宽度（Hz）；f_1 为下限频率（Hz）；f_2 为上限频率（Hz）。

（2）正斜率上升谱：

$$a_{\mathrm{RMS}}=\left\{\frac{W_2f_2}{a+1}\left[1-\left(\frac{f_1}{f_2}\right)^{a+1}\right]\right\}^{0.5}$$

式中：W_2 为 f_2 处的功率谱密度值（g^2/Hz）；a 为 1/3 倍频程分贝值 $\left(\mathrm{dB}\Big/\frac{1}{3}\mathrm{oct}\right)$。

（3）负斜率下降谱：

$$a_{\mathrm{RMS}}=\left\{\frac{W_2f_2}{a-1}\left[1-\left(\frac{f_1}{f_2}\right)^{a-1}\right]\right\}^{0.5}$$

（4）多能级平直谱：

它的总均方根加速度等于每个能级下的面积之和的平方根：

$$a_{\mathrm{RMS}}=\sqrt{W_1B_1+W_2B_2+W_3B_3}$$

式中：$B_1=f_2-f_1$；$B_2=f_3-f_2$；$B_3=f_4-f_3$。

（5）典型随机谱：

这种典型随机型在随机试验中最为常见。总均方根加速度是各个面积总和的平方根：

$$a_{\mathrm{RMS}}=\sqrt{a_{\mathrm{RMS1}}^2+a_{\mathrm{RMS2}}^2+a_{\mathrm{RMS3}}^2}$$

在多数数字随机振动控制系统中，当设定参考谱形后，即能自动计算出总均方根加速度。

3. 试验参数的设置

随机振动试验控制中的参数设置直接关系到试验的控制精度。影响控制精度的参数主要有谱线数（或分辨率）和统计自由度（帧数），试验中应合理选择。谱线数决定了频率分析的精度，而统计自由度决定了统计误差。谱线数和统计自由度越多，统计分析精度越高，但不一定达到高的试验控制精度。因为谱线数和统计自由度越多，分析计算时间就越长，均衡速度也就越慢。增加均衡时间，对持续时间短的试验，在绝大部分时间内试验并未真正达到高的控制精度。

对卫星组件的随机振动试验，因试验要求时间短（1～3min），故谱线数和自由度不宜太多。一般取400条谱线，100个统计自由度即可。

4.4.3 试验过程控制

按基础激励法开展多点控制试验，控制传感器布置在振动台台面与参试工装之间，或工装的产品安装面处，首选后者。

在工装、参试产品上布置测量传感器，获得局部响应，用于数据处理与分析。尽量使用三向传感器，保证某一方向与当前振动方向一致。部分敏感部位的传感器，可以兼作限幅控制传感器。

虽然载荷形式有所不同，但试验方法与正弦振动类似，因此很多型号将正弦振动和随机振动试验成组开展，完成正弦振动后，随即开展同量级的随机振动试验。典型的振动试验流程，如图 4－5 所示。以验收级试验量级为基准，量级系数为 1.0，鉴定级试验的量级系数为 1.5；小量级试验（又称预试验）的量级系数可取 0.5 或 0.5 以下，以达到试验目的为准。完成验收级试验后，再开展鉴定级试验，有一个管理上的需求，一旦通过了验收级试验，可以给出产品状态确定的结论，进一步开展正样投产工作了；即便鉴定级试验中产品出现了问题，只是产品的设计裕度不足，正常地按要求开展归零工作，但不影响正样投产工作。完成归零工作后，涉及的相关技术状态更改落实到正样产品中即可。

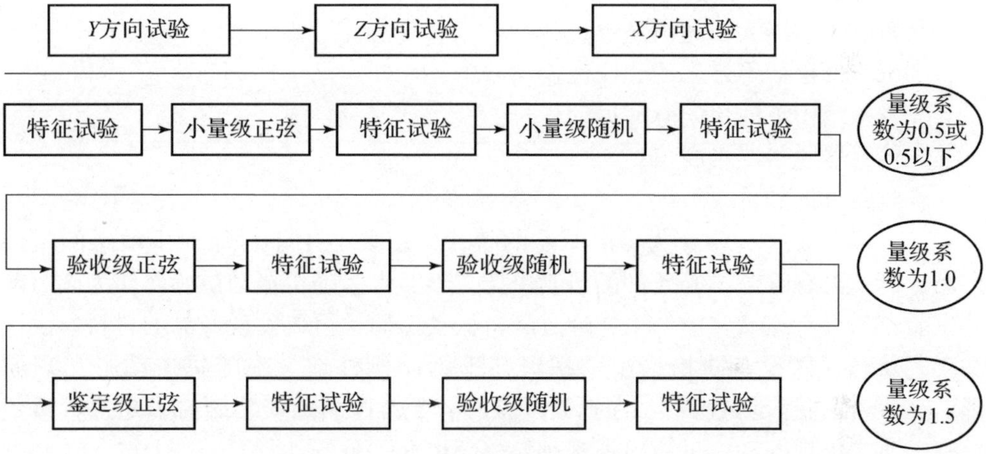

图 4－5　典型的振动试验流程

在正式试验以前要进行小量级试验（预试验）[12]。预试验的目的有两个：一是振动试验本身需要了解各系统的配合情况，需要知道试件初始的振动响应值；二是振动试验中有时还要对试件性能进行测试，试件的测试往往由试件生产部门负责。因此，在正式试验前有必要进行联合试验。观察各系统一起工作有无相互干扰问题。如果有，则必须在正式试验前排除。

（1）对试件进行检查和对力学性能、电性能的检测。在试验前必须对试件的原始状态作检查和详细记录。

（2）初始振动响应检查：开展小量级的正弦扫描试验和随机振动，试验时记录全部测试结果。试件同时工作并进行测试。如果试件工作时影响机械振动特性，则应将试件处于不工作状态，再进行一次扫描预试。

(3) 由于预试验是在小量级下进行的，如果需要则可多次重复，直至达到预试目的为止。

4.4.4 随机振动试验及其结果应用的补充说明

(1) 随机振动的测量传感器，尽量设置在刚度相对较高的部位，避免试验过程中传感器脱落；

(2) 功率谱密度曲线低频（上翘）失真：典型的低频上翘曲线，从0Hz开始到某个频率为止，随着频率升高，曲线大体上呈现单调向下的趋势。这不是真实的物理事实，而是一种低频失真现象，它可能与物理过程、测量环节、信号处理与分析有关。研究证实，可能原因有：

①传感器电路中虚接导致的电脉冲信号；

②压电传感器大幅超出量程；

③试验件松动等带来的非线性振动冲击；

④特殊结构下的单向脉冲振动信号；

⑤传感器脱落或半脱落；

⑥电路干扰。

(3) 随机振动，常作为噪声试验的替代，主要适用于对噪声不敏感的组件产品，以及没有噪声试验条件的研制单位。事实上，随机振动试验，作为应力筛选试验，却没有这么多的约束，通过随机振动试验，可以发现产品的材料、设计和工艺缺陷，如没有防松措施的螺钉几乎无一例外地会在随机振动中“现原形”。一般随机振动试验后，在扫频试验前需要对产品的安装螺钉力矩进行重新校准，防止出现松动，进而出现基频漂移超出允差范围。

(4) 随机振动试验对产品的抗力学性能考核较为严格，在振动过程中往往试验现场的声响较大，为了保证产品安全，建议配置专门摄像人员和现场指挥人员，以便在发现有较为清脆或类似反复敲击声响时，及时提醒振动台控制人员中止试验，排查原因。

(5) 大量试验证明，电子产品经过随机振动筛选会有以下几个作用[12]：

①能把电子产品内的多余物振出来，如焊锡块、导线头、螺母、垫片等。这些在生产过程中混入的多余物，一般不易清除，存在设备中是一个相当严重的隐患，但经过随机振动筛选试验，这些多余物一般都能清除。

②能发现虚焊。虚焊很不好检查，危害也很大，造成接触不良，连接强度很弱。随机振动能把元器件从虚焊处振脱。

③能发现有缺陷的元器件。随机振动筛选试验中常常出现某元器件焊脚振断

的情况，经过分析发现这些元器件的焊脚原来就有缺陷，如很深的划伤、沙眼等，或者工人在焊接前反复弯曲焊脚造成严重的疲劳损伤，等等。

④能发现质量低劣的元器件，有些元器件质量较差，在筛选试验中被振坏，而且多处使用的同一种元器件同时都被振坏。这说明此种元器件质量太差，必须更换其他厂家生产的同类元器件或要求厂家提高元器件质量；否则，无法保证产品质量。

(6) 随机振动试验普及后是否正弦振动试验就不重要了呢？不是，这两种试验各有独到之处[12]。正弦振动试验的优点如下：

①是分析共振频率和阻尼特性（共振时）的有用工具；

②是研究振型的最好方法；

③试验结果极易被工程技术人员理解和使用；

④比随机振动试验经济，易于普及。

随机振动试验在大多数情况下更代表实际环境，所有频率成分同时激振而且各个频率的输入振幅是随机变化的。一般地，正弦振动试验适合于试件的最初分析阶段，而随机振动试验用于最终检验。

4.5　噪声试验

航天器的声振环境主要在其发射过程中[3,11]：

(1) 在起飞时，火箭发动机点火及推力脉动，排气噪声和喷气产生的地面反射噪声通过整流罩传入激励航天器。

(2) 在上升到跨声速阶段（气流扰动）和超声速阶段（气流最大动压处），产生较大的声环境和结构响应。

(3) 在第二级、第三级火箭点火时，也将产生较大的声环境和结构响应。

(4) 在返回阶段，噪声环境主要来自气动噪声，再入过程中，气流与返回舱相互作用的扰动引起返回舱表面压力的脉动。气动脉动是产生噪声的根本原因，在返回舱表面不同流态区域，压力脉动情况不同，引起的噪声强度和频率分布也不相同，在激波振荡区，压力脉动最大，噪声声压最大。

在发射和飞行过程中，运载火箭头部受到以下 4 个主要振源的影响：

(1) 由发动机点火、级间分离等引起的瞬态振；

(2) 由运载火箭发动机推力脉动或其他机械装置引起的振动；

(3) 由发动机在起飞阶段排气噪声引起的结构振动；

(4) 由气动噪声引起的结构振动。

前两种环境在振源处较为严重，对远离振源的航天器则因运载火箭的结构阻尼而衰减，且高频能量将严重衰减。后两种振源直接作用于航天器或航天器整流罩面，将引起卫星结构强烈振动。

试验中有两种声环境模拟方式，提供指定总声压级和声谱的声音环境。与随机振动环境试验比较，声环境试验具有以下特点[3]：

(1) 声模拟环境的声压级谱与声源的特性和实验室声空间的声学效应有关，还与试验件的声阻抗特性有关；

(2) 高声强声波传播时，声场呈现明显的非线性声学效应，导致输入谱与试验声空间的声谱非线性传递关系；

(3) 声环境谱的频带一般为20～10000Hz，比随机振动试验频带宽；

(4) 声模拟环境对试验件空间全向激励，较之单轴或多轴振动台随机振动激励更接近于实际声激励环境。

起飞排气噪声是运载火箭发动机排气涡流产生的噪声，它将对卫星及其组件产生随机振动激励，其频率范围大致为20～2000Hz。

气动噪声产生的随机振动激励比排气噪声产生的随机振动激励恶劣，频率可高达10kHz。此外地面运输环境也是一种频率较低的随机振动激励，其频率范围大致为0.5～100Hz。

声能以两种方式传到各类组件上：①整罩内不断起伏的压力，直接撞击在航天器暴露的表面上，引起高增益天线、太阳板和其他面积/质量比大的构件的扰动。②不断起伏的外压力场引起火箭结构的振荡，最后以随机振荡的形式传过航天器的连接环。从航天器的角度来看，一般在运载器的连接面上，随机振动的输入量较低，而沿着有效载荷的轴线向上增加。对于太阳帆板、薄壁类产品，在主动段受整流罩引入的气动载荷影响较明显的组件产品，适合开展噪声试验。

4.5.1 试验条件

声试验条件一般分为鉴定级条件和验收级条件。验收级条件即最高预示环境条件。最高预示声环境一般规定在31.5～10000Hz频率范围内，按1/3oct的试验谱来描述。在有足够数据时，可用参数统计方法来确定。规定为具有50%置信度、95%概率值，但数据必须经过验证符合某一假定的分布。当可用数据不足时，考虑到环境变化和预示不可靠性，应再加适当余量。最高预示声环境的持续时间，为总幅值大于其1/2峰值的时间总和[11]。表4－5所列为某飞行器舱外产品噪声试验声压频谱及总声压级试验条件。

表 4－5　某飞行器舱外产品噪声试验声压频谱及总声压级试验条件

项目		试验量级		允许偏差
		验收级	鉴定级	
中心频率	31.5Hz	128dB	132dB	±5.0dB
	63Hz	132dB	136dB	±5.0dB
	125Hz	135dB	139dB	±3.0dB
	250Hz	138dB	142dB	±3.0dB
	500Hz	139dB	143dB	±3.0dB
	1000Hz	138dB	142dB	±3.0dB
	2000Hz	135dB	139dB	±3.0dB
	4000Hz	132dB	136dB	±5.0dB
	8000Hz	130dB	134dB	±5.0dB
总声压级		144.1dB	148.1dB	±1.5dB
试验持续时间		1min	3min	10%

注：0dB 对应 2×10^{-5}Pa。

4.5.2　试验要求

（1）对于面积/质量比比较大的组件和声敏感的组件，可以用声试验代替随机振动试验，一般情况下，对单个组件可不做声试验。

（2）试验声场为混响场，混响场应有足够的模态密度，并保护声能在整个混响室内基本均匀，试验时应在有关部位安装传感器，以测量仪器的声激响应。混响场至少安放 4 个控制点，取其平均值控制总声压级。相关要求，详见文献［13］。

（3）试验件应安装在混响室的中心部位（该部位有较均匀的声场），而且试验件的主表面应尽可能避免与混响室壁面平行。

（4）试验件可以采用弹性悬挂或支架支承，悬挂或支架系统的基本固有频率应小于 25Hz 或最低试验频率的 1/4。

4.6　冲击试验

冲击是指一个结构系统所受到的瞬态载荷，也可以看成能量从外界传递到一个结构系统的短暂过程。在这种载荷的作用下，该系统的位移、速度和加速度发生突然变化。冲击一般分为两大类：简单冲击与复杂冲击。简单冲击，其冲击幅值随时间变化的曲线近似简单的几何图形，如半正弦波、矩形波和锯齿波等。这种冲击作用的时间往往小于结构系统的自振周期。复杂冲击，其冲击幅值随时间变化的曲线呈复杂的衰减振荡形，其作用时间可以延续到结构系统的若干个自由振周期[3,11]。

对冲击波形进行傅里叶分析可以看到：简单冲击的能量主要集中在低频范围内，频带宽度与冲击延续时间成正比；对复杂冲击，其能量分布在较宽的频率范围内。

为了研究结构的冲击能力，M. A. 布洛特（M. A. Blot）于 1963 年提出了冲击响应谱（shock response spectrum）的概念。它用冲击载荷作用在结构系统上的效果，即结构系统对冲击载荷的响应来描述冲击。冲击响应谱是一系列不同频率、具有一定阻尼的线性单自由度系统受到冲击所产生的最大响应（位移、速度、加速度）与系统频率的关系曲线，简称冲击谱。它被广泛用于产品的耐冲击设计与冲击环境模拟试验。

卫星所经受的冲击环境主要是由星上各种火工装置在工作时产生的。在卫星飞行过程中，这些火工装置被用来完成各种任务，如完成卫星和运载火箭末级分离、卫星舱段分离，星上伸展部件展开过程中的解锁、释放和分离等。航天器上所用的火工装置种类繁多，如爆炸螺栓、分离螺母、拔销器、绳索切割器和 V 型炸药等。数量可达几十个甚至更多，这些火工装置工作时由于能量高速释放而产生爆炸冲击。其严重程度因火工装置类型而异，对卫星产生冲击环境的差别也很大。爆炸冲击环境的特点：高幅值的振荡波形，持续时间很短，一般在 20ms 内衰减到零。在火工装置附近，冲击加速度为 $1000g \sim 1000000g$。它以应力波的形式传到卫星的各部位，加速度值随传播距离的增加而逐渐减小。

一般来说，爆炸冲击环境对于卫星结构的影响不是很严重，但对于脆性材料，如石英晶体和部分电子部件可能造成损坏或故障，如继电器产生误动作，晶体碎裂而造成仪器损坏、导线断开及污染的移位引起电子零部件的损坏等，这些故障可能危害整个飞行器的任务完成，因此必须予以重视。

除爆炸冲击环境外，卫星在地面装卸、运输过程中，以及返回部分回到地面时会受到碰撞式的冲击。这种冲击的加速度时间历程近似于简单冲击。对这种冲击环境的影响也应尽量避免或减轻。如有必要，应进行相应的冲击环境试验。

4.6.1 爆炸冲击环境的模拟

19 世纪 40 年代，国外制造出了最简单的冲击试验设备，以用于某些产品的试验。早期冲击试验设备主要有两类：一类是落下式冲击试验机，可用来产生简单冲击波形，主要是半正弦波。它可以模拟撞击式冲击环境。另一类是摆锤式冲击机，多用于舰船设备的试验。随着导弹和卫星技术的发展，爆炸冲击环境越来越受到重视，如何更真实地模拟爆炸冲击环境成为重要的研究课题。

爆炸冲击环境的模拟比较复杂，试验设备的类型也较多，这里结合爆炸冲击环境模拟技术的发展，介绍几种试验方法。

1. 用落下式冲击试验机模拟

该方法在早期广泛使用，但它的固有特性，往往导致试件不应有的损坏，其原因是：

（1）落下式冲击有很大的速度变化，它在低频部分所含能量较爆炸冲击大。

（2）落下式冲击是简单冲击，位移和速度的变化都很大；而爆炸冲击是高频振荡形，加速度变化大，但速度和位移变化小。两种载荷作用的方式不同，破坏的效果也不一样。

然而落下式冲击试验机使用方便，试验费用低廉，重复性也较好，在没有更合适的试验设备，或者允许试验有较大的保守性时，仍然可以用于爆炸冲击环境模拟试验。

2. 用电动振动台进行模拟

在计算机数控系统未出现以前，曾有人用模拟式系统来模拟爆炸冲击试验，方法是用一个脉冲信号通过一组带通滤波器（如按 1/3oct 带宽），改变通过各个滤波器的基本波形幅值来满足冲击谱条件的要求，把这些基本波形的组合时间历程输入振动台的功率放大器，作为输入信号。然而，这种冲击谱合成法只有在开发出数控系统后才得到普遍应用。数控系统可以使用各种不同的波形组合来实现冲击谱模拟。由计算机计算出给定基本波形组合的冲击谱，修改基本波形的参数以满足给定的冲击谱条件。数控系统较模拟控制系统有许多优点：控制速度快、精度高、调试容易，且振动台已被广泛用于环境试验。因此，用数控振动台系统进行冲击谱模拟已经成为航天器爆炸冲击环境试验的主要方法。

但用振动台进行爆炸冲击环境模拟也有一定的局限性：振动台产生的冲击加速度幅值有限制；振动台一般使用刚性夹具，不能模拟真实的边界条件；会产生较大的过试验。

3. 用火工装置进行模拟

直接用火工装置产生的冲击环境，可以更真实地模拟实际的冲击环境。曾经发展了多种使用火工装置的爆炸冲击模拟器。然而，这些试验装置并未得到推广使用，原因是其作为试验手段，安全是个大问题，同时试验冲击谱不易控制在容差范围内。

4. 用撞击法进行模拟

为了解决爆炸冲击模拟器存在的问题，提出了利用撞击模拟冲击环境。

一种方法是利用一部分卫星结构或是模拟局部卫星结构刚度和质量的试验夹具，用一重块自由下落撞在试验结构上，试件按实际情况固定在试验结构的某个部位。这时，调节落锤高度和质量，试件就能经受到与实际情况相近的冲击环境。另一种方法是将试件装在一块厚板上，用撞击的方法使试件产生频率很高的振荡。这一振荡冲击的冲击谱需能够满足冲击谱试验条件的要求。该试验装置的结构可以多种多样，而且比较简单。

用撞击法进行冲击模拟的优点：安全、重复性好、调整方便，调整锤的质量、落下高度和缓冲垫的材料，可以得到不同的冲击谱。但缺乏通用性，对冲击加速度幅值有一定限制。板式冲击模拟装置有较大的灵活性，为了得到更高的冲击加速度，可以用炸药或气动方式将撞击锤打在试验装置上。

除上述用简单冲击波形或冲击谱模拟爆炸冲击环境外，还可用数控振动台系统将实测的振荡型瞬态波形在试验设备上重现出来。但是这种所谓“瞬态波形再现”的模拟方法并未在卫星冲击环境试验中得到应用。因为爆炸冲击环境分散性相当大，确定合理的试验条件很困难，无法找到一条具有代表性的曲线来包括所有恶劣情况的冲击环境。

由此可见，由于卫星的爆炸冲击环境很复杂，选用何种模拟试验方法，需要根据多方面的因素，如所具备试验手段、试验条件、允许的保守性和试验成本等来作出决定。

4.6.2 卫星冲击环境预示和试验条件的制定

1. 环境预示

与卫星振动环境相比，冲击环境的预示难度更大，因为火工装置产生的冲击环境及其传递过程十分复杂。在爆炸冲击源附近区域，由于应力波的传播和反射使结构内应力分布很不均匀。离火工装置稍远处，结构响应起主要作用，但卫星结构复杂，冲击通过多条途径传递。因此，用分析方法很难预示冲击环境，现在卫星冲击的预示一般以试验方法为主。

首先，根据已有型号的试验结果和将采用的火工装置的大量试验资料，预示新型号卫星各部位部件的爆炸冲击环境，从而给出这些部件的冲击设计要求和冲击试验条件。在预示工作中，尽量应用与新型号结构相似的已有型号的爆炸冲击实测数据，结构火工装置在爆炸源的冲击谱分析、爆炸冲击在结构中传递与衰减的特性，来估计卫星上不同部件的冲击环境，并制定相应的试验条件。冲击环境数据是随机变量，一般用参数统计方法来确定，以至少 50% 时间内等于或大于百分点的值定义为最高预示冲击环境。在进行冲击谱分析时，分析带宽应为 1/6oct 或更窄，阻尼系数一般选 $\zeta=0.05$（峰值放大倍率或品质因子 $Q=10$）[11]。

对冲击环境预示的准确性需要进一步验证，为此，应对所研制型号的结构模型用真实的火工装置进行试验。用测得的爆炸冲击环境数据来验证和修改已有的环境预示结果，并对冲击试验条件做必要的修改。从国外经验来看，预示结果的准确性相当差。它和实测的试验数据可以差一个数量级。

环境预示必须在型号设计的初期提出。为了改进预示的准确性，需充分利用已有型号的冲击试验数据，将这些数据和相关的结构特性数据一起存入数据库，建立冲击环境预示系统。然后利用这些数据外推至新型号。

2. 冲击试验条件的制定

该试验条件是根据环境预示结果、试验方法和设备、产品特点及试验所要达到的目的等来制定的。根据冲击的特点，试验条件一般有两种类型：一种是用冲击谱规定试验条件；另一种是用简单波形规定试验条件。对爆炸冲击环境，试验条件皆以冲击谱的形式给出，对近似简单波形的碰撞冲击，或由于试验设备的限制，必须用落下式冲击试验机或其他产生简单冲击的试验设备，也可以由简单波形来规定试验条件。

（1）用冲击谱规定试验条件：这种试验条件要求被试验产品所经受的冲击载荷的冲击响应谱在形状和量值上与条件所规定的相一致。试验条件是由对测得的现场冲击环境或冲击试验测得的数据的冲击响应谱统计分析后得到。首先确定最高预示爆炸冲击环境，并将它作为卫星组件的验收试验条件。当测得的数据经检验证明是条件正态分布或对数正态分布时，冲击谱值可以按如下方法确定：

对每个 1/6oct（或更窄）的频带，冲击谱值由式（4－16）求得（取 $\zeta=0.05$）：

$$G=m+Ks \tag{4-16}$$

式中：G 为冲击谱值；m 为样本值的均值；s 为样本值的标准偏差；K 为系数。

假定有 n 个冲击谱样本，$g_1,g_2,\cdots,g_n$，当它们服从正态分布时

$$m=\frac{1}{n-1}\sum_{i=1}^{n}g_i$$

$$s^2=\frac{1}{n-1}\sum_{i=1}^{n}(g_i-m)^2$$

当它们服从对数正态分布时：

$$\begin{cases} m=\dfrac{1}{n-1}\displaystyle\sum_{i=1}^{n}\lg g_i \\ s^2=\dfrac{1}{n-1}\displaystyle\sum_{i=1}^{n}(\lg g_i-m)^2 \end{cases}$$

K为样本数n的函数，取决于所要求的统计置信度。如以至少50%的时间内≥95百分位点的值定义为最高预示环境，K值由表4-6得到。

表4-6　样本数n与系数K的对应表

n	K	n	K
5	1.78	12	1.69
6	1.75	15	1.68
7	1.73	20	1.67
8	1.72	30	1.66
9	1.71	100	1.65
10	1.70		

如果样本数少于5，采用包络法，考虑到环境的变化和预示结果的衰减，还应加适当的余量。

（2）用简单冲击波形规定试验条件：这种试验条件要求产品受到简单形状的冲击。如锯齿波、半正弦波等。它适用于以下两种情形：

①现场冲击环境近似简单冲击波形。

②由于试验设备的限制，不能用复杂波形进行冲击谱模拟。

对于爆炸冲击环境，一般要求用后峰锯齿波来模拟。但用简单冲击波形来满足冲击谱要求往往导致在低频区的过试验。因此，考虑到试验的效果，应尽量不用此种试验条件来模拟爆炸冲击环境。

3. 试验条件的容许偏差和其他要求

为了更有效地对产品进行考核，在制定冲击试验条件时，不但要给出试验量值的要求，还要规定试验条件的容许偏差和其他要求，如试验的次数与方向、试验波形等。

（1）试验条件容许偏差：对冲击谱试验条件，在以$\zeta=0.05(Q=10)$进行1/6oct分析时，要求在各个中心频率试验控制点的冲击谱幅值与试验条件相差不超出±6dB，而且这些幅值中的50%应该大于规定的试验谱幅值上。这就是说，必须保证在50%的频带内有正偏差，以防止实际的试验谱偏低而影响试验效果。（注意：容差的大小，原则上以本型号总体的要求为准。）

以简单波形为试验条件时，峰值加速度的容许偏差为15%，波形面积的容许偏差为±10%。表4-7所列为某型号飞行器组件级冲击谱试验条件。

表 4－7　某飞行器组件级冲击谱试验条件

频率范围	冲击谱响应加速度		试验次数		加载方向
	鉴定级	验收级	鉴定级	验收级	
100～700Hz	8dB/oct	8dB/oct	每轴 3 次	每轴 1 次	3 个轴向
700～3000Hz	1800g	900g			

（2）试验次数与方向：由于卫星各部位经受的爆炸冲击环境是多方向的，且星上组件在同一轴向的正、负方向耐受冲击的能力也不一致，因此要求冲击试验应在试件 3 个相互垂直的轴上正、负两个方向上进行。每个方向根据不同要求作 3 次试验。如果一次冲击试验能够同时满足 3 个轴、6 个方向的幅值要求，则只作一次，这样可大大减少试验次数。

4. 冲击试验方案

如上文所述，冲击试验可以使用电磁振动台、气锤式冲击台、摆锤式冲击台等设备开展冲击试验。除电磁振动台外，其他几类常用冲击台都只能施加一个方向的冲击载荷，因此需要通过调整产品或工装的方向来实现 3 个方向的冲击试验。如图 4－6 所示的工装，典型又实用，一套工装就可以完成 3 个方向的试验。

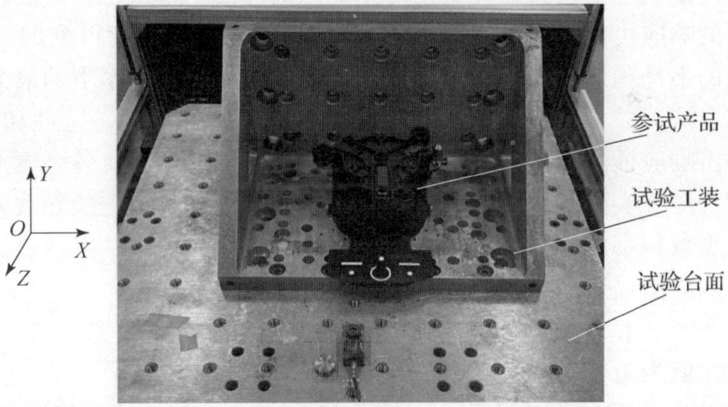

图 4－6　某产品鉴定件冲击试验照片

试验时先使用参试产品替代件和工装试冲，调整试验曲线。当试验曲线满足要求后，再使用参试产品开展正式试验。

注意：试验的工装的刚度对试验结果影响很大。如图 4－6 所示的工装，如果将其更换为五板拼接方案，其制造成本就会显著下降，但其刚度也会显著下降。即便拼接，也不能仅用螺钉连接，尽量使用铸造方式、焊接方式、销钉与螺钉相结合的连接方式等，确保其刚度高、非线性小。

与振动试验不同，冲击试验一般不设置加速度测量传感器，试验冲击曲线在试验条件允差范围内，且试验后产品的功能、性能测试正常即视为试验成功。但试验中应重点关注产品的薄弱环节，以及脆性材料的部位，还有喷漆等表面涂层。必要时，在薄弱环节处设置应力传感器监测其应力变化。

冲击试验过程中应注意参试人员禁止站在冲击台的正前方。

4.6.3 冲击响应谱的特点

1. 冲击响应谱的概念

冲击响应谱是将受到机械冲击作用的一系列单自由度系统的最大响应作为各个系统固有频率的函数的描述，因其描述的不是冲击本身，而是预计冲击使试件产生的时域峰值。冲击响应谱实际上是一单自由度系统时域响应峰值连接而成的曲线，并非从时域通过傅里叶变换转换到频域的结果，它是在产品固有频率上对冲击响应峰值的一种估计。[10]

冲击响应谱与振动功率谱密度既有不同，也有相同。对于随机振动试验，每个测点的振动量级大小，可以从功率谱密度曲线非常直观地看出来。一个测点的功率谱密度曲线反映的就是该测点的各种频率的能量分布。但冲击响应谱不同，每个测点的冲击响应谱反映的并不是那个测点的冲击响应大小，而是以该测点为基座的试件的响应可能性，而且这种预测也是通过简单假设得到的，是大体轮廓，它给出的不是预期的响应曲线，而是预期的各个共振频率下的最大峰值。试件的实际综合响应并不确定，真正的响应还取决于试件的动态特性和固有频率。共性则是冲击响应谱同样按频率给出了预测响应数据，这种将各个频率的情况分离出来的做法对于实际应用更加方便，因为对特定的结构，一般导致失效的只是某一两个或少数频率的共振峰。[10]

用冲击响应谱描述卫星的爆炸冲击环境有以下特点：

（1）它的冲击谱最大值与冲击加速度最大幅值之比值一般为2.5~5，对简单冲击，该比值为1.6~2；

（2）爆炸冲击的冲击谱主要频率为1000~10000Hz。其低频段的斜率约为9dB/oct。简单机械冲击的斜率一般为6dB/oct（等速度线）；

（3）随着与火工装置安装点距离的增加，冲击谱值逐渐减小，而其高频部分比低频部分衰减得更快。

2. 推荐使用冲击响应谱代替经典冲击的原因

一般规定：仅在无测量数据，并且分析认为经典冲击是合理的情况下，才能使用经典冲击。同时，要求只使用经典冲击中的后峰锯齿波和梯形波，半正弦冲击被剔除。

推荐使用冲击响应谱试验和波形再现试验开展冲击环境的模拟的原因有两方面：

（1）经典冲击的波形有限，远远涵盖不了实际复杂多样的冲击环境。使用经典冲击，与真实环境差距大，很多情况下会造成产品的低频过试验和高频欠试验。

（2）波形复现试验也不能完全满足试验需求。爆炸分离等冲击过程，其时域曲线是未知的，且有非常强的随机性。如果使用波形复现试验，由于离散性的问题会产生较大的误差，波形复现又无法实现包络。

冲击响应谱具有很强的灵活性，尤其在振动台上，能生成各种复杂波形，实现预期的冲击谱，解决了经典冲击波形有限且和实际环境相差较大的问题。它可以从已有的实际数据的冲击谱中归纳和包络出一个比较合适的冲击谱。

3. 冲击响应谱的局限性

虽然冲击响应谱有它自身的优点，同时也存在一定的局限性[10]：

（1）冲击响应谱的概念是基于单自由度线性系统提出的，但实际系统一般既非线性，也非单自由度。在冲击中，非线性会严重影响实际的响应，理论与现实存在较大差别。

（2）冲击谱理论假定具有相同冲击响应谱的任意两个时间历程，对结构造成的潜在危害是一样的。除了极为特定的情况，这个假定并不正确。事实上，不同的时间历程对于同一个试件损伤是有差别的，尽管其冲击响应谱相同。

（3）对于公共基座的假设，需谨慎，因为大型试件的壳体都不能当作刚体，各部位的响应有所不同。

4.7　加速度试验

4.7.1　加速度试验概述

加速度环境是航天器在发射过程中经受的重要的动力学环境。它是航天器组件结构设计中要考虑的主要因素。加速度环境主要在运载火箭工作时产生，它可以分为近似稳态的和因发动机点火、关机等产生的瞬态加速度两部分。加速度试验通常在航天器的初样阶段针对鉴定件开展，正样飞行产品一般不再开展加速度试验[3,11]。

在航天器发射阶段，由于火箭发动机的推力使航天器获得加速度，该加速度

随着燃料不断消耗和飞行器质量减少而不断增加。根据牛顿第二定律，外力等于物体质量和加速度的乘积，即

$$\boldsymbol{F}(t)=m(t)\boldsymbol{a}(t) \tag{4-17}$$

式中：$\boldsymbol{F}(t)$为火箭发动机推力矢量；$m(t)$为飞行器质量；$a(t)$为飞行器加速度矢量。$F(t)$、$m(t)$和$a(t)$都随时间而变化。

此外，在发射过程中由于发动机点火或关机、火箭级间分离等，使航天器受到的推力及加速度产生突然变化，激起航天器结构的动态响应。因此，航天器在发射过程中经受的加速度环境可分为两部分：一部分是变化相当缓慢的准稳态加速度；另一部分是由上述瞬态事件引起的瞬态加速度。航天器经受的加速度环境主要沿着发动机推力方向（纵向）。此外，由于瞬加速度激起整个飞行器弯曲振型，而使航天器受到垂直推力轴（侧向）的振动加速度响应，其数值比纵向加速度小得多。

航天器加速度环境主要是压缩载荷，它是航天器结构设计要考虑的主要载荷，可能引起结构破坏或失稳。此外，加速度环境还可能使航天器上仪器设备发生故障而不能正常工作，这些故障包括：由于结构永久变形或破坏而使设备损坏或无法正常工作；传动装置失灵；密封装置泄漏或液体管路破裂等。因此，加速度环境试验的目的：一方面是检验航天器结构设计合理性；另一方面是验证航天器上仪器设备能否在加速度环境下正常工作。

4.7.2 环境预示和试验条件的制定

最高预示加速度环境是航天器发射时的准稳态加速度与瞬态振动响应加速度复合的最大值，这里也包括由组件支架或安装结构固有频率与瞬态加速度耦合可能引起的动态放大[3]。

加速度环境试验只在航天器组件或结构分系统中进行。鉴定级试验条件是以最高预示加速度值乘以1.25~1.5作为试验量值，在3个相互垂直的轴上分别进行。如有必要，应在产品的每个轴上正负方向都进行试验。至于试验持续时间，至少要求在每个轴上，正、负两个方向当加速度达到规定幅值后至少应保持2min。

如表4-8所列为某飞行器舱上组件的加速度试验条件。

表4-8　某飞行器舱上组件的加速度试验条件

名称	参数值	备注
沿轴向加速度	$7.5g$	
沿横向加速度	$5.4g$	两个互相垂直的方向

续表

名称	参数值	备注
加载速率	≤0. 5g/s	
保持时间	2min	最大过载处

4.7.3　离心机试验

离心机试验是加速度环境模拟最常用的方法之一。离心机主要由吊篮、转臂、平衡配重、转台、减速装置、汇流环和加速度测量系统组成。离心机试验，实质上是通过在平面内绕固定轴转动的长臂开展的试验，试件装在臂的一端，另一端加配重以保持平衡。当该臂以某一角速度 ω 转动时，试件受到指向轴心的加速度 $r\omega^2$ 的作用，r 为试件质心到离心机轴心的距离，这时试件受到离开轴心的惯性载荷。

离心机试验所产生的加速度场，与航天器实际经受的加速度环境存在两个方面的区别：

（1）离心机试验中试件做圆周运动，而不是直线运动。这时试件上每个质点的加速度与该质点到离心机轴心的距离成正比，试件上各点将因加速度不同而产生加速度梯度，因此，不可能使试件上的每一点都满足给定的加速度试验条件。为防止试件上加速度梯度过大，在环境试验方法标准中规定，试件或其考核部分任意一点的加速度应为试验规定值的 90%～110%。

（2）离心机转动时，试验上各点加速度的方向不平行，而是呈辐射状指向离心机轴。这时，试件上各点经受到一附加的侧向加速度。如果试件很宽，试验加速度值高，该附加加速度值就很大。但对尺寸较小的航天器组件，影响一般不大。

在开展离心机试验时，首先应根据试件质量、结构尺寸及试验条件等选择合适的离心机，主要考虑以下两个方面：

（1）离心机承载能力及能达到的加速度值，应满足试验条件需求。

（2）试件沿径向的加速度梯度不能过大，以保证试件上各点的加速度值在试验规定值范围内。

试验开始前，试件的安装是一个关键环节。试件安装应尽可能模拟实际使用状态，直接或通过合适的夹具安装在离心机上。同时，应保证试件在离心机上的安装方向与试件经受的加速度方向一致。试件在试验时所需的测量、通气、通液或试验安全保护装置等使用的附加连接件应可靠地紧固在试验设备上，使它们对试件产生最小的附加约束力或质量。

试件安装好后，在离心机转臂的另一端必须装配重。配重大小可按下式决定：

$$m_1R_1 = m_2R_2 \tag{4-18}$$

式中：m_1 为试件质量；R_1 为试件质心至离心机转轴的距离；m_2 为配重质量；R_2 为配重质心至离心机转轴的距离。

此外，应尽量使试件质心与配重质心处在同一水平面上。

试验夹具的设计应注意以下几点：

（1）应保证试件在要求的方向上承受加速度载荷，并尽量模拟试件实际的边界条件和受力状态，避免使它受到不合理的外力。

（2）夹具外形应尽量减小风阻。

（3）要有足够的强度和刚度，通常取夹具的安全系数不小于5。

试验正式开始后，在试验加载和卸载过程中应对离心机转速的变化率进行控制，使试件上任一点的切向加速度不大于规定的试验加速度值（径向）的10%。

设离心机加载和卸载为匀加速度及匀减速度运动，则切向加速度 a_t 和试验加速度 a 应满足以下关系：

$$a_t = 0.1a \tag{4-19}$$

$$a_t = \varepsilon R \tag{4-20}$$

$$a = \omega^2 R \tag{4-21}$$

式中：ε 为转速变化率；ω 为转速；R 为离心机转臂半径。

进一步可以得到

$$\varepsilon = 0.1\omega^2 \tag{4-22}$$

可以看出，如果 ω 较小，即试验加速度较小；更要注意转速变化率，ε 不宜过大。

试验时一般由离心机转速来控制试验加速度，其关系为

$$a = 0.0011R\omega^2 \tag{4-23}$$

在测量方面，一般采用汇流环测量试件在试验过程中的性能参数。对汇流环的要求：

（1）有足够的量通道以满足试验要求。

（2）汇流环接触电阻应尽量小，而且动态电阻值要平稳。

（3）测量线路的连接应尽量减少接触电阻的影响。

4.8 组件级力学试验条件的确定与调整

力学环境试验条件制定的合理性直接决定了航天器组件试验验证的有效性，

条件制定的合理性主要体现在条件能够覆盖航天器组件的全生命周期内的力学环境，并留出合适的安全储备余量。

制定的试验条件过大会导致本来设计合理的产品无法通过力学试验，或者需要付出非常大的代价（质量、成本、周期等）才能通过力学试验，这种条件下设计出的产品是“过设计”的，或者即使勉强通过了力学试验，但产品内部已经产生应力损伤或屈服，影响航天器在轨使用寿命；相反地，制定的试验条件过低会导致产品欠试验，在地面试验阶段，设计和产品不能得到充分有效的考核和验证，材料、制造工艺、元器件等存在的缺陷不能充分暴露，航天器组件有可能带着严重的隐患上天，在实际飞行环境下可能出现产品损坏、工艺失效、元器件无法正常工作等严重后果，甚至造成整个任务的失败。

因此，制定既充分又适度的力学条件，确保地面试验能够有效验证设计的合理性，充分暴露航天器组件的设计缺陷，又不对产品造成不必要的损伤，是十分必要和关键的。

航天器组件的力学环境试验条件根据试验类型可分为加速度试验、正弦振动试验、随机振动试验、冲击试验、噪声试验等，组件级试验条件一般由卫星或载荷研制单位根据星箭界面、卫星平台与载荷界面的条件进行二次分解得到。本节针对上述试验类型的条件制定的方法和思路进行详细阐述。

4.8.1　加速度试验

能够归类到加速度试验进行考核的力学环境一般具备施加时间足够慢，且在一段时间内保持不变的特点，以致组件具有足够的时间来分散产生的内部载荷，而不产生动态响应的激励，加速度试验有时也被称为准静力试验。如果力学环境不满足上述特点，就需要考虑其他的试验方法来验证，如正弦振动、随机振动、冲击试验等。

加速度试验一般在航天器组件级别或结构分系统开展，因为航天器整器一般体积、重量都比较大，加速度试验难度非常大，同时也很难模拟真实发射环境。航天器组件加速度条件由产品最高预示加速度和安全系数确定，其中安全系数主要是考虑最高预示加速度可能不准确而附加的一个放大因子。最高预示加速度一般根据火箭、卫星工作时的典型飞行事件确定，如发动机点火和关机、跨声速和最大动压飞行、助推器关机等动静态组合加速度环境，这些数据在历次火箭发射任务中积累了丰富的原始数据。例如，某型火箭的典型过载状态见表 4－9，纵向载荷和横向载荷一般是同时存在的，“＋”表示组件呈受压状态，“－”表示组件呈受拉状态，横向值指垂直于火箭纵向的任意方向。

表4-9 运载火箭典型加速度过载环境

工况	纵向过载/g			横向过载/g
	静态	动态	组合	
跨声速/最大动压	+1.6~+2.1	±0.96	+3.06	±1.8
最大过载	+5.5~+5.8	±1.2	+7.0	±0.8
助推器关机	+0.5	±4.4	+4.9 -3.9	±1.2

由表4-9中可知，考虑到各种典型飞行事件的包络，最大预示的纵向加速度为7.0g，最大预示的横向加速度为1.8g，考虑到最大预示本身也存在不确定性，制定加速度试验条件时还应考虑适当的安全系数，通常安全系数可以取≥1.5，因此，组件的纵向加速度条件可确定为$7.0g \times 1.5 = 10.5g$，横向加速度条件可确定为$1.8g \times 1.5 = 2.7g$。加速度试验一般要求试件的安装状态与发射环境一致，尤其是对于只要求单向开展加速度试验的试验条件，尽可能模拟真实的加速度受力环境（受拉或受压）。试验持续时间一般要求在达到最大加速度后保持2min以上，表4-10所列为某组件加速度试验条件。

表4-10 某组件加速度试验条件

加载方向	纵向	横向
量级	10.5g	2.7g
加载时间	达到最大加速度后保持2min	
加载速率	不大于0.5g/s	

需要注意的是，加速度试验的试验量值、加速度轴向、持续时间等试验条件很大程度上由组件所处的平台决定，如飞机、直升机、载人航天器、导弹等。加速度试验一般在离心机上完成，试验为开环控制，试验过程中不进行测试，试验量级由离心机控制系统进行控制，试验前后开展测试确定组件是否通过试验。

4.8.2 正弦振动试验

正弦振动一般模拟航天器组件受到的100Hz以内的低频振动环境，考核其承受低频振动的能力，载荷整体的正弦振动条件通常是卫星总体通过开展整星有限元分析，得到星载界面的动力学响应，再进行包络并取适当的余量得到。作为载荷研制单位，本节主要关心的是载荷上组件的正弦振动条件的确定方法。

载荷上的部组件正弦振动试验条件通常由载荷整体条件、载荷结构形式及部组件结构动力学特性决定，必要时结合整个卫星分析结果，部组件正弦振动试验条件的确定主要包含以下步骤：

（1）开展载荷整体模态分析，获得载荷各方向的主模态，载荷主模态频率一般高于整星主模态频率，低于部组件主模态，模态频率作为组件制定频段的参考。

（2）载荷根据卫星总体给定的正弦试验条件，开展正弦振动响应分析（分析时如果整星主频主动下凹条件明确，可在主频处下凹），获取部组件安装界面的动力学响应，根据加速度包络初步确定部组件的正弦振动试验条件。

（3）在结构或力学等效载荷上开展正弦振动试验，获取部组件安装面响应，修正（2）分析得到的部组件正弦振动条件，必要时可结合星载联合分析结果中部组件安装面响应，修正部组件试验条件。

（4）部组件正弦振动试验时，依据部组件试验关键点响应大于载荷试验关键点响应的原则，在部组件主频处主动下凹（避开载荷主模态）。

典型载荷组件正弦振动试验条件制定的基本流程见图 4－7。

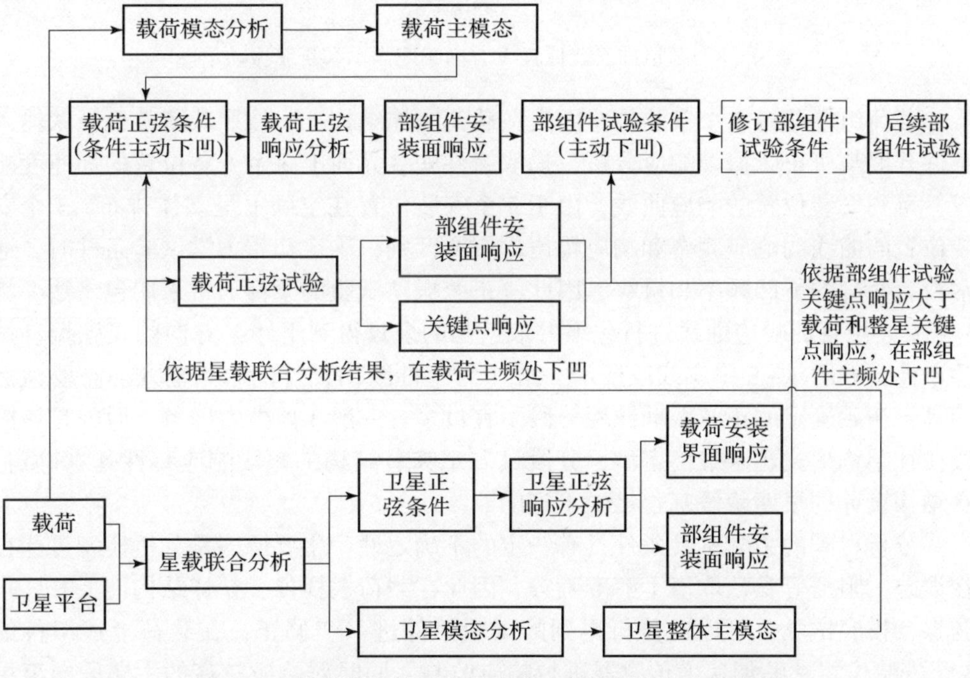

图 4－7　载荷部组件正弦振动试验条件制定的一般流程

以某载荷的成像相机组件 X 向正弦振动试验条件的确定方法为例，简要介绍载荷上部组件正弦振动试验条件设计的基本流程。首先开展载荷整机的正弦振动响应分析，为保证分析精度，一般结合结构特点，可将模态分析的频率范围设置为响应输出频率上限的 2 倍以上，正弦振动的条件中频率范围通常为 100Hz，因此分析时频率上限可设置为 200Hz 以上，模态阻尼比通常可取 1%～3%，复合材料在振动量级较大时模态阻尼比可达到 5% 左右，如图 4－8 所示。

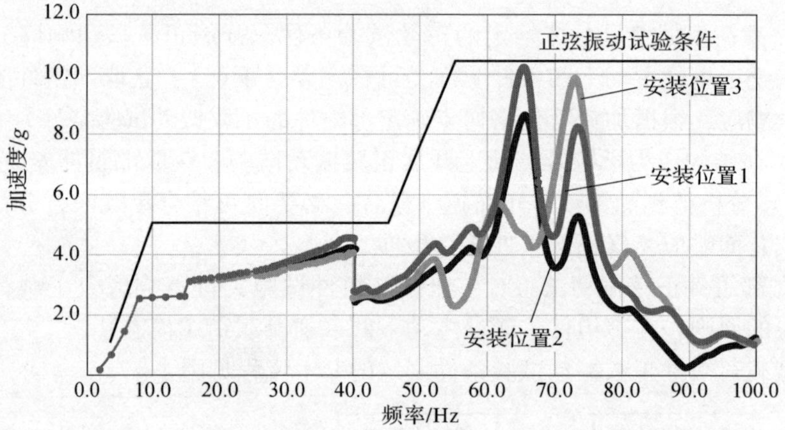

图 4－8　某组件安装位置 X 方向响应预示和正弦振动条件

载荷组件通过 3 个安装位置固定在载荷主体结构上，按照载荷整机正弦输入条件开展整机正弦振动响应分析，提取组件安装界面上 3 个安装位置的加速度响应，得到安装位置的响应曲线，由于 3 个安装位置在空间上呈立体排布，3 个安装位置的曲线的响应频率和响应幅值均有所区别，确定初始力学试验条件时，通常没有明确的下凹频率和量级，因此，正弦振动试验的条件通常采用包络法，将 3 个安装位置的响应曲线进行包络并取适当的余量得到组件 X 方向的正弦振动试验条件，如图 4－8 中实线段所示，可作为组件结构设计的原始输入。需要注意的是，初始确定的正弦振动试验分段不宜过多，一般 3 段左右即可，原因是该阶段往往结构形式还未最终定型，分段过多意味着结构的频段响应特性基本确定，在结构设计的早期阶段基本是做不到的。

分析得到的力学试验条件具有一定的不确定性，主要原因是分析模型可能存在误差，阻尼等参数取值不够准确等，因此在载荷模样件、初样结构件上开展正弦振动摸底试验，可以对分析得到的试验条件进一步修正，在载荷上述组件的 3 个安装位置粘贴加速度传感器进行响应监测，同时对响应较高的主频段向卫星总体进行了下凹申请，得到该组件 X 向加速度响应低于图 4－8 中的响应预示，尤其在高频段原试验条件有较大余量，因此有必要对原试验条件进行修正，考虑适当的余量确定修正后的正弦振动试验条件见表4－11。

表4－11　某组件修正前后的 X 向正弦振动试验条件

原正弦振动试验条件		修正后正弦振动试验条件	
频率/Hz	量级	频率/Hz	量级
5～10	12.4mm	5～10	12.4mm
10～45	5.0g	10～50	5.0g
45～55	5.0g～10.5g	50～60	5.0g～8.0g
55～100	10.5g	60～100	8.0g

图4－9画出了该组件正弦振动试验与修正前后的正弦振动试验条件曲线。由于试验过程中在主频共振频段采取了下凹措施，修正后的试验条件在高频处有了明显的降低，有利于组件的结构设计，更接近载荷真实的力学环境。

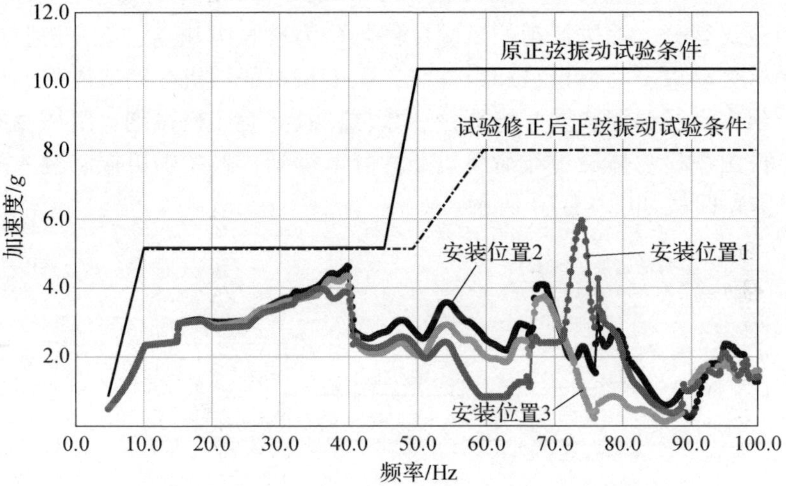

图4－9　某组件正弦振动试验 X 方向加速度响应曲线和试验条件

正弦振动试验条件可分为验收级和鉴定级，一般地，鉴定级正弦振动试验条件量级为验收级试验条件的1.5倍，验收级正弦振动试验的扫描速率一般为4oct/min，鉴定级正弦振动试验的扫描速率一般为2oct/min，试验时3个轴向分别加载。

由于正弦振动条件确定与载荷具体结构形式相关性比较大，因此试验条件的确定与载荷研制过程紧密相联，并贯穿整个卫星及载荷的研制过程。虽然分析预示方法是确定条件的基础，但仅根据预示结果确定条件是十分困难的，要结合试验对条件进行修正是必要的修模和迭代，最终在初样鉴定件和正样件研制阶段确定合理的试验条件。

4.8.3 随机振动试验

随机振动模拟有效载荷受到火箭发射段的发动机推力、噪声及各频段组合振动产生的随机振动激励，这些随机振动环境，通过卫星传递到载荷的部组件上或通过声压直接作用于载荷组件上，可能导致结构破坏、疲劳、故障或者失效。载荷组件随机振动的量级取决于运载火箭的型号、飞行参数、卫星和载荷的结构特点等。

随机振动控制系统问世以前，绝大部分随机振动试验是由正弦振动试验代替的。随着数字随机振动信号控制系统的完善，目前的控制水平已经能够准确模拟随机振动试验过程，模拟水平十分接近真实场景。与正弦振动一样，随机振动一般也在振动台上完成，随机振动的频率范围通常为 20～2000Hz，在 3 个方向分别开展。

按照量级划分，随机振动的试验条件可分为验收级和鉴定级，按照试验对象划分，随机振动可分为整机级和组件级，载荷整机的随机振动或噪声条件一般由卫星总体根据飞行遥测数据、仿真预示数据经统计后分析得到，组件级的随机振动试验条件由载荷总体通过载荷整机条件分解得到，典型随机振动输入的功率谱密度（PSD）曲线如图 4－10 所示。

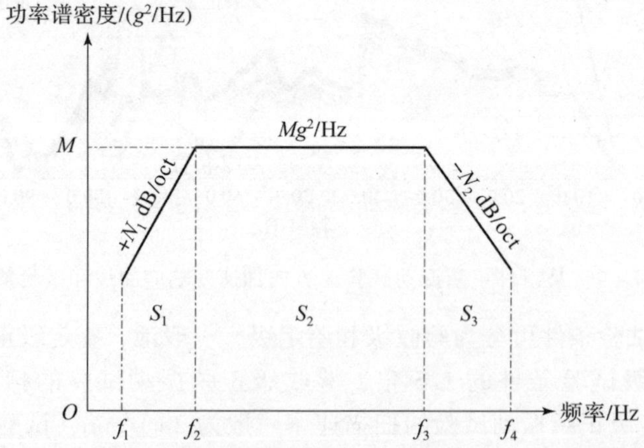

图 4－10 典型随机振动输入的功率谱密度（PSD）曲线

随机振动试验条件包括频率范围、谱形、加速度功率谱密度、总均方根加速度、试验持续时间、试验方向6个方面的内容，图4－10所示为典型谱形的随机振动输入谱，以及对应的加速度功率谱密度，图中随机振动的考核频率范围为f_1~f_4，加速度谱形为典型梯形分布谱形，主要可分为上升段、平直段、下降段3个阶段，上升段斜率为$+N_1$dB/oct，平直段功率谱密度幅值为M g^2/Hz，下降段斜率为$-N_2$ dB/oct。总均方根加速度为梯形谱形上升段、平直段、下降段围成的面积的总和开根号。假设上升段围成的面积为S_1、平直段围成的面积为S_2、下降段围成的面积为S_3，随机振动的总均方根加速度$A=\sqrt{S_1+S_2+S_3}$，均方根加速度的单位一般为g。

随机振动的均方根值计算和功率谱密度计算是确定试验条件的重要步骤。下面以具体实例介绍总均方根加速度、谱密度、斜率的计算方法。图4－11给出了某试验件的功率谱密度曲线，首先必须计算总均方根加速度，这是估算振动台推力所必需的，总均方根加速度等于功率谱密度曲线所包围的面积。下面介绍一种简易计算斜谱面积的公式。

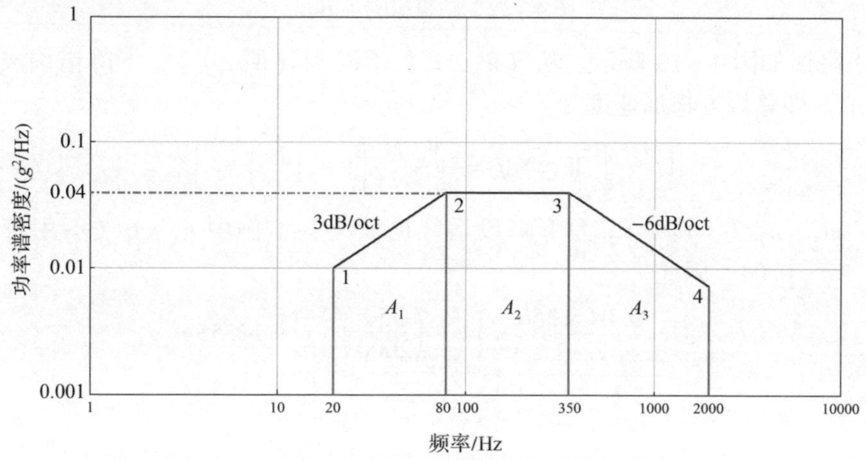

图4－11　随机振动功率谱密度曲线

平直谱的面积A_2比较容易计算，是矩形面积，即

$$A_2=W\Delta f=0.04\times(350-80)=10.8g^2 \qquad (4-24)$$

A_1是上升谱，A_3是下降谱，由于是对数坐标，斜的直线实际上是条曲线，所以其面积必须积分才能计算。斜率dB/oct值不同，上升谱与下降谱所使用的公式也不一样。

上升谱如图4－12所示。对于上升谱，从（W_a，f_1）升至（W_b，f_2），上升谱围成的面积为A_1，即总均方根加速度为

$$A_1 = \int_{f_1}^{f_2} W(f)\,\mathrm{d}f = \frac{W_b f_2}{m_1+1}\left[1-\left(\frac{f_1}{f_2}\right)^{m_1+1}\right] \tag{4-25}$$

式中：$m_1=N_1/3$；N_1 为上升段谱线的斜率，$N_1=3\text{dB/oct}$；$W_b=0.04$，因此，有

$$A_1=\frac{0.04\times 80}{1+1}\left[1-\left(\frac{20}{80}\right)^{1+1}\right]=1.5g^2 \tag{4-26}$$

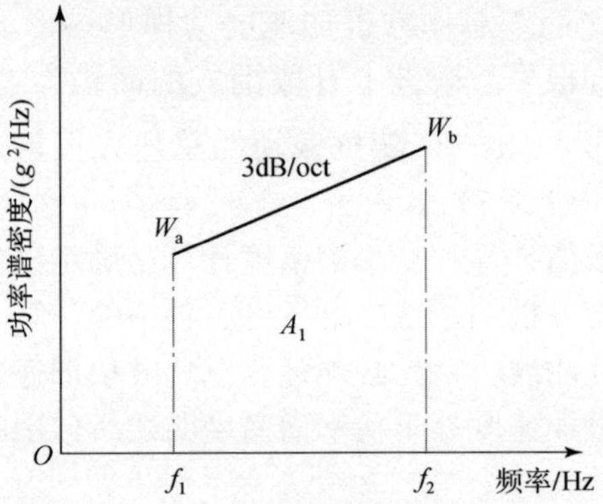

图 4-12　随机振动上升谱

下降谱如图 4-13 所示。从（W_c，f_3）下降到（W_d，f_4），下降谱围成的面积为 A_3，即总均方根加速度为

$$A_3 = \int_{f_3}^{f_4} W(f)\,\mathrm{d}f = \frac{W_c f_3}{m_2-1}\left[1-\left(\frac{f_3}{f_4}\right)^{m_2-1}\right] \tag{4-27}$$

式中：$m_2=n_2/3$，其中 n_2 为下降段谱线的斜率，本例中 $n_2=6$（不用管正负号），$W_c=0.04$，因此

$$A_3=\frac{0.04\times 350}{2-1}\times\left[1-\left(\frac{350}{2000}\right)^{2-1}\right]=11.55g^2 \tag{4-28}$$

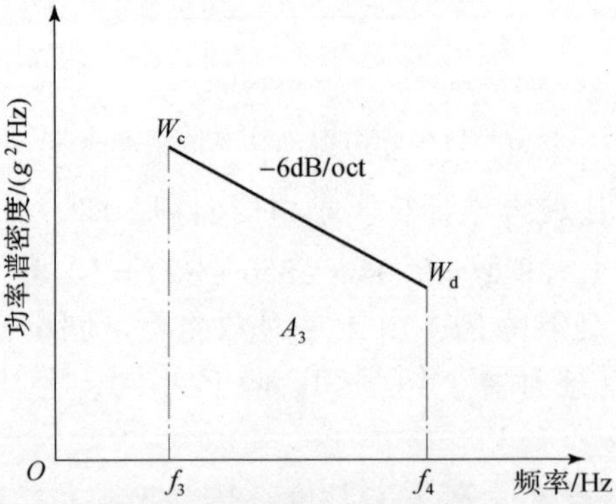

图 4-13　随机振动下降谱

需要说明的是，如果下降段的斜率为 -3dB/oct，上述下降段的公式中将出现分母为 0 的结果，导致计算出现问题，可采用式（4-29）代替式（4-27）：

$$A_3 = 2.3 W_c f_3 \lg\left(\frac{f_4}{f_3}\right) \tag{4-29}$$

本例中总均方根加速度为

$$g_{rms} = \sqrt{1.5g^2 + 10.8g^2 + 11.55g^2} = 4.88g \tag{4-30}$$

随机振动试验的持续时间不宜将发射主动段经历的全部时间历程作为考核时间，这样通常会导致考核过于严格，但如果取最大振动水平量级的持续时间，可能造成欠试验，因此一般需要采用时间加速、应力等效等方法进行时间等效，经过长期试验积累和飞行数据积累，航天载荷随机振动持续时间基本已经固定，简单处理，作为有效载荷，随机振动的持续时间一般可直接将卫星随机振动试验或噪声试验的持续时间移植过来，通常航天载荷持续时间按照鉴定级 2min 或者 3min，验收级 1min 进行考核。

航天器组件随机振动试验条件的确定主要方法有两种，其中一种方法是根据以往型号或经验确定，在没有任何计算或可参考的试验数据时，可使用随机振动通用试验条件，见表 4-12。该试验量级可通过声试验或随机振动试验结果来修正。

表 4-12　随机振动通用试验条件

频率/Hz	谱密度
20~50	6dB/oct
50~800	$0.25g^2$/Hz
800~2000	-6dB/oct
总均方根加速度	$11.5g$
试验时间	2min

试验条件制定时，一般以 23kg 为界限，23kg 以上的产品，可以对功率谱密度和谱斜率进行调整，同时允许对产品谐振峰处的功率谱密度进行下凹。

（1）功率谱密度调整：当试件质量超过 23kg 时，功率谱密度应除以衰减因子 F，衰减因子 F 用式（4-31）计算，功率谱密度减少的分贝值为 $10\lg(F)$。

$$F = \frac{W}{23} \tag{4-31}$$

式中：F 为衰减因子；W 为组件质量（kg）。

当试件质量超过 180kg 时，50~800Hz 功率谱密度将保持 $0.032g^2$/Hz 不变。

对于质量远大于 180kg 的产品，随机振动的功率谱密度另行商定。

(2) 谱斜率调整：当试件质量不超过 60kg 时，谱斜率保持 6dB/oct 和 -6dB/oct 不变，当试件质量超过 60kg 时，还要对谱斜率进行调整，要使 20Hz 和 2000Hz 对应的功率谱密度保持在 0.01g^2/Hz。但对于质量远大于 60kg 的产品，功率谱密度的确定需要参考试验数据进行确定。

另一种方法是根据总体下发给载荷的随机振动条件、噪声条件进行随机振动分析和试验后给出组件随机振动条件。

4.9 振动试验夹具

4.9.1 夹具对振动试验的重要性

夹具是振动试验的传力部件。它把振动台台面的运动传递给试件，使试件在规定的振动量级下得到考验。夹具性能的好坏直接影响到振动试验的真实程度和可靠程度，这一点往往容易被忽略。如在试验前，随便拼凑一个夹具，对它的性能所知甚少，结果往往由于夹具结构或材料选择不当，在试验频率范围内夹具本身产生共振，使产品承受不应有的过大载荷而损坏，使试验得到错误结果。如用角钢螺栓连接而成的简单夹具，看起来很结实，实际上其刚度不大且阻尼很小，导致固有频率过低而放大因子很大。另外，螺接容易松动，试验时易产生相对位移甚至撞击，波形失真严重，最后导致错误的试验结果。因此，合理地设计振动试验夹具是一项很重要的工作。[11]

飞行器及组件振动试验常用的夹具形式如图 4-14 和图 4-15 所示。常用三向振动试验夹具（图 4-14）适用于 3 个方向的安装及试验；常用单向振动试验夹具（图 4-15）仅适用于大型的或不能横放的试件的垂直安装，借助水平滑台来实现其他方向的试验。

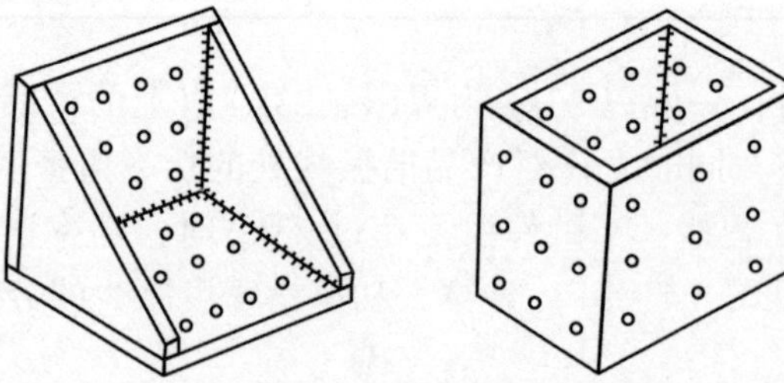

图 4-14 常用三向振动试验夹具

(a) L形夹具；(b) 盒式夹具。

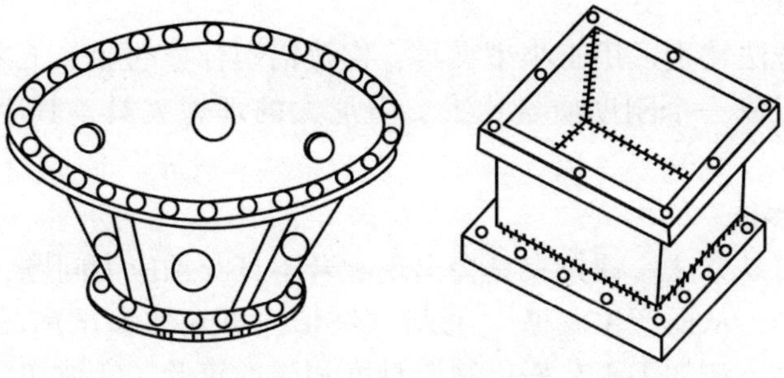

(a)　　(b)

图4-15　常用单向振动试验夹具

(a) 盆式夹具；(b) 框式夹具。

4.9.2　夹具设计的基本原则

振动试验夹具设计的基本原则如下[11]：

(1) 要求其频率响应曲线平坦，固有频率要高，最好高于试验频率上限。否则，夹具第一阶频率至少要高于试件一阶固有频率的3~5倍，以免试件和夹具的耦合振动。试验频率范围内，当夹具具有共振峰时，应限制共振峰个数、传递比及3dB带宽频率。

(2) 夹具连接面上各点响应要一致，以确保振动输入的均匀性。

(3) 夹具的横向振动应尽量小。

(4) 夹具的高度应小于试验频率上限波长的1/4 $\left(\text{波长}\ \lambda=\dfrac{\nu}{f}=\dfrac{1}{f_{\max}}\sqrt{\dfrac{E}{\rho}}\right.$，式中 ν 为夹具所用材料的声速，$f_{\max}$ 为上限频率，E 为弹性模量，ρ 为材料密度$\Big)$。

(5) 在振动台推力允许时，试验夹具的质量最好是参试产品质量的2~4倍，以减少试件对振动台的反共振。

(6) 正确模拟试件的实际安装状态，振动夹具的动特性与产品实际安装支架的动特性应尽量一致，这样才能重现产品的实际环境。要做到这一点是相当困难的，因产品范围很大，可以是元器件、部件、组合件及某种结构等，单个夹具难以再现各种产品的固定方法，因此只能尽量做到与实际情况相近似。

4.9.3　夹具的加工

夹具的加工方法很多，所得到的夹具性能也有所不同。常用加工方法及其特点如下：

1. 机械加工

机械加工方法特别适用于小型夹具，铝及铝镁合金的加工工艺性能好，可按照设计要求加工成一个刚度质量比大、阻尼大的理想夹具，其固有频率可达到2000Hz 以上。

2. 螺钉连接法

这是一种简易方法。螺接夹具会出现配合不良及预应力问题，尤其接触不良会产生相对运动，从而产生碰撞“毛刺”波形，可导致参试产品产生不应有的损坏。这种加工方法加工工艺好、制造难度和成本较低，常被初次设计夹具的人员使用。

3. 铸造加工

这是比较理想的加工方法，适用于大型夹具。其刚度质量比大，可避免螺接夹具连接刚度和强度较弱的缺点，适用于任何形状的试件，能满足多方面的设计要求，如要求一定厚度的截面、变剖面、多角撑板、加强筋、复杂截面等。这是其他加工方法难以实现的。

铸造加工件的另一优点是铸造合金的阻尼相当高，Q 值小，因此对于大型试件一般采用大型铸造夹具。例如卫星整星振动试验用的铸铝盆式夹具，其性能良好，能较好地完成卫星振动试验任务。

4. 焊接加工

这是一种常用的夹具加工方法。因为螺接夹具具有明显的缺点，不能防止夹具各部分的相对运动，波形失真严重。铸造夹具克服了这些缺点，曾被普遍采用。但由于成本高、加工周期长，因此一些小型试验夹具普遍采用焊接加工。采用焊接加工时，需注意焊接工艺产品的材料内部应力和变形，需在工艺上想法给予控制。

5. 粘接夹具

适用于小型夹具，粘接比焊接要快，经济方便。用环氧树脂加固化剂，在常温下进行粘接，最后再机加工或打磨平。这种粘接方法可临时增加角块、支撑等加强件，直到满足试验要求。该加工方法，需慎重使用。

4.9.4 夹具的固有频率估算

设计夹具除了要遵循上面提到的一些原则外，最终目的是要提高夹具的固有频率。因此，在设计草图完成后，首先要估算它的固有频率。对于杆、板、梁等夹具的典型元器件的第一阶固有频率的一阶固有频率由下式进行估算[11]：

$$f_r = \frac{1}{2\pi}\sqrt{\frac{K}{m}} \tag{4-32}$$

也可以把整个夹具视作一个多元弹簧/质量系统，用邓克利（Dunkerley）方程近似计算整个夹具的一阶固有频率的计算方法，用式（4 - 33）估算：

$$\frac{1}{f_r^2}=\frac{1}{f_1^2}+\frac{1}{f_2^2}+\cdots+\frac{1}{f_n^2} \tag{4-33}$$

式中：$f_1, f_2, \cdots, f_n$ 为典型元器件的一阶固有频率。

必须指出，以上夹具固有频率计算方法仅是初步的估算，对大型、重要的试验夹具的固有频率应采用有限元法进行系统计算。

4.9.5 振动夹具的设计步骤与应注意的问题

（1）应了解试件的实际情况：参试产品、连接尺寸、质量及以试验时导管导线、接头等的支撑方法（最好看实物、图纸）。

（2）根据试验条件及试件质量，确定进行试验的振动台。

（3）根据所选择的振动推力、动框弹簧负重能力及最大试验振动量级，计算夹具的允许质量。

夹具允许质量加上试件质量、动框质量和台面质量的总和等于振动台最大推力和试验最大加速度之比。如果计算质量总和超过振动最大静载荷，则要减小夹具质量；否则采用悬挂方式支撑产品，减少振动台推力。

若产品较小，振动推力足够大，可选取夹具质量是产品质量的 2 ~ 4 倍。

对随机振动夹具，最大振动量级峰值应按 1.6 ~ 3.0 倍的 g_{RMS}（加速度有效值）来计算。

（4）根据夹具大小、加工周期及实际情况等选择一种加工方法。

（5）考虑 3 个方向振动是用 1 个或是 2 个夹具、是否用水平滑台等。

（6）初步设计出夹具结构后，用式（4 - 32）和式（4 - 33）估算夹具各部分 f_n 及夹具的固有频率 f_r。

（7）与夹具配套的螺钉、螺母，应与夹具的刚度相适应。

（8）夹具上下连接面应加工平整。在螺孔处最好采用凸台形式，以保证连接性能良好。

4.9.6 振动夹具的鉴定

加工好的振动夹具要进行试验鉴定，因为动态试验鉴定能暴露夹具的缺点，从而可以及时修改夹具。图 4 - 16 所示为夹具鉴定试验系统。

振动夹具鉴定试验方法如下：

（1）把待鉴定的扰动夹具正确地安装在振动台上。

（2）控制加速度计的安装位置选在振动夹具与振动台的安装螺孔附近，如图 4 - 16 所示的 A 点。

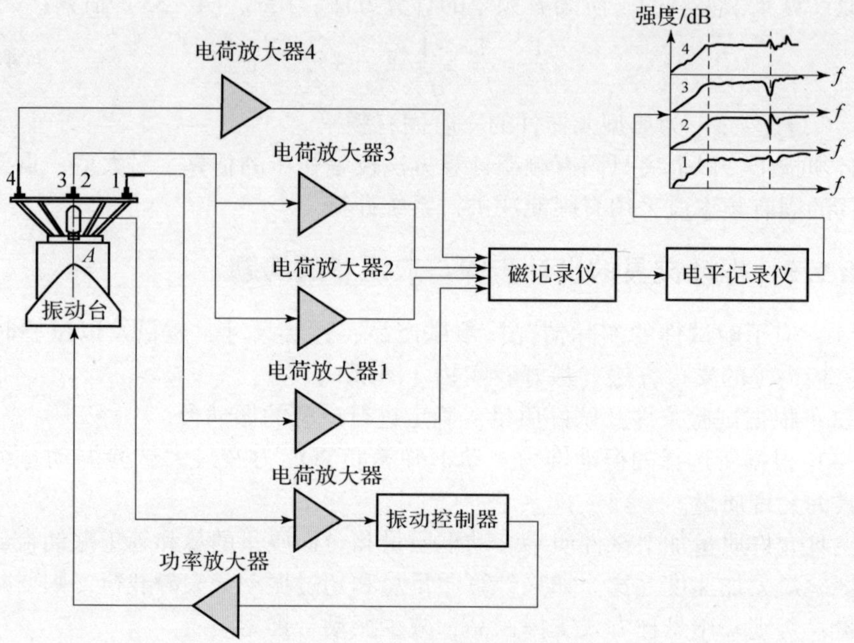

图 4-16　夹具鉴定试验系统

(3) 响应加速度计选在夹具连接产品安装孔附近。如有 4 个安装孔，则安装 4 个加速度计，以便检查夹具连接面上各点响应是否一致。

(4) 在试验频率范围内进行正弦扫频试验，记录控制点 A 和响应点的频响特性曲线。从这些曲线中可以测量出夹具连接面上响应的均匀性、夹具的固有频率、夹具的传递特性和放大系数等，并看其是否符合上述设计原则，否则应重新修改。

有条件时也可以采用传递函数测量方法，求测夹具的固有频率及传递特性。此法所测结果更为精确。

4.10　飞行器振动试验控制

虽然组件级力学试验的规模、复杂程度均较飞行器小，但它们具备许多相似性，本小节编排“飞行器振动试验控制”[11]，仅作为组件级试验的参考。笔者在组件产品的科研工作中也常采用相关方法，受益匪浅。

整器（系统级）振动试验比分系统和组件级试验复杂得多，不能像组件级零部件试验那样进行简单的试验，因为飞行器整器造价昂贵。整器结构本身的特点，又对试验技术提出了特殊的要求。整器振动试验大致有以下特点：

（1）飞行器整器质量大、尺寸大、重心高等。质量大使其对振动台的反共振影响大，尺寸大使其很难保证界面输入振动量级的均匀性，重心高可能导致较大的正交振动（与激振方向垂直的横向振动，简称横振）。

（2）整器结构通常由数个分系统、数百个组件组成，结构复杂，模态密度大，频响峰谷密，可能导致界面输入波形失真大。

（3）整器振动试验需要模拟飞行器对运载火箭的反共振动力边界条件，使振动量级输入接近更真实的环境，因此试验条件比组件级条件复杂，给控制增加了难度。某些大型的设备，如某科学探测望远镜的尺寸达到一台宇通大型客车的量级，质量达到 6t，其复杂程度不亚于中小型飞行器整器。

（4）整器振动试验，尤其是正样飞行器的试验应避免因试验失控或超差造成试验中断。这对试验控制提出了更高的要求。

采用多点平均控制、下凹控制、滤波控制、正交振动抑制、防止中断控制等诸项技术，有效地解决了上述整器振动试验中存在的问题。此外，整器振动试验还有一些其他技术，如特征性检验技术、结构共振响应拟合控制技术等。应用这些技术将使整器振动试验更加科学合理。以下重点介绍多点平均控制、下凹控制、结构特性检验、滤波控制和共振响应拟合控制等技术。

1. 多点平均控制

飞行器整器通常是通过盆式（倒锥形）夹具与振动台台面相连，振动激励通过飞行器转锥与夹具的对接面传递给飞行器。因对接面尺寸大，而且多自由度、大尺寸、大质量的飞行器对夹具的反作用，很难保证对接面上各点的振动量级输入一致，因此，采用单点控制将导致某些频率的过试验或欠试验。采用多点平均控制，使对接面各点输入的平均值满足试验条件，避免了单点控制带来的问题，使控制更加合理、真实。平均控制的幅值由下式计算得到。

$$A_i(f) = \frac{1}{N}\sum_{i=1}^{N} A_i(f) \tag{4-34}$$

式中：$A_i(f)$ 为第 i 点的加速度幅值；N 为参加平均控制的点数；$A_i(f)$ 为 N 点平均加速度幅值，I 点是实际上并不存在的虚拟控制点。

图 4－17 所示为某通信飞行器采用四点平均控制的系统。

参加平均控制的点数越多，越接近真实的环境激励，控制精度也越高，随之所花费的设备成本也越高。飞行器整器大多为对称结构，一般取沿对接面上均布的四点平均即可达到满意的效果。多通道数字式振动控制系统都有平均控制功能。单通道振动控制系统（包括模拟式控制仪），如果在适调放大器与控制仪之间加入多通道信号选择器（该仪器具有信号选择和平均功能），也同样可以实现多点平均控制。

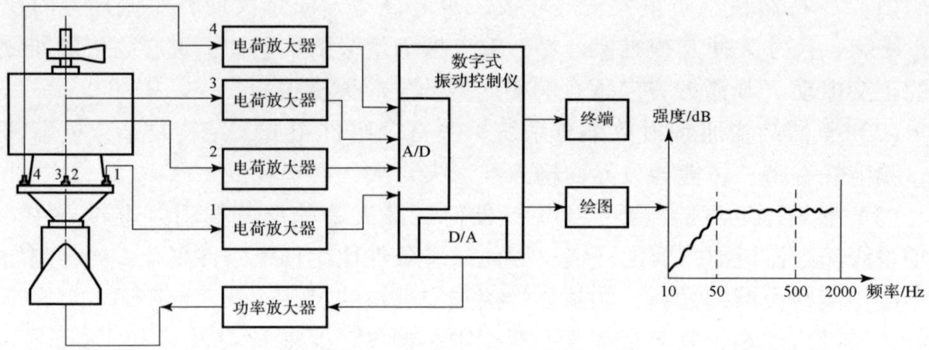

图 4-17　某通信飞行器采用四点平均控制的系统

2. 下凹控制

如果组件产品中包括精密光学仪器、探测器、敏感器等，它们可能在试验量级的某些带宽中遭到损坏，经协调、审批，可以在这些频带适当降低试验量级，即采取下凹控制。

实现下凹控制有以下两种方法：

第一种方法是试验条件直接下凹，谷深由星箭的振动耦合分析确定，谷宽可用飞行器的 3dB 共振带宽。在工程实践中，飞行器整器常取 4Hz 作为单峰控制的带宽。该方法比较直接，易于实现。

第二种方法是响应控制，又叫限幅控制。除了控制主控点（其位置在飞行器与夹具对接面上）输入的加速度（单点或多点平均）之外，还要监控飞行器关键部位（监控点）的响应。通常是监控飞行器主结构或危险部位的加速度、位移或应变响应，使其不超过预先设定的环境预示值，以此来限制通过夹具传递给飞行器的过试验输入，达到下凹控制的目的。

响应控制的基本原理：将主控点和监控点传感器的输出信号，通过放大器分别接入控制系统的控制通道和辅助通道上，然后在控制系统上进行试验参数设置。在主控点设置原定的输入试验条件，在监控点设置响应限制值。试验中，当监控点响应未达到限制值时，其主控点输入仍按原试验条件，结构共振时，当任意一个监控点的响应达到或超过限制值时，控制系统的信号选择和限制功能自动实现控制通道的转换，并控制监控点的响应，使其不超过限制值。共振峰过后，监控点响应下降，控制通道又转回到主控通道，并控制主控点按试验条件激励飞行器。监控点响应达到限制值并受到限制控制时，主控点响应下降，从而呈现了试验条件的下凹控制。

该方法直接限制主结构和关键部位的振动响应，使其不超过环境预示值，因为主结构和这些关键组件在整器试验前大部分已按环境预示值通过了考核，故此方法比较安全可靠。但环境预示值需要通过大量的地面试验和飞行遥测数据的统计分析得到，因此在缺乏大量的实测数据时，环境预示值就很难确定。

试验中采用哪一种下凹控制方法取决于星箭振动耦合分析、环境预示值的准确程度及控制系统的功能。大多数数字式振动控制系统都具有限制控制功能。对一般模拟式正弦振动控制仪，在反馈回路中加入信号选择器也同样可实现响应控制。图 4－18 所示为中国某通信飞行器正弦扫描下凹控制曲线。图 4－19 所示为典型响应控制曲线。

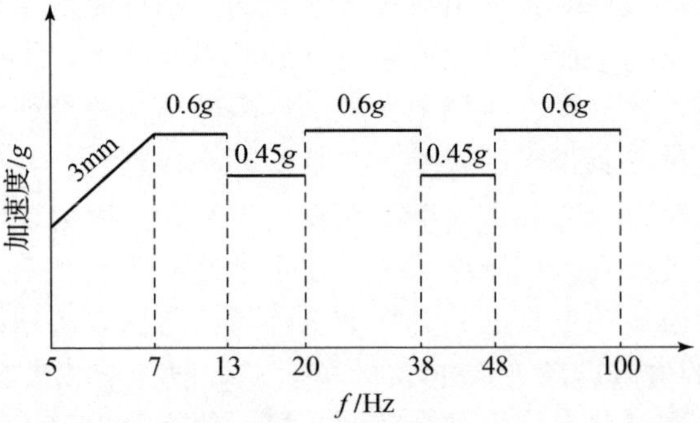

图 4－18　中国某通信飞行器正弦扫描下凹控制曲线

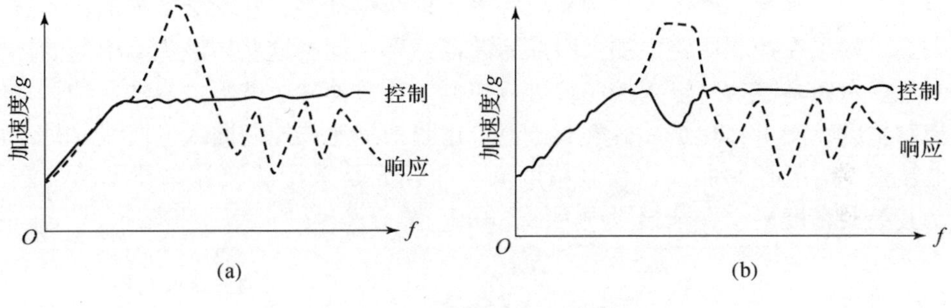

图 4－19　典型响应控制曲线

（a）不加响应控制；（b）响应控制。

注意：如可能，在硬件上只有少量敏感元件时，应经受满试验量级。所有组件至少应经受型号规定的制造质量筛选试验。

3. 结构特性检验

飞行器结构特性检验试验，是评价飞行器经振动试验后结构是否完好的重要手段之一。其方法是在飞行器的正弦验收或鉴定试验前后，以低量级（1/4～1/3 的验收级，或者较小量级、固定幅值的正弦振动）的试验条件对其进行激励，同时测量星上各点响应，比较前后两次试验的响应数据，其主要的固有频率及其相应的共振峰值不应发生明显的变化。飞行器整器验收试验的结构合格判据是，其主要共振频率（前几阶）的变化最好限制在 0.5Hz 以内，共振峰值不能有显著变化。对鉴定试验的合格判据可以适当放宽。某些部位共振频率的明显下移可能是结构的松动，甚至由破坏引起的。因此飞行器结构特性检验，不仅用于判断经历验收或鉴定试验后结构的完好性，而且可以通过响应数据分析，对结构进行故障诊断。

4. 滤波控制

在正弦扫描振动试验时，从示波器观察到的振动控制信号波形时常不是纯正弦波，而有较大失真和毛刺。产生波形失真的原因有两个：①撞击失真；②谐波失真。撞击失真由连接松动、接触不良或试件内部结构碰撞而引起。在飞行器结构试验中，测得这种失真带来的误差，在某些频率特别是在共振频率处，有时达到百分之几十，甚至百分之几百。谐波失真比较复杂，因为试验设备中的每一个环节都可能产生谐波失真，如激振系统，在正常情况下允许有 2% 的失真度。假设飞行器、振动台或振动夹具的共振频率正好与该谐振频率相耦合，设放大因子 $Q=10$，那么 2% 的失真度就变成 20% 的畸变。一般，谐波失真的原因除电荷放大器的噪声、试验夹具共振、振动台动框共振、功率放大器失真以外，飞行器结构也会导致输入波形的谐波失真。因为飞行器结构复杂，常由数个分系统、数百个组件组成，其模态密度大、频响峰谷密、耦合振动多，从而导致界面输入波形的失真。如果在控制回路中加入跟踪滤波器，即可滤去这些谐波失真引起的高频分量，仅保留基本信号输入控制仪进行控制。该法消除了波形失真的影响，提高了控制精度，图 4-20 是某科学实验卫星正弦扫描滤波控制曲线。曲线 a 是未进行滤波控制时的控制曲线，控制精度低。曲线 b 是采用滤波控制技术的控制曲线，其控制精度高，在全频段内为 ±0.8dB。

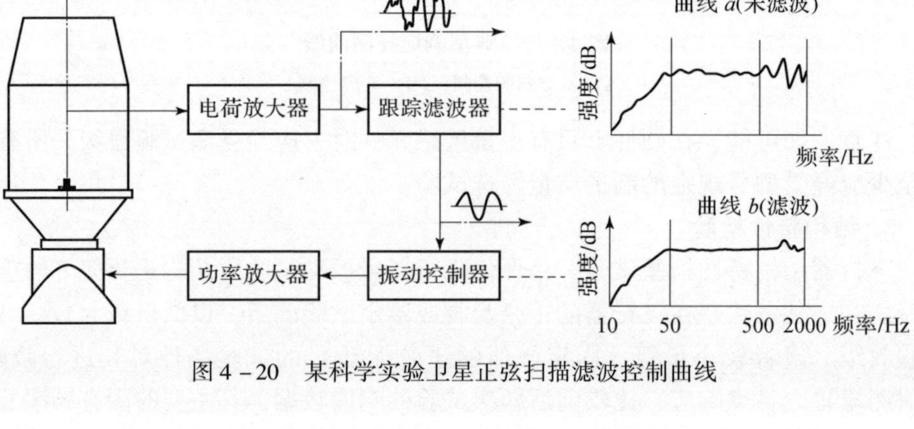

图 4-20　某科学实验卫星正弦扫描滤波控制曲线

综上所述，在正弦振动控制中采用滤波控制技术不仅可以大大提高控制精度，而且能使在不同设备上进行的试验有可比性和重复性，便于对结构进行动态分析。但采用这种方法，需修改现有的试验条件，故此法尚有一定的局限性。

5. 共振响应拟合控制

质量较大的同步卫星大都采用液体燃料发动机作为远地点飞行的助推器。当正常飞行卫星进行振动试验中，贮箱内一般不充工质，因此整星质量减轻，刚度加强、结构动特性改变，星体固有频率提高。如果仍然使用原试验条件进行试验，势必导致某些频率欠试验（特别是在原卫星的主固有频率处），而在另一频率过试验（特别是在不加工质卫星的主共振频率处）。

采用共振响应拟合获得的修正试验条件可以弥补不加工质造成的影响。一般用如下方法修正原试验条件。

设带有模拟工质的卫星（一般是结构星）在原试验条件激励下的响应为 $\ddot{y}_i(f)$，其中 i 为主结构和关键部位的测点。对不加工质的卫星，通过试验测出各点的相对虚拟控制点（四点平均控制输入）的传递函数，即

$$H_{iA} = \frac{\ddot{\bar{y}}_i(f)}{\ddot{\bar{x}}_A(f)} \tag{4-35}$$

要在不加工质的卫星上激起加工质时的响应，则必须使 $\ddot{\bar{y}}_i(f) = \ddot{y}_i(f)$，于是

$$\ddot{\bar{x}}_A(f) = \frac{\ddot{\bar{y}}_i(f)}{H_{iA}} = \frac{\ddot{y}_i(f)}{H_{iA}} \tag{4-36}$$

其中，$\ddot{\bar{x}}_A(f)$ 是为了使不加工质的卫星产生与加工质的卫星相同响应的输入。从式（4-36）中可以看出，可以获得很多 $\ddot{\bar{x}}_A(f)$。对这些 $\ddot{\bar{x}}_A(f)$，取其平均或取其包络，主要看前几阶固有频率，对星体高阶影响不大。“东方红”三号卫星即用此方法完成了试验。试验表明，前二阶频率结果令人满意。图 4-21 为用上述方法得到的该试验控制曲线。

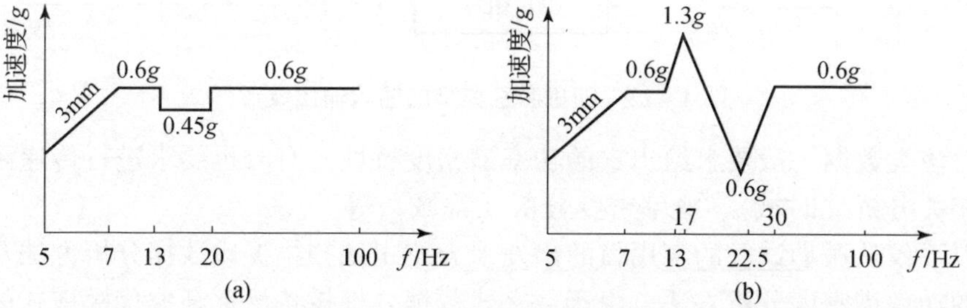

图 4-21　“东方红”三号卫星的共振响应拟合控制曲线

（a）加工质；（b）不加工质。

该方法对于受到振动台推力限制时，可移去卫星的部分质量，再用修正的试验条件对卫星进行考核，从而变相提高了振动台试验能力。

4.11 振动试验响应数据处理

飞行器及其组件在振动试验中经常涉及两种数据：正弦扫描振动响应数据和随机振动响应数据[11]。

正弦扫描振动响应数据，虽然是确定性的周期数据，但它又是非稳态的，随着频率的线性或对数变化，幅值也在不断地改变。另外，在振动试验中，由于飞行器及其组件是一个多自由度的复杂系统，常常因为彼此间相互作用而使响应信号成为具有波形失真的准周期信号。图 4-22 为正弦扫描振动试验典型的输入输出波形，对该类型数据一般要求给出它的幅频特性。

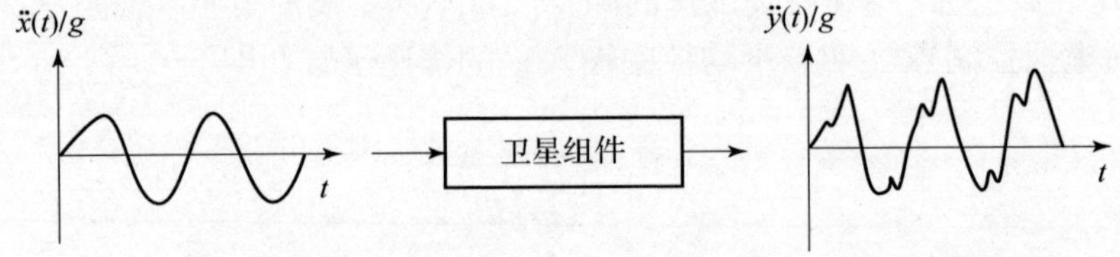

图 4-22　正弦扫描振动试验典型的输入输出波形

随机振动响应数据常常因为结构共振而表现为宽带加窄带随机的特征。因为对结构的振动激励输入为稳态随机信号，其输出一般也具有稳态特征。图 4-23 为随机激励典型的输入输出波形。

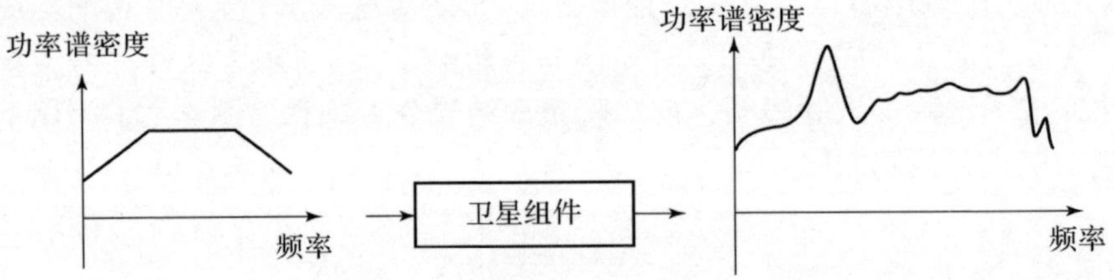

图 4-23　随机激励典型的输入输出波形

对该类数据一般要求给出它的功率谱密度特性。有时也要求进行传递函数分析、相关分析（时域）、概率密度分析（幅域）等。

以下仅从振动试验的实用目的出发，介绍正弦扫描振动数据分析方法及随机振动的功率谱密度分析方法。由于数字式数据处理设备已逐渐取代模拟式处理设备，因此仅介绍数字式处理法。[11]

4.11.1　正弦扫描振动数据处理

对于正弦扫描振动响应数据，一般要求给出它的幅频特性，因此信号的频率辨识及其相应幅值分析就成为处理该类数据的主要内容。

1. 频率跟踪辨识

正弦扫描振动数据是非稳态信号，频率随时间按线性或对数规律变化，振动激励的频率应跟踪辨识。频率辨识可以用锁相电路或跟踪滤波器硬件实现，也可以用数字跟踪滤波或快速傅里叶变换软件实现。这里介绍数字跟踪滤波的频率辨识算法。在扫描某一瞬时，振动数据的离散时间序列可模型化为 AR（2）模型。通过离散时间序列与 AR（2）模型的最小二乘拟合，可获得模型系数 a_1 和 a_2 的估计。于是，该瞬间的振动激励频率 f_t 可按下式估计：

$$f_t = \frac{1}{2\pi}(\sigma_t^2 + \omega_{dt}^2)^{1/2} \tag{4-37}$$

$$\sigma_t = \frac{1}{2\Delta t}\ln(c^2 + d^2) \tag{4-38}$$

$$\omega_{dt} = \frac{1}{\Delta t}\arctan\left(\frac{d}{c}\right) \tag{4-39}$$

式中：Δt 为采样时间间隔；c 为 $-a_1/2$；d 为 $\frac{1}{2}(4a_2 - a_1^2)^{1/2}$。

2. 响应幅值

对应激励频度 f_t 的响应幅值估计有四种可选形式。

（1）峰值响应。信号不进行任何滤波，只检测一个周期或几个周期内响应离散时间序列的最大绝对值作为该频率上的响应幅值。

（2）平均值。计算一个或几个周期内响应离散时间序列绝对值的平均值，用平均值乘以 $\pi/2$ 作为该激励频率上部分滤去高次谐波分量和随机噪声干扰影响后的响应幅值。

（3）均方根值。计算一个或几个周期内响应离散时间序列的均方根值，用均方根值乘以 $\sqrt{2}$ 作为该激励频率的响应幅值。

（4）相关函数。分别计算一个或几个周期内响应离散时间序列与 $\sin(2\pi f_t n\Delta t)$ 和 $\cos(2\pi f_t n\Delta t)$ 的相关函数：

$$R_R(0) = \frac{1}{N}\sum_{n=1}^{N} x_n \cos(2\pi f_t n\Delta t) \tag{4-40}$$

$$R_I(0) = \frac{1}{N}\sum_{n=1}^{N} x_n \sin(2\pi f_t n\Delta t) \tag{4-41}$$

式中：x_n 为响应离散时间序列的第 n 个值；N 为计算周期内离散时间序列的元素个数。

通过相关函数的计算，可滤去高次谐波和随机噪声的影响。于是，激励频率 f_t 上响应的幅值和相位角分别为

$$A_t = \left[R_R^2(0) + R_I^2(0) \right]^{\frac{1}{2}} \tag{4-42}$$

$$\theta_t = \arctan\left[\frac{R_I(0)}{R_R(0)}\right] \tag{4-43}$$

4.11.2 随机振动数据处理

飞行器及其组件在振动试验中所经受的随机振动激励属稳态激励，一般情况下其输出信号也具有稳态特征，满足平稳性假设，因此可以用统计平均的分析方法处理振动试验中的响应数据。

1. 随机信号基本特征的描述

随机信号是不确定信号，其幅值随时间的变化不可预知，但从统计分析上存在着某些特性，可以用一些统计函数从不同角度描述其基本特性：

（1）幅域：均值、均方值和概率密度函数；

（2）时域：相关函数；

（3）频域：功率谱密度函数。

2. 信号特征的辨识

把振动试验的响应数据处理成功率谱密度函数以后，为了对结构进行动特性分析，有时需要辨识信号特征，辨识曲线中的一些尖峰是窄带随机，还是正弦信号（正弦信号可能来自结构本身的振源或50Hz 电源的干扰），辨识此类信号有以下方法。

（1）概率密度分析：图 4－24 给出了几种信号的概率密度曲线。将实测信号的概率密度曲线与该图中曲线比较可定性辨识信号的特征。

（2）自相关函数分析：图 4－25 给出了几种信号的自相关函数曲线。将实测的自相关函数曲线与该图中曲线比较可定性辨识信号的特征。

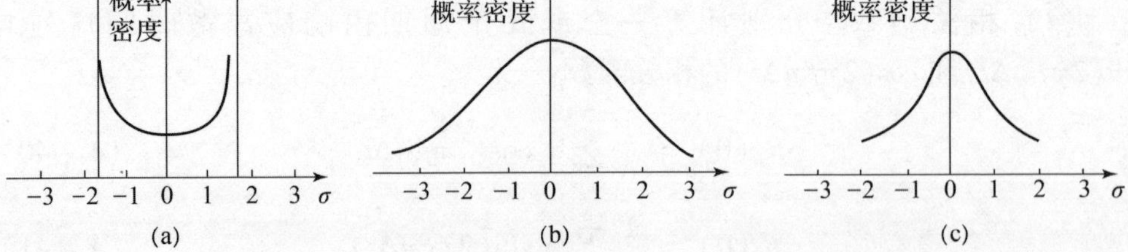

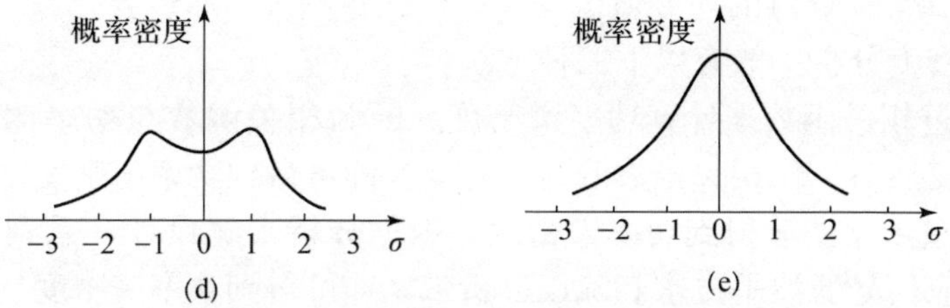

图 4 - 24　几种信号的概率密度曲线

(a) 正弦；(b) 宽带随机；(c) 窄带随机；(d) 随机 + 正弦；(e) 宽带 + 窄带。

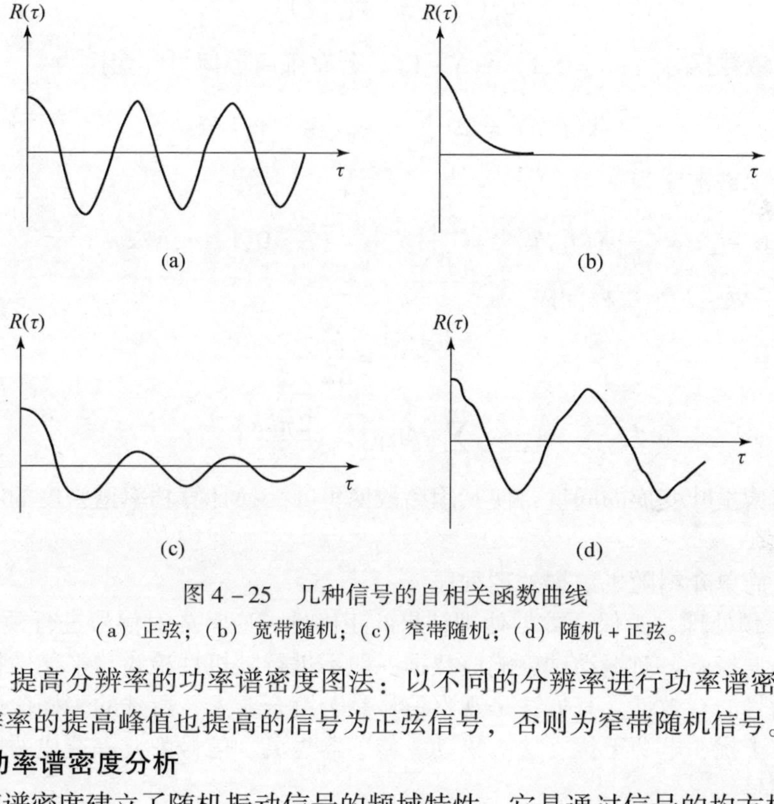

图 4 - 25　几种信号的自相关函数曲线

(a) 正弦；(b) 宽带随机；(c) 窄带随机；(d) 随机 + 正弦。

(3) 提高分辨率的功率谱密度图法：以不同的分辨率进行功率谱密度分析，随着分辨率的提高峰值也提高的信号为正弦信号，否则为窄带随机信号。

3. 功率谱密度分析

功率谱密度建立了随机振动信号的频域特性，它是通过信号的均方根值谱密度来描述信号的频率结构，通常振动试验响应数据主要处理成为功率谱密度函数。

对平衡随机过程 $x(t)$，当频率间隔 Δf 很小时，功率谱密度函数定义为

$$\begin{aligned} G_x(f) &= \lim_{\Delta f \to 0} \frac{\varphi_x^2(f, \Delta f)}{\Delta f} \\ &= \lim_{T \to \infty} \lim_{\Delta f \to 0} \frac{1}{T\Delta f} \int_0^T x^2(t, f, \Delta f)\, dt \end{aligned} \tag{4-44}$$

式中：$\varphi_x^2(f,\Delta f)$为$x(t)$的均方值。

功率谱密度分析一般有以下三种方法：

(1) 通过相关函数来计算功率谱密度。因为相关函数与功率谱密度函数互为逆傅里叶变换对，作相关函数的傅里叶变换即可得到功率谱密度。

(2) 通过数字滤波得到功率谱密度。根据分析带宽设计一系列数字带通滤波器，将响应信号滤波平方求和除以分析带宽即可得到功率谱密度。

(3) 用傅里叶变换直接计算功率谱密度。这是目前最常用的方法。对单个样本记录$x(t)$，用傅里叶变换估计功率谱密度函数：

$$G_x(f) = \frac{2}{T}|X(f,T)|^2 \tag{4-45}$$

对离散数据$\{x_n\}$ $(n=0,1,\cdots,N-1)$，若有限离散傅里叶变换为

$$X(f,T) = \Delta t\sum_{k=0}^{N-1} x_k \exp[-\mathrm{j}2\pi fk\Delta t] \tag{4-46}$$

则单边功率谱密度为

$$G_x(f_k) = \frac{2}{Nh}|X(f_k,T)|^2 = \frac{2h}{N}|X_k|^2 \quad (K=0,1,\cdots,N/2-1) \tag{4-47}$$

式中：$T=Nh$，h为采样间隔。

$$f_k = \frac{k}{T} = \frac{k}{Nh} \tag{4-48}$$

$$X_k = \sum_{k=0}^{N-1} x_k \exp\left[-\mathrm{j}\frac{2\pi kn}{N}\right] \tag{4-49}$$

快速傅里叶变换的问世，使其用离散傅里叶变换计算功率谱密度的时间大大缩短。

以下简单介绍随机数据处理程序。

(1) 预处理：为保证数据处理结果的正确性，应首先对信号进行预处理。

①数据检验：对振动试验响应数据一般不进行随机性检验与平稳性检验，但要鉴定信号的有效性。其方法是观察信号是否符合要求，所选的采样段中不应含严重噪声干扰、电源干扰、接头松动、传感器失灵、信号削波等造成的虚假信号和畸变信号。

②消除超势项。

③消除频率混淆。

(2) 数据处理：重点介绍采用计算机编程进行功率谱密度分析的方法，一些参数的选取对专用机同样适用。

①确定采样频率f_n。

②确定分析参数M或DOF及Δf。这里主要根据所需要的统计误差，确定样

本的平均桢数 M 或统计自由度 DOF，对数据分析要求选取分辨率 Δf 或谱线数。

统计自由度 DOF 和分辨率 Δf 是分析响应信号功率谱密度的重要参数。统计自由度 DOF 决定了统计误差，分辨率 Δf 决定了分析精度。

振动试验响应数据处理的统计误差 ε 一般应在 15% 以下。

由 $M > \frac{1}{\varepsilon^2}$ 得到的统计平均样本帧数不能低于 45 帧，即统计自由度 DOF 不能低于 90。

振动试验响应数据处理的频率分辨率 Δf 视系统能力而定，其谱线数一般应为 400 条，有特殊需要时可扩展至 800 条，如果进一步要求可进行快速傅里叶变换（FFT）分析。

③按式（4 - 47）计算功率谱密度。

第5章 航天器组件热环境试验技术

在工程实践中，热环境试验，至少包括热循环试验和在正样阶段进行的电子电工组件老炼试验与热真空试验，某些型号中还会包括高温贮存试验、低温贮存试验、温度贮存试验、温度梯度试验（又称全温度试验）等。

在研制实践中，时常出现运动机构在高低温工况条件下卡滞、元器件不能正常工作或器件管脚开裂等问题。在热环境试验中，通过对产品施加温度应力，探测参试产品的功能及性能裕度，考核产品承受热环境条件变化的能力，同时对产品的材料、工艺进行热应力筛选。这两个目的，同时达到，且不能有偏颇。时常有因试验过程中测试困难而放弃性能测试，进而忽略第一个目的的情况发生。[2,14]

5.1 热循环试验

热循环试验验证航天器组件在常压、鉴定级/验收级温度条件下经受热循环应力环境的能力，以及在所有的工作模式下航天器组件性能是否满足设计要求。热循环试验，重点针对电工和电子组件，试验目的：考核产品经受鉴定级热循环环境的能力，并能经受住在验收试验期间施加于飞行组件的热循环环境。

5.1.1 试验设备及场地要求

试验设备及场地要求如下：

(1) 试验设备：快速高低温试验箱；

(2) 场地温度：20~30℃；

(3) 场地湿度：30%~70% RH；

(4) 接地：试验装置直接与大地相接，接地电阻小于1Ω；

(5) 电源：交流220×（1±5%）V，大于10kW。

5.1.2　试验装置

热循环试验的典型装置，如图 5 – 1 所示。由快速高低温试验箱、参试产品（图中的试验件）、温度采集系统及参试产品的地检设备组成。非电产品试验，不配套地检设备。

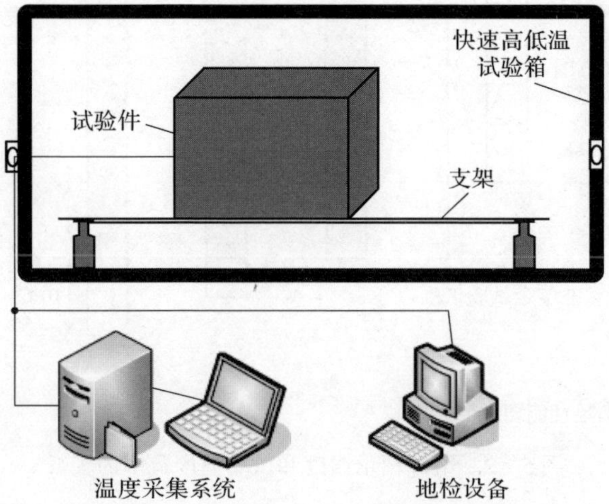

图 5 – 1　热循环试验的典型装置

因该试验在常压条件下开展高低温循环试验，要求快速高低温试验箱具有良好的除湿能力。必要时需对参试产品进行局部隔离或干燥处理，特别需要防止产品温度从低温状态向高温状态升高过程中，产品内部出现结露或结霜现象。对于产品表面有缺陷的零件，如保留淬火处理后的不锈钢，因存在贫铬层而失去防锈能力，一旦结露或结霜，就可能生锈。

5.1.3　试验条件

（1）环境压力：常压。

（2）试验温度：根据参试产品的工作温度（预示温度）外推一定温度确定或按某个统一要求的固定温度范围开展试验。工作温度数据可从 IDS 表的热表单获取，其根源如图 5 – 2 所述，其中热不确定余量取 11℃（对于温度指标范围小于 11℃的组件，需特殊处理）。外推温度，通常鉴定级 10℃（个别型号要求 15℃）、验收级 5℃。（注：部分型号要求近地轨道卫星的电子产品的热循环试验，采用固定的试验条件，其鉴定级温度范围为 – 35 ~ 70℃，验收级温度范围为 – 25 ~ 60℃。不仅落实了产品的温度适应性考核，同时考虑了电子产品可靠性筛选的需求）。

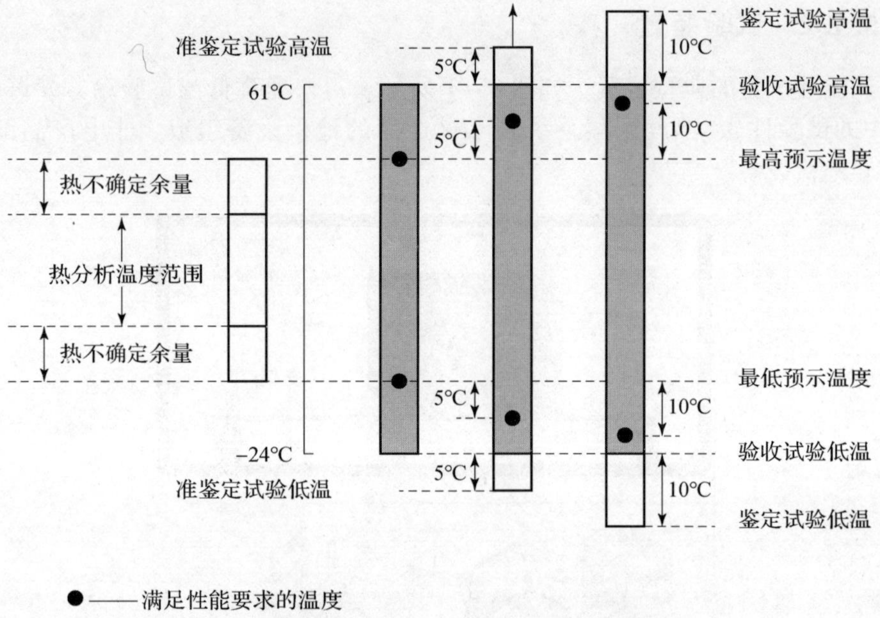

图 5－2　组件预示温度和试验温度范围的关系

（3）平均变温率：3～5℃/min，瞬时变温率至少2℃/min。

（4）循环次数：总循环次数至少25.5次（鉴定级）或12.5次（验收级）。

（5）停留时间：每次循环在最高和最低温度段参试产品温度稳定后各连续工作不少于4h，并模拟在轨工作状态，按要求进行冷、热启动，并进行性能测试。

5.1.4　试验要求

热循环试验要求如下：

（1）电子、电工组件应进行热循环试验。

（2）控温传感器一般安装在参试产品的非热源处。带主动温控的参试产品，其控温传感器可安装在参试产品的安装板上。

（3）第一个循环和最后一个循环参试产品应进行全面性能测试，并分别在高温段和低温段开、关机3次；每个中间循环至少开、关机1次，对参试产品主要性能参数进行监测。直至循环次数满足试验要求，继续进行高温半循环后将参试产品从试验箱内取出，并进行性能测试。

（4）各次循环中，应尽可能监测参试产品各种敏感参数，检查故障及间歇性的故障。在热循环试验期间，对液路组件如阀类及推进组件应在试验高温、低温段验证与其工作液体之间的相容性；对气路组件如阀类和氧瓶等应在试验高温、低温段验证与其工作的气体之间的兼容性。

(5) 温度稳定：当参试产品监视点温度已到达规定的试验温度范围内，并在前 1h 温度变化已经小于 1℃/h。

(6) 对于带有主动热控参试产品的电子电气和非电子电气部件，如可行，在组装成整机但未采取热控措施前应按上述要求程序进行试验，但鉴定试验温度范围可按热控制范围高、低温段各扩 10℃；组装成整机后应带热控组件(或部件) 按上述要求进行试验，验证整机的性能指标是否满足设计要求，并对热控性能进行验证，同时应保证验收级试验时热控制功率应有 25% 的余量。

(7) 如果参试产品内部存在冷备份，为了验证备份部分，需要延长鉴定试验时间至原试验时间的 1.5 倍；保证主份模块试验时间至少等于原试验时间；备份模块试验时间至少为原试验时间的 0.5 倍；试验过程中性能和功能测试应包括主备份模块切换测试。

(8) 在规定试验温度范围内，如果参试产品由于某些元器件、原材料或其他原因，且自身采取热控措施后仍不能满足要求，可与总体部门协调，针对具体情况由系统采取热控措施，或调整试验温度范围。(元器件选用准则：至少应在参试产品设计温度范围内满足可靠性降额使用设计要求，在参试产品鉴定温度范围内只要求满足极限使用温度范围要求。)

(9) 1 次温度循环（包括冷、热启动）顺序要求如下：

①室温下，参试产品通电工作，测试主要性能参数；

②参试产品不断电，升温至试验最高温度并稳定，参试产品断电；

③待参试产品温度稳定至少 1h 后按要求热启动 3 次并作性能测试；

④在高温段停留规定的时间；

⑤降温至试验最低温度并稳定，参试产品断电；

⑥待参试产品温度稳定至少 1h 后按要求冷启动 3 次并作性能测试；

⑦在最低温度处停留并按规定的时间工作；

⑧升温至室温，然后接下一次循环。最后一次循环结束试验。

(10) 试验容器内应充以干燥空气或氮气，以防止常压下冷凝水的影响。可能时，可结合组件的热真空试验，在真空容器中按热循环的试验条件进行试验。

验收级试验的过程控制，与上述鉴定级类似，冷热启动要求的次数可以适当减少，一般要求首末循环冷热启动，中间循环不要求冷热启动。另外，根据产品的特点，可以将高温维持段或低温维持段的时长适当调整。

5.1.5 热循环试验流程控制

以某组件产品的热循环试验为基础，尽量通用地说明热循环试验的过程控制。

热循环试验从高温段开始温度循环、高温段结束，试验流程如下：

（1）参试产品及相应辅助测量设备装进高低温试验箱（接地），进行室温性能测试（先主份后备份）。

（2）性能测试完成后，参试产品不下电（主份），按图 5－3 开始循环，从室温开始按变温速率要求升温，该段升温时间约为 10min。

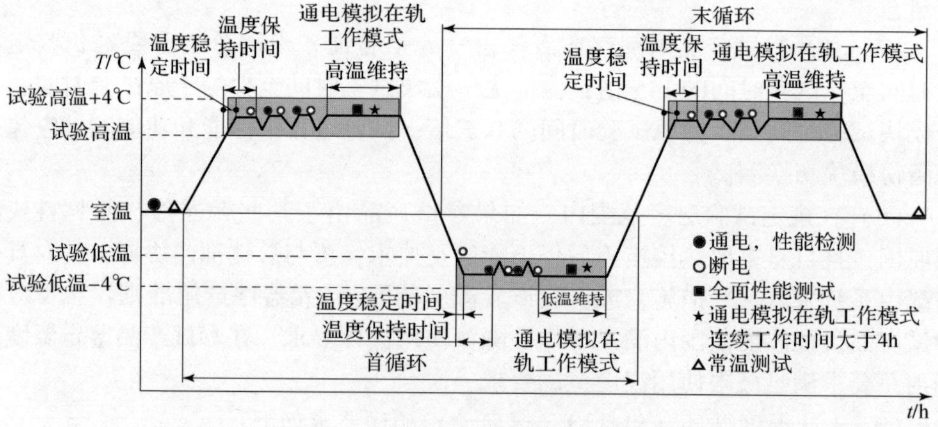

图 5－3 热循环首末温度循环剖面图

（3）按条件判定稳定后（预计 2h 以内，首循环设置 2h，后续循环根据试验情况调整），组件下电（主份），进行 3 次热启动（主份），每次下电至启动时间间隔 30～35min（指主份下电至主份加电时间），第 3 次主份热启动后进入高温维持段 4h，其间进行全面性能测试，且参试产品连续工作时间大于 4h。

（4）高温维持段结束后，设备不下电（主份），按要求降温（如果高温段组件测试指标不达标，可降至验收级温度进行性能测试），降温时间约为 30min。

（5）当温度达到允差上限时，全部参试产品下电（主份），温度预计继续降低 2℃并在温度允差内稳定（条件判定稳定，预计 2h 以内，首循环设置 2h，后续循环根据试验情况调整），设备加电（主份），进行 3 次冷启动（主份），每次下电至启动时间间隔 30～35min（指主份下电至主份加电时间），第 3 次冷启动后进入低温测试段时间 4h，其间进行全面性能测试，且参试产品连续工作时间大于 4h。

（6）低温段温度维持时间结束，且性能测试结束后，参试产品不下电（主份），按变温速率要求升温（如果低温段测试指标不达标，可升至验收级温度下限进行性能测试），该段升温到室温时间约为 18min。

（7）继续升温至室温即完成一个完整循环，首循环结束。

（8）继续升温进行中间循环，如图 5－4 所示中间循环高温段热启动 1 次，低温段冷启动 1 次，中间循环在高温、低温段进行主要性能测试，高温维持段和低温维持段保证参试产品连续工作时间大于 4h。

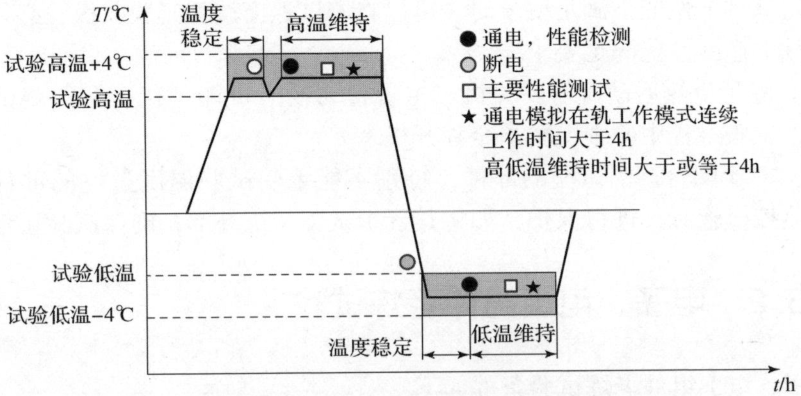

图 5－4　热循环中间温度循环剖面图

（9）中间循环结束后，进入末循环，末循环流程与首循环一致，只是先低温段、后高温段，末循环进行 3 次冷热启动（备份），高温段和低温段结束时应进行备份性能测试。

（10）温度循环结束，保证参试设备的温度高于环境温度 2℃，静置 1h 以上，使参试设备的温度与室温相当后进行性能测试。

（11）测试无误、判定产品状态正常，热循环试验结束。

5.1.6　热循环试验的注意事项

热循环试验，是常压温度循环试验，需注意以下事项：

（1）试验温度条件，是指产品的温度条件，不是用来控制温度的气体温度。

（2）产品温度的控制传感器设置在其典型位置处，避免设置在热源附近、热惯性较小的部位。

（3）多个产品同时参加一个热循环试验时，每个独立产品都布置温度传感器，通过合理布局产品的位置，利用气流流动方向来尽量保证产品的升降温速度一致，也可以通过适当包覆来调整其对外界温度的敏感性；但这两种方法都很难量化控制，因此必要时需适当放宽热惯性较小的产品的试验条件。

（4）试验系统没有足够去湿能力时，通过使用干燥空气或氮气，减小试验系统内部的水蒸气，避免产品结露、结冰。必要时通过对产品局部吹干燥氮气、用口袋将产品包裹起来。包裹产品后，其热交换能力下降，可能影响产品的变温速度。

（5）通电模拟在轨工作模式的高温段和低温段，在大纲中规定一定试验时间，当规定时间不足以完成相应测试时，需适当延长该时段的时长。

（6）关于性能测试，要求模拟在轨工作模式条件下开展测试，且要求产品性能满足要求，目的是考核产品的设计裕度。个别型号在试验规范中明确指出，如果鉴定条件下性能不满足要求时，可以将测试温度调整到验收级，必须保证验收级条件下产品性能满足要求。

（7）除了冷热启动时需要关机、主备份切换时可能关机、在轨测试时可能关机外，试验过程中原则上要求全程开机。

（8）对于配合产品试验的部件，特别不能承受试验温度条件的部件，须做一定的热控措施对其进行保护，如将其置于试验系统外部，确保试验正常进行。

5.2　电子、电工组件老炼试验

电子、电工组件老炼试验条件如下：

（1）电子、电工组件老炼试验的温度循环方法、试验要求及工作程序，与验收级热循环试验几乎相同（鉴于此，可以考虑将热循环试验和老炼试验连续开展，一次搭建环境连接开展两个试验项目）。其中在高温、低温段停留时间各保持4h，必要时适当加长时间，另外可以根据应力筛选的需要适当加长或缩短高温段或低温段的停留时间，但建议一个循环的高温、低温段停留时间总长不能少于8h。

（2）与验收级热真空及热循环试验时间累计计算后，老炼试验的总时间不少于300h（不包含升温时间、降温时间、温度保持时间，只计算高温、低温段停留时间大于或等于4h的组件性能测试时间），连续加电时间不少于100h。

老炼试验要求如下：

（1）老炼过程中组件应处于通电工作状态，老炼的第一个循环和最后一个循环应进行全面的组件性能检测，中间的循环可以只对主要参数检测。试验过程中应模拟实际工作状态，老炼后组件各项性能指标应满足设计要求。

（2）老炼试验最后100h不允许组件出现故障，若在此之前出现故障，允许修复后再继续试验，是否补做其他项目试验根据具体情况确定。最后100h出现故障，若需更换元器件，则被更换上的元器件应是经过严格筛选的同批产品，修复后至少应补做100h的老炼试验且不能出现故障，若仍出现故障，应与总体部门协商解决，对重大的改动是否应补做其他试验另行商定。

(3) 对于内部有冗余的组件，其冗余部分至少有 100h 的老炼运行时间。

(4) 组件在老炼试验时，无法进行整机通电工作的，老炼应用模拟负载或在组装前进行部件或线路板的老炼。

(5) 若组件上有短寿命的元器件，可以先把此元器件断开，用模拟负载代替进行老炼。

(6) 老炼试验允许和验收级热循环试验一起进行，但一般情况下，老炼试验应在最后进行。

(7) 老炼过程中应进行标称电压的 ±10% 拉偏试验，正负拉偏至少各进行两个热循环。具体进行拉偏时间和方式由承制单位自定。

5.3　热真空试验

航天器组件热真空试验是在规定的真空与热循环条件下，验证航天器组件各种性能与功能的试验。它是航天器正样研制阶段多项环境模拟试验中的重要试验之一，在国内外有关航天器组件环境试验的标准或规范中都将热真空试验规定为必须做的试验项目。这是因为热真空试验可以使航天器组件在真空和热循环条件下暴露航天器的材料和工艺缺陷、排除早期失效，从而大大提高航天器在轨运行的可靠性，所以热真空试验对于长寿命、技术复杂的航天器及其组件就显得格外重要[2,15]。

热真空试验的装置构成，与热循环试验装置类似，由真空模拟系统代替热循环试验中的快速高低温试验箱[15-17]。

在真空系统中传热方式以辐射为主。对于温度范围宽的产品，特别是低温水平较低的产品，适当增加导热环节或增大产品散热能力，有利于降温速度的保证和目标低温的实现。

通过热真空试验，验证参试产品经受鉴定级热真空环境下的能力，并能经受住在验收试验期间施加于参试产品的热真空环境。该项试验的目的[2]如下：

(1) 鉴定热真空试验的目的是验证航天器在规定的压力与鉴定级热循环条件下满足鉴定要求的能力；

(2) 验收热真空试验的目的是发现可能由真空和热应力条件引起的材料、加工和制造质量缺陷；

(3) 原型鉴定热真空试验兼顾鉴定热真空试验和验收热真空试验的目的，试验后的产品可用于飞行。

5.3.1　试验条件

(1) 环境压力：不大于 1.3×10^{-3}Pa（密封舱内组件可按 6.5×10^{-3}Pa）；

（2）试验温度：试验温度条件与热循环相同；

（3）平均变温率：不低于1℃/min；变温率应大于0.5℃/min（众多试验系统都无法满足该条件，建议相关方在试验前做好预案）；

（4）循环次数：至少6.5次（鉴定级）或3.5次（验收级）；

（5）停留时间：每次循环在高温和低温段参试产品温度稳定后，按要求进行冷、热启动，并模拟在轨工作状态，连续工作4h，开展性能测试。

5.3.2 试验要求

本试验要求（1）~（8）同5.1.4节的（1）~（8）。

（9）真空设备内压力达到要求值后，1次温度循环的顺序与组件级热循环试验相同，试验循环要求见5.1.4节的（9），试验程序见图5－5。

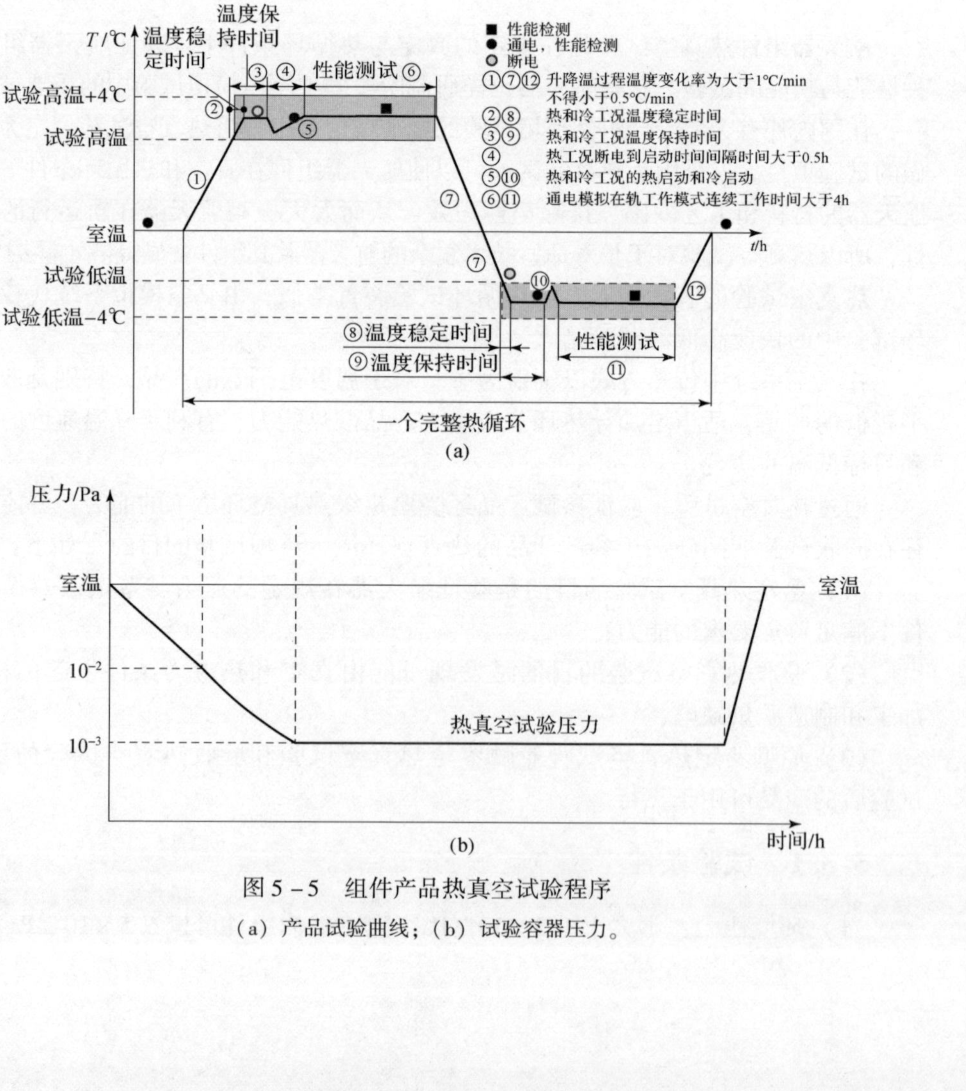

图5－5 组件产品热真空试验程序

（a）产品试验曲线；（b）试验容器压力。

（10）对于新研组件，构型较复杂，热功耗较大，热特性分析较困难的，建议在鉴定试验前按设计使用温度（参见接口数据（IDS））进行热平衡试验。具体试验方法可依据 QJ 2630.2 进行。

5.3.3　温度稳定时间

图 5-5 中第②和第⑧两段时间，为温度稳定时间。当试件温度控制点的温度达到容差要求时，如果 30min 内温度变化小于 1℃/h，则认为试验温度达到稳定。

试验中可参照表 5-1 执行，具体按试验大纲规定实施。

表 5-1　热真空试验温度稳定时间要求

试件质量 m/kg	温度稳定时间 t/h
$m \leqslant 2$	0.5
$2 < m \leqslant 8$	1.0
$8 < m \leqslant 15$	1.5
$m > 15$	>2.0（按稳定判据执行，或另行商定）

5.3.4　热真空试验流程控制

以某组件产品热真空试验为基础，尽量通用性说明热真空试验的过程控制。试验从高温段开始，最后在高温段结束，试验流程控制如下：

（1）参试产品相应辅助测量设备装进真空罐（接地），进行室温性能测试。

（2）性能测试完成后，按图 5-6 开始循环，从室温开始按变温速率要求升温（平均升温速率≥1℃/min）。

（3）当温度达到试验温度上限，继续升高 2℃，保持并稳定 2h 后，进行 3 次热启动，每次下电至启动时间间隔 30~35min，第三次热启动后进入高温性能测试阶段，时间≥4h。

（4）高温段结束后，按要求降温（平均降温速率≥1℃/min，保障安全情况下，按设备最大能力），如果高温段组件测试指标不达标，可降至验收级温度进行性能测试。

（5）当温度达到试验温度下限，设备断电，继续降低 2℃，保持并稳定 2h 后，进行 3 次冷启动，每次下电至启动时间间隔为 30~35min，第三次冷启动后进入低温测试阶段，时间≥4h。

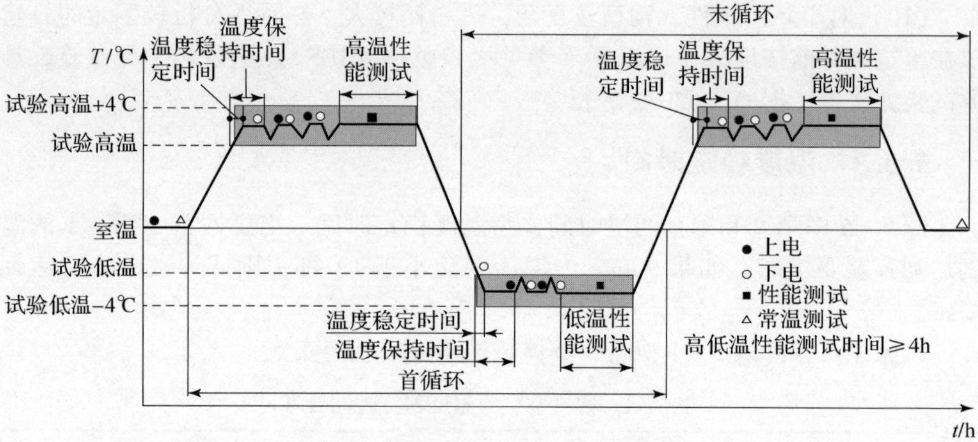

图 5－6　热真空首末温度循环剖面图

（6）低温段时间结束后，参试产品不下电，按变温速率要求升温（如果低温段测试指标不达标，可升至验收级温度下限进行性能测试）。

（7）继续升温至室温即完成一个完整循环，首循环结束。

（8）继续升温进行中间循环，中间循环在高温、低温段进行主要性能测试，按图 5－7 开始循环，先从室温开始升温，达到试验温度上限时，继续升高 2℃，保持并稳定 2h 后开始下电，时间间隔 30～35min 进行热启动，然后开始进入高温性能测试阶段，时间≥4h；高温测试阶段结束后，按要求降温；当温度达到试验温度下限，设备断电，继续降低 2℃，保持并稳定 2h 后，进行冷启动，然后开始进入低温性能测试阶段，时间≥4h；低温测试阶段结束后，按要求升温，升温至室温即完成一个完整循环。

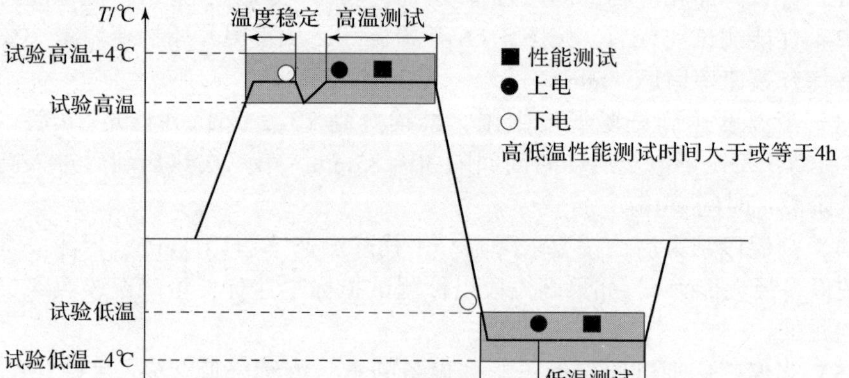

图 5－7　热真空中间温度循环剖面图

(9) 前3.5次循环为主份，后3次循环为备份。

(10) 中间循环结束后，进入末循环，末循环流程与首循环一致，只是先低温段、后高温段，高温段和低温段结束时应进行性能测试。

(11) 温度循环结束，保证参试设备的温度高于环境温度2℃，静置1h以上，使参试设备的温度与室温相当后进行性能测试。

(12) 测试无误，判定产品状态正常，热真空试验结束。

5.3.5 组件级热真空试验的原则

如果组件对真空环境不敏感，可以免做组件级热真空试验；反之，只要满足以下条件中的一条时，则应该在真空环境中做试验。

(1) 性能对真空和温度敏感的射频组件。

(2) 在最坏情况下，组件的热耗大于50W。

(3) 没有飞行经验的组件或没有在热真空试验中经过设计鉴定的组件。

(4) 对压力敏感的组件。

(5) 温度控制在3℃范围以内以维持产品性能的组件。

(6) 供配电组件。

(7) 如果密封装置在最坏情况下出现物理性的变形，使得装置的外壳与附近的器件之间的间隙可能引起短路（如2.5mm间隙）。

(8) 容易出现电晕或微放电的组件。

(9) 带有高压（大于200V）且负载易出现电晕或微放电的组件。

(10) 带有射频高功率可能受电晕或微放电影响的组件。

(11) 电性能受正常环境和真空热环境之间温度差影响的组件。

(12) 热分析模型表明在空气中对组件内部的温度水平和线路板的温度梯度有明显影响（大于10℃）的组件。

(13) 在热耗最坏情况下，元器件外壳的预示温度在允许的降额温度限10℃以内的组件。

(14) 如果确定了组件对真空不敏感而用常压热循环试验来代替热真空试验，考虑到由热模型预示真空和常压环境两者之间连接面的温度差别，常压下热循环试验应增加组件底板的温度。在最坏情况下，两种环境之间的温度差有以下几种：

①温度差小于3℃，可以用常压热循环试验代替热真空试验，不用修正底板温度。

②温度差为3~10℃，如果其余的原则都满足时，可以用常压热循环试验代替真空试验，底板温度可适当提高。

③温度差大于10℃，应该在真空环境中作试验。

如果鉴定试验时组件的底板温度超过验收试验的底板温度10℃，则②项和③项试验规定的10℃的限制可以提高到相应的更高的底板温度。

5.3.6 热真空试验的注意事项

热真空试验，是真空条件下的温度循环试验，需注意以下事项：

（1）试验过程中（含试验完成的回温、复压过程），组件的温度须高于热沉或防污染板的温度10℃以上。对试验洁净度有特殊要求时，应在专用试验技术文件中提出。

（2）发热功率大、高放气量或含有机材料等的组件，应在专用试验技术文件中提供有关数据。

（3）在试验过程中有冷启动、热启动和断续重复工作要求的组件，应在专用试验技术文件中规定。

（4）试验温度条件，是指产品的温度条件，不是用来控制温度的真空系统热沉的温度。

关于热浸、冷浸时间的概念[2]：组件在热循环热端或冷端的热浸时间或冷浸时间是指组件在工作，同时热端或冷端的温度一直保持在规定试验温度允许容差范围内的时间。

（5）产品温度的控制传感器设置在其典型位置处，避免设置在热源附近、热惯性较小的部位。温度控制点，选择时考虑以下两点[2,14-16]。

①选择航天器上对温度敏感的或要求苛刻的仪器作为温度控制点，以防止由试验超差引起仪器设备损坏。

②1个温度控制区内一般选择2个或3个温度控制点。

（6）对于部分发热量较大的产品，在降温过程中可能存在无法达到低温目标温度的情况，需要特殊考虑产品散热路径。

（7）温度传感器的布置：热交换方式以传导为主时，传感器安装在组件底板上；热交换方式以辐射为主时，传感器安装在组件外壳有代表性的位置，但不能处于热源处。除安装测温传感器外，一般还应在组件上设置一定数量的监视测温点。

（8）多个产品同时参加一个热真空试验时，每个独立产品都布置温度传感器，通过适当包覆或主动热控等来控制产品的试验温度；必要时适当放宽热惯性较小的产品的试验条件。

（9）通电模拟在轨工作模式的高温段和低温段，在大纲中规定一定试验时间，当规定时间不足以完成相应测试时，需适当延长该时段的时长。

（10）关于性能测试，要求模拟在轨工作模式条件下开展测试，且要求产品性能满足要求，目的是考核产品的设计裕度。个别型号在试验规范中明确指出，如果鉴定条件下性能不满足要求时，可以将测试温度调整到验收级，必须保证验收级条件下产品性能满足要求。

（11）除了冷热启动时需要关机、主备份切换时可能关机、在轨测试时可能关机外，试验过程中原则上要求全程开机。

（12）热真空试验，毕竟不是热平衡试验，其目的是对产品施加规定的温度应力，其手段并没有严格规定，因此在温度下降和上升时，所有可实现降温或升温的手段均可以使用，特别是真空系统的热沉温度，要与产品目标温度密切配合，降温时尽量使用低温，升温时尽量使用低于产品温度的最高温。

（13）对于配合产品试验的部件，特别不能承受试验温度条件的部件，须做一定的热控措施对其进行保护，确保试验正常进行。

（14）对于光学仪器类组件产品，开展光学性能测试前需适当加长稳定时间，尽量创造“稳定”的产品状态，作为测试状态。另外，真空试验设备或内部工装需具有足够的隔振能力，保证外部输入的振动不足以影响测试精度。

（15）试验完成后，需对试验进行评价。评价内容可参考航天器评价内容。

在完成航天器的热真空试验后，一般应对如下内容做出评价[2]：

①试验设备的主要性能是否达到试验大纲规定的要求；

②航天器各个控制区的温度值、升温速率、降温速率和温度稳定保持时间是否控制在规定的容差范围内；

③航天器的功能试验和性能参数是否正常；

④试验中出现的各种故障或问题的定位是否准确，原因是否清楚，以便进行问题复现，采取有效措施，从而防止同类故障或问题的再次发生；

⑤试验数据是否齐全。

5.4　温度贮存试验

温度贮存试验要求是根据飞行器设计、贮存时间和贮存条件来确定的，包括贮存后所应进行的各种试验，如振动试验、热试验、静载荷试验或压力试验等，可以结合贮存后的再验收一同考虑。如果组件包含有对贮存时间敏感的材料，可能需要定期进行重复性的试验，含有旋转元件的组件，需要定期进行运转操作。当飞行器从贮存处取出运往发射场时，应在运输前在正常环境下进行一次完整的验收功能试验。

5.4.1 试验条件

温度贮存试验，是在产品不加电状态下施加高温载荷和低温载荷，考查产品热应力承受能力。温度贮存试验的典型工作程序如图 5－8 所示，试验条件见表 5－2。

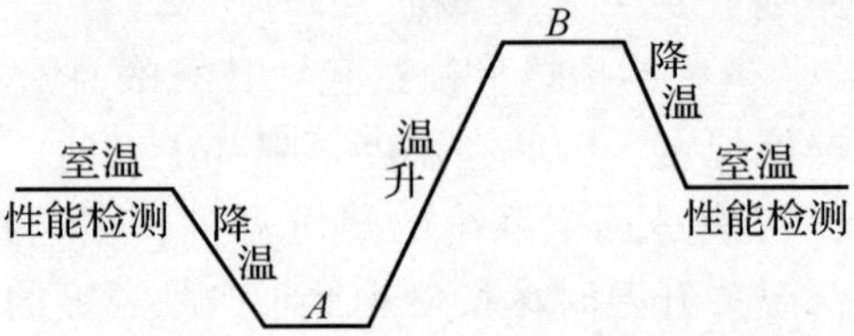

图 5－8　温度贮存试验的典型工作程序

表 5－2　某型号的温度贮存试验条件

要求	A 段（低温）	B 段（高温）	备注
温度范围/℃	－40	50	如果在轨贮存温度范围上、下限各扩 5℃宽于此，应按宽者执行
平均变温率/(℃/min)	0.5～3	0.5～3	
保持时间/h	12	12	
试验次数	1 个循环		

5.4.2 试验要求

温度贮存试验要求如下：

（1）贮存包括地面贮存和在轨贮存，地面贮存包括地面运输等操作；

（2）温度贮存试验前、后应检查组件电性能、力学性能等是否满足要求，试验过程中设备不要求加电；

（3）如果热循环试验和热真空试验温度范围比贮存试验的温度范围更宽，则温度贮存试验可裁剪。

5.5 温度梯度试验

在某些项目中，温度梯度试验又称为全温度试验。目的是考核产品在整个工作温度范围内的启动与工作能力。

5.5.1　试验条件

（1）环境压力：常压；

（2）试验温度范围：参见单机验收级热循环温度范围要求；

（3）试验次数：1次；

（4）停留时间：试验过程中单机保持加电状态。在每个温度停留点单机连续工作不少于30min，并模拟所有在轨工作状态。

5.5.2　试验要求

（1）电子、电工组件应进行本项试验。

（2）控温传感器应安装在组件壳体的非热源处。带主动温控的组件试验控温传感器可安装在组件安装底板上。

（3）在各温度停留点应尽可能监测组件各种敏感参数，检查故障及间歇性的故障。

（4）温度稳定：当组件监视点温度已到达规定的试验温度，并且温度变化已经小于0.3℃/20min（不同型号的要求可能有所不同）。

（5）试验过程要求如下：

①室温下，单机通电工作，测试主要性能参数；

②单机升温2℃，当单机温度稳定后，单机连续工作不少于30min，模拟所有在轨工作模式进行主要性能测试；

③继续②直至温度达到单机热循环温度最高点；

④单机降温1℃，当单机温度稳定后，单机连续工作不少于30min，模拟所有在轨工作模式进行主要性能测试；

⑤单机降温2℃，当单机温度稳定后，单机连续工作不少于30min，模拟所有在轨工作模式进行主要性能测试；

⑥继续⑤直至单机热循环温度达到最低点；

⑦单机升温1℃，当单机温度稳定后，单机连续工作不少于30min，模拟所有在轨工作模式进行主要性能测试；

⑧单机升温2℃，当单机温度稳定后，单机连续工作不少于30min，模拟所有在轨工作模式进行主要性能测试；

⑨重复⑧直至温度达到室温。

（6）试验容器内应充以干燥空气或氮气，以防止常压下冷凝水的影响。可结合组件的热循环试验，在热循环试验结束后增加一次温度循环开展温度梯度试验。

(7) 要求初样件必须开展温度梯度试验，无初样件的单机在鉴定件上开展此试验。

(8) 单机承制单位可提供单机敏感温度特性证明材料，对试验温度范围进行剪裁，并报总体审批后开展试验。

第6章　航天器组件电磁兼容试验技术

6.1　电磁兼容试验技术概述

6.1.1　电磁兼容基本概念

电磁兼容学科主要研究如何使在同一电磁环境下工作的各种电气电子系统、分系统、设备和元器件都能正常工作，互不干扰，达到兼容状态。在某种程度上也可以说是研究干扰和抗干扰的问题。但作为一门学科，它的研究对象已不仅仅局限于电气电子设备，已经拓宽到自然干扰源、核电磁脉冲、静电放电，频谱管理工程，电磁辐射对人体的生态效应，信息处理设备电磁泄漏产生的失密，检测地震前的电磁辐射等方面。电磁兼容学科包含的内容十分广泛，实用性很强，几乎所有的现代工业如航天、军工、电力、通信、交通、计算机、医疗卫生部门等都必须解决电磁兼容问题。电磁兼容性是指设备或系统在其电磁环境下能正常工作，并且不对该环境中任何事物构成不能承受的电磁干扰的能力。在工程实践中，人们往往不加区别地使用“电磁兼容”和“电磁兼容性”，且采用同一英文缩写 EMC。

为了使系统达到电磁兼容性，必须以系统整体电磁环境为依据，要求每个用电设备不产生超过规定限度的电磁发射，同时又要求它具有一定的抗干扰能力。只有对每个设备作这两方面的约束，才能保证系统达到完全兼容。

我国关于电磁干扰和电磁兼容性名词术语的标准中给出电磁兼容性的定义为：“设备（分系统、系统）在共同的电磁环境中能一起执行各自功能的共存状态，即该设备不会由于受到处于同一电磁环境中其他设备的电磁发射而导致或遭受不允许的降级；它也不会使同一电磁环境中其他设备（分系统、系统）因受其电磁发射而导致或遭受不允许的降级。”

电磁兼容的核心研究围绕电磁干扰三要素进行，如图 6 – 1 所示。

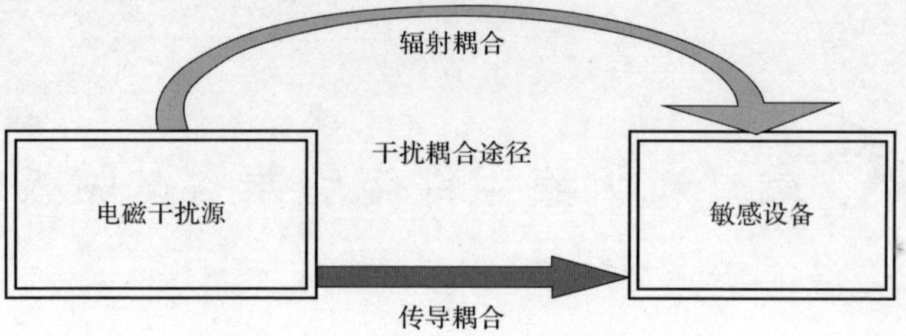

图 6 – 1　电磁干扰三要素关系示意图

1. 电磁干扰源

电磁干扰源的定义为“任何可能引起装置、设备或系统性能降低或对有生命或无生命物质产生损害作用的电磁现象”。电磁干扰源可能是电磁噪声、无用信号或传播媒介自身的变化。电磁噪声是指“一种明显不传送信息的时变电磁现象，它可能与有用信号叠加或组合”。例如，电气设备运行中经常产生的放电噪声、浪涌噪声、振荡噪声等不带任何有用信息。

无用信号是指一些功能性的信号，如广播、电视、雷达等的信号，本身是有用信号，但如果干扰其他设备的正常工作则对被干扰的设备而言它们是“无用信号”。电磁干扰源可分为自然干扰源和人为干扰源。电磁干扰源的研究包括其发生的机理、时域和频域的定量描述，以便从源端来抑制电磁干扰的发射。

2. 干扰耦合途径

干扰耦合途径有两条，通过空间辐射耦合和通过导线传导，即辐射发射和传导发射。辐射发射主要研究在远场条件下干扰以电磁波的形式发射的规律，以及在近场条件下的电磁耦合。传导发射讨论传输线的分布参数和电流的传输方式对噪声传输的影响，如共阻抗耦合、共模 – 差模电流转换等。

3. 电磁敏感设备

电磁敏感设备，是受干扰设备。设备的抗干扰能力，用电磁敏感度来表示。设备的电磁干扰敏感性电平阈值越低，即对电磁干扰越灵敏，电磁敏感度越高，抗干扰能力越差，或称抗扰度性能越低；反之，设备的电磁敏感度越低，抗干扰能力也就越强。采用不同的结构和选用不同的元器件都将大大影响设备的抗干扰能力。这些都是在设备或系统的设计阶段要考虑的。各种设备的抗扰度指标基本能够从应用手册中查到。

6.1.2　电磁兼容测量单位

测量单位的特殊性是电磁兼容学科的主要特点之一。电磁兼容问题中主要应用的量是传导发射［电压，以伏特（V）为单位；电流，以安培（A）为单位］和辐射发射［电场，以伏特（每米）(V/m）为单位；磁场，以安培每米（A/m）为单位］。与电压、电流、电场和磁场相联系的就是以瓦特（W）为单位的功率和以瓦特每平方米（W/m^2）为单位的功率密度。

EMC 领域中这些量的取值范围相当大。例如，电场可以为 1μV/m ~ 200V/m，这意味着电场幅值的动态范围达到了 8 个数量级（10^8）。因为 EMC 领域中以 V、A、V/m、A/m、W 和 W/m^2 为单位表示的量的范围相当大，所以 EMC 单位常采用分贝（dB）来表示。数量以分贝表示的单位，不是它的绝对单位，它具有能够将较大的数量压缩成较小数量的特性。

1. 功率

电磁兼容测量中，干扰的幅度可用功率来表述。功率的基本单位为瓦特（W），即焦耳/秒（J/s）。对于变化范围很宽的数值关系，常常应用两个相同量比值的常用对数［以“贝尔”（B）为单位］来表示。贝尔是一个较大的值，为使用方便，常以贝尔的 1/10，即分贝为单位，这样功率可用分贝表示为

$$P_{dB} = \frac{P_2}{P_1} \tag{6-1}$$

式中，P_1 和 P_2 应采用相同的单位。必须明确分贝仅为两个量的比值，是无量纲的。随着分贝表示式中的基准参考量的单位的不同，分贝在形式上也带有某种量纲。比如，基准参考量 P_1 为 1W，则 P_2/P_1 是相对于 1W 的比值，即以 1W 为 0dB。此时是以带有功率量纲的分贝 dBW 表示 P_2 的，所以有

$$P_{dBW} = 10\lg\frac{P_W}{1(W)} = 10\lg P_W \tag{6-2}$$

功率测量单位通常用分贝毫瓦（dBmW）来表示，更常用 dBm 来表示。它是以 1mW 为基准参考量，即以 1mW 为 0dBm，即

$$P_{dBm} = 10\lg\frac{P_{mW}}{1(mW)} \tag{6-3}$$

类似地，以 1μW 作为基准参考量，表示 0dBμW，称为分贝微瓦。dBW、dBm、dBμW 与 W 的换算关系为

$$\begin{cases} P_{dBW} = 10\lg(P_W) \\ P_{dBm} = 10\lg(P_W) + 30 \\ P_{dB\mu W} = 10\lg(P_W) + 60 \end{cases} \tag{6-4}$$

2. 电压

电压的分贝单位表示为

$$V_{\mathrm{dBV}}=20\lg\frac{V_{\mathrm{V}}}{1(\mathrm{V})}=20\lg V,V_{\mathrm{dBmV}}=20\lg\frac{V_{\mathrm{mV}}}{1(\mathrm{mV})},V_{\mathrm{dB\mu V}}=20\lg\frac{V_{\mathrm{\mu V}}}{1(\mathrm{\mu V})}$$

电压以 V 为单位和以 dBV、dBmV、dBμV 为单位的换算关系为

$$\begin{cases}V_{\mathrm{dBV}}=20\lg\dfrac{V_{\mathrm{V}}}{1(\mathrm{V})}=20\lg V\\V_{\mathrm{dBmV}}=20\lg\dfrac{V_{\mathrm{V}}}{10^{-3}}=20\lg V+60\\V_{\mathrm{dB\mu V}}=20\lg\dfrac{V_{\mathrm{V}}}{10^{-6}}=20\lg V+120\end{cases}\tag{6-5}$$

3. 电流

电流常以 dBμA 为单位，即

$$I_{\mathrm{dB\mu A}}=20\lg\frac{I_{\mathrm{\mu A}}}{1(\mathrm{\mu A})}\tag{6-6}$$

式中：$I_{\mathrm{\mu A}}$为以 μA 为单位的电流；$I_{\mathrm{dB\mu A}}$为以 dBμA 为单位的电流。

4. 电场强度与磁场强度

电场强度的单位有 V/m、mV/m、μV/m，采用 dB 表示时，有

$$E_{\mathrm{dB\mu V/m}}=20\lg\frac{E_{\mathrm{\mu V/m}}}{1(\mathrm{\mu V/m})}\tag{6-7}$$

显然

$$1(\mathrm{V/m})=0(\mathrm{dBV/m})=60(\mathrm{dBmV/m})=120(\mathrm{dB\mu V/m})\tag{6-8}$$

磁场强度虽然在电磁兼容领域中经常使用，但它并非国际单位制中的具有专门名称的导出单位，导出单位是磁感应强度 **B**（磁通密度）。磁感应强度与磁场强度的关系为

$$\boldsymbol{B}=\mu\boldsymbol{H}$$

式中：**B** 为磁感应强度矢量（T），$1\mathrm{T}=1\mathrm{Wb/m^2}$；**H** 为磁场强度矢量（A/m）；$\mu$ 为介质的绝对磁导率（H/m）。

磁场强度的单位还有 mA/m、μA/m，采用分贝表示时，有

$$H_{\mathrm{dB\mu A/m}}=20\lg\frac{H_{\mathrm{\mu A/m}}}{1(\mathrm{\mu A/m})}\tag{6-9}$$

显然

$$1(\mathrm{A/m})=0(\mathrm{dBA/m})=60(\mathrm{dBmA/m})=120(\mathrm{dB\mu A/m})$$

6.1.3 电磁兼容试验技术标准

电磁兼容试验技术在电磁兼容学科中是及其重要的一部分。电磁兼容所面对

的研究对象（主要指电磁噪声）无论是时域特性还是频域特性都十分复杂。研究对象的频谱范围非常宽，使得电路中的集中参数与分布参数同时存在，近场与远场同时存在，传导与辐射同时存在。为了对这些物理现象有统一的评价标准和统一实现设备或系统电磁兼容的技术要求，国内外对测量设备与设施的特性以及测量方法等均予以严格的规定，并制定了大量的技术标准，其主要内容可以归纳为以下四个部分：

（1）规定名词术语；

（2）规定电磁发射和敏感度的极限值；

（3）规定统一的测试方法；

（4）规定电磁兼容控制方法或设计方法。

军用电子、电气及机电等设备和分系统电磁发射及敏感度的要求与测试方法，适用于军用设备和分系统的论证、设计、生产、试验和订购。标准中电磁发射和敏感度项目用字母和数字的组合 CE×××、CS×××、RE×××、RS×××表示，其中 CE 表示传导发射，CS 表示传导敏感度，RE 表示辐射发射，RS 表示辐射敏感度，×××为表示项目序号的三位阿拉伯数字。

常见的 EMC 试验项目如下：

（1）CE101 25Hz~10kHz 电源线传导发射；

（2）CE102 10kHz~10MHz 电源线传导发射；

（3）CE106 10kHz~40GHz 天线端口传导发射；

（4）CE107 电源线尖峰信号（时域）传导发射；

（5）CS101 25Hz~150kHz 电源线传导敏感度；

（6）CS102 25Hz~50kHz 地线传导敏感度；

（7）CS103 15kHz~10GHz 天线端口互调传导敏感度；

（8）CS104 25Hz~20GHz 天线端口无用信号抑制传导敏感度；

（9）CS105 25Hz~20GHz 天线端口交调传导敏感度；

（10）CS106 电源线尖峰信号传导敏感度；

（11）CS109 50Hz~100kHz 壳体电流传导敏感度；

（12）CS112 静电放电敏感度；

（13）CS114 4kHz~400MHz 电缆束注入传导敏感度；

（14）CS115 电缆束注入脉冲激励传导敏感度；

（15）CS116 10kHz~100MHz 电缆和电源线阻尼正弦瞬态传导敏感度；

（16）RE101 25Hz~100kHz 磁场辐射发射；

（17）RE102 10kHz~18GHz 电场辐射发射；

（18）RE103 10kHz~40GHz 天线谐波和乱真输出辐射发射；

（19）RS101 25Hz～100kHz 磁场辐射敏感度；

（20）RS103 10kHz～40GHz 电场辐射敏感度；

（21）RS105 瞬态电磁场辐射敏感度。

这些试验项目依据设备的安装平台不同，规定了不同的试验组合。试验平台包括水面舰船、潜艇、陆军飞机（含机场维护工作区）、海军飞机、空军飞机、空间系统（含航天器、导弹和运载火箭等）、陆军地面、海军地面、空军地面等，对每个类别试验项目对每种平台的适用性标准里面都有相应的条款规定，见表6－1。为此，航天飞行器组件必须做的试验项目为CE102、CS101、CS114、CS115、CS116、RE102、RS103。其他选做项目，依据航天飞行器及其组件的电磁兼容试验大纲规定开展。

表6－1　设备与安装平台的EMC试验项目适用性规划

项目	设备和分系统的安装平台								
	水面舰船	水面舰船、潜艇	陆军飞机（含机场维护工作区）	海军飞机	空军飞机	空间系统（含航天器、导弹和运载火箭等）	陆军地面	海军地面	空军地面
CE101	A	A	A	L		S			
CE102	A	A	A	A	A	A	A	A	A
CE106	L	L	L	L	L	L	L	L	L
CE107	S	S	S	S	S	S	S	S	S
CS101	A	A	A	A	A	A	A	A	A
CS102	L	L	S	S	S	S	S	S	S
CS103	S	S	S	S	S	S	S	S	S
CS104	S	S	S	S	S	S	S	S	S
CS105	S	S	S	S	S	S	S	S	S
CS106	A	A	S	S	S	S	S	S	S
CS109	L	L							
CS112	L	L	L	L	L	L	L	L	L
CS114	A	A	A	A	A	A	A	A	A
CS115	S	S	A	A	A	A	A	A	A

续表

项目	设备和分系统的安装平台								
	水面舰船	水面舰船、潜艇	陆军飞机（含机场维护工作区）	海军飞机	空军飞机	空间系统（含航天器、导弹和运载火箭等）	陆军地面	海军地面	空军地面
CS116	A	A	A	A	A	A	A	A	A
RE101	A	A	A	L		S			
RE102	A	A	A	A	A	A	A	A	A
RE103	L	L	L	L	L	L	L	L	L
RS101	A	A	A	L		S	L	A	
RS103	A	A	A	A	A	A	A	A	A
RS105	L	L	L	L		S		L	

注：A 表示该项目适用；L 表示该项目有条件适用，具体条件见本标准的相关条款；S 表示该项目由订购方规定是否适用；空白表示该项目不适用。

6.2　航天器组件电磁兼容试验的场地与设备

6.2.1　电磁兼容试验场地

电磁兼容试验场地包括开阔试验场、屏蔽室、电波暗室和混响室等。

1. 开阔试验场

开阔试验场是重要的电磁兼容测量场地，也是电磁兼容试验规定的标准、理想场地。由于 30MHz 以上高频电磁场的发射与接收完全是以空间直射波与地面反射波在接收点相互叠加的理论为基础的，场地不理想，必然带来较大的测量误差，因此，国内外纷纷建造开阔试验场。开阔试验场测量不会存在反射和散射信号，是一种最直接的和被广泛认可的标准测量方法，它能够用来测量产品的辐射发射和辐射敏感度。选择的场地要求不仅需要开阔，环境的背景噪声也要绝对干净，所以这种场地大多修建在偏远的郊区甚至无人区。要求四周开放，不能存在电磁反射，铺设金属地面。随着民用无线通信行业的发展，电磁背景噪声越来越大，开阔地址的选择越来越困难。

ANSIC 63.7、CISPR16 和 GB/T 6113.1 规定了开阔试验场的构造特征。它是

一个平坦的、空旷的、电导率均匀良好的、无任何反射物的椭圆形试验场地，其长轴是两焦点距离的 2 倍；短轴是焦距的 $\sqrt{3}$倍。发射天线（或受试设备）与接收天线分别置于椭圆的两焦点上，如图 6 – 2、图 6 – 3 所示。

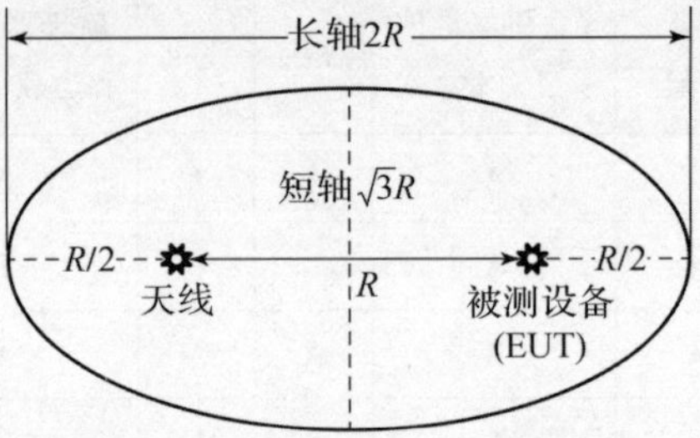

图 6 – 2　开阔试验场尺寸关系

图 6 – 3　开阔试验场实景

2. 屏蔽室

电磁兼容试验用屏蔽室的作用，是使工作间内的电磁场不泄漏到外部或外部电磁场不透入工作间内，因此将整个工作间屏蔽起来。能对电磁能量起衰减作用的封闭房间，称为屏蔽室。按照 GB 4343 和其他电磁兼容标准的规定，许多试验项目必须在具有一定屏蔽效能和尺寸大小的电磁屏蔽室内进行，由其提供符合要求的试验环境。因此，屏蔽室是电磁兼容性试验中的一个重要设施。屏蔽室实景，如图 6 – 4 所示，除广泛用于电磁兼容性试验外，还大量用于电子仪器、接收机等小信号灵敏电路的调测及计算机房等。

3. 电波暗室

电磁兼容试验用电波暗室，又被称为电波消声室或电波无反射室。它有两种结构形式：电磁屏蔽半电波暗室和微波电波暗室（又称全电波暗室）。

由于开阔试验场造价较高并远离市区，使用不便，或者建在市区，背景噪声电平大而影响 EMC 测量，于是模拟开阔试验场的电磁屏蔽半波暗室成了应用较普遍的 EMC 测量场地。中国国家标准、美国联邦通信委员会（FCC）标准、日本信息技术设备干扰自律委员会（VCCI）标准、国际电工委员会（IEC）标准、国际无线电干扰特别委员会（CISPR）标准等容许用电磁屏蔽半电波暗室替代开阔试验场进行EMC测量。近年来，国内很多单位建成了电磁屏蔽半电波暗室，通常简称EMC暗室或半电波暗室。半电波暗室五面贴吸波材料，主要模拟开阔试验场地，即电波传播时只有直射波和地面反射波。航天器组件电磁兼容试验的主要场地为电磁屏蔽半电波暗室，如图6－5所示。

图6－4　电磁兼容试验用屏蔽室实景

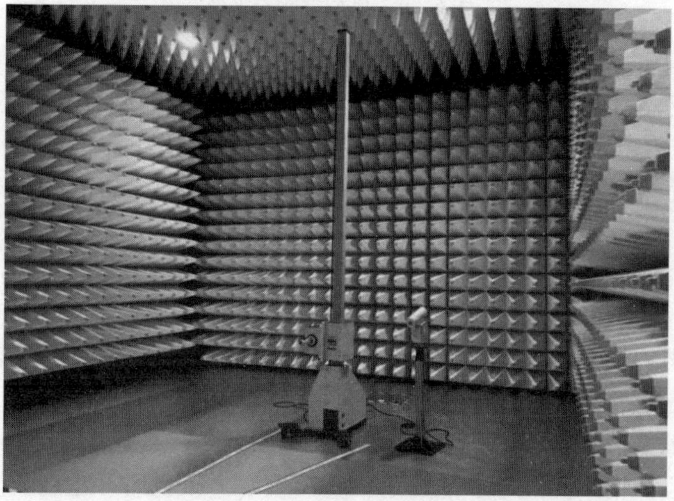

图6－5　电磁屏蔽半电波暗室实景

全电波暗室是内表面全部装有吸波材料的屏蔽室，用来模拟自由空间的传播环境。全电波暗室主要用于微波天线系统的参数测量。

4. 混响室

电磁兼容试验用混响室，是指在高品质因素的屏蔽壳体内配备机械的搅拌器，用以连续地改变内部的电磁场结构。混响室内任意位置的能量密度的相位、幅度、极化均按某一固定的统计分布规律随机变化。在混响室内的测量可以视为一个受试设备对场的平均响应，是在搅拌器至少旋转一周的时间内响应的积分。混响室的工作原理基于多模式谐振混合，典型混响室实景如图 6－6 所示。混响室提供的电磁环境要求：①空间均匀，即室内能量密度各处一致；②各向同性，即在所有方向的能量流是相同的；③随机极化，即所有的波之间的相角及它们的极化是随机的。

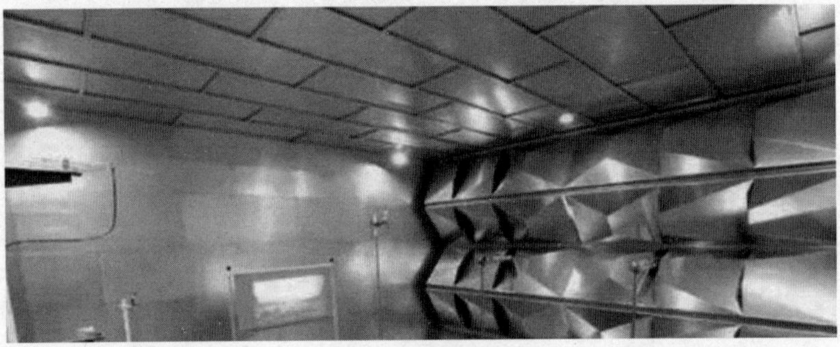

图 6－6　典型混响室实景

由于混响室能够对外部电磁环境进行良好的隔离，所以用它进行辐射抗扰度（RS）测试或辐射发射（RE）测试。混响室的造价相对较低，并且能够产生有效的场变换，使得在高场强下进行 RS 测量成为可能。

6.2.2　电磁兼容试验设备

电磁兼容测试领域有很多专用、特殊的设备，大致可分为两类：一类用于接收，与适当的传感器连接，可进行电磁发射试验；另一类用于模拟不同电磁干扰源，通过适当的耦合/去耦合网络、传感器或天线，施加到被测设备上，可以进行电磁敏感度试验。

1. 测量接收机

测量接收机用来测试电磁能量的幅度和频率，接收的可能是干扰，也可能是信号的载波，是电磁兼容试验的核心设备。

测量接收机的基本原理为，它测量信号时，先将仪器调谐于某个测量频率 f_i，该频率经高频衰减器和高频放大器后进入混频器，与本地振荡器的频率 f_1 混频，产生很多混频信号。这些混频信号经过中频滤波器后仅得到中频 $f_0 = f_1 - f_i$。

中频信号经中频衰减器或中频放大器后由包络检波器进行包络检波，滤去中频，得到低频信号。对这些信号再进行加权检波，根据需要选择检波器，可得到峰值（peak）、有效值（RMS）、平均值（Ave）或准峰值（QP）。这些值经低频放大后在屏幕上显示出来。

测量接收机（图6－7），所测量的是输出到其端口的信号电压。如果要测量场强或干扰电流，需借助一个换能器，将测到的端口电压变换成场强（单位为μV/m或dBμV/m）、电流（单位为A或dBμA）或功率（单位为W或dBm）。换能器依测量对象的不同可以是天线、电流探头、功率吸收钳或电源阻抗稳定网络等。

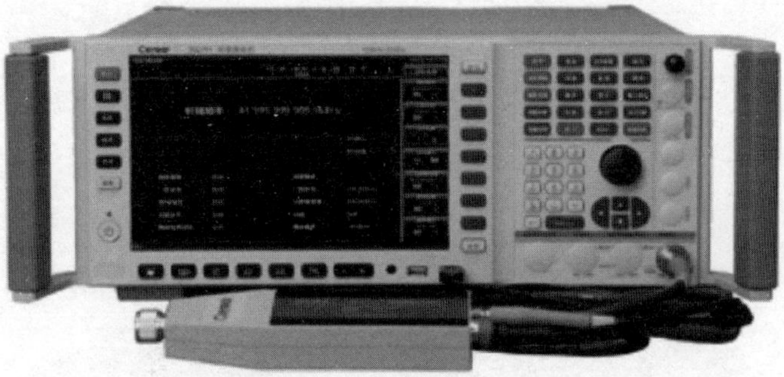

图6－7　测量接收机

测量接收机的技术要求如下：

（1）幅度精度：±2dB；

（2）带宽要求：6dB；

（3）国军标EMI测量，带宽要求如表6－2所列。

表6－2　国军标EMI测量带宽要求

频段	6dB带宽
25Hz～1kHz	10Hz
1～10kHz	100Hz
10～250kHz	1kHz
250kHz～30MHz	10kHz
30MHz～1GHz	100kHz
>1GHz	1MHz

（4）检波器：峰值、准峰值和平均值检波器；

（5）输入阻抗：50Ω。

2. 电源阻抗稳定网络

电源阻抗稳定网络（LISN），也称人工电源网络，它能够在射频范围内，在受试设备端子与参考地之间或者端子之间提供一个稳定的阻抗，同时将来自电源的无用信号与测量电路隔离开来，而仅将受试设备的干扰电压耦合到测量接收机输入端。电源阻抗稳定网络为每根电源线提供 3 个端口，分别为供电电源输入端、被测设备的电源输出端和连接测量设备的干扰输出端，其结构示意和人工电源网络分别如图 6 – 8、图 6 – 9 所示。

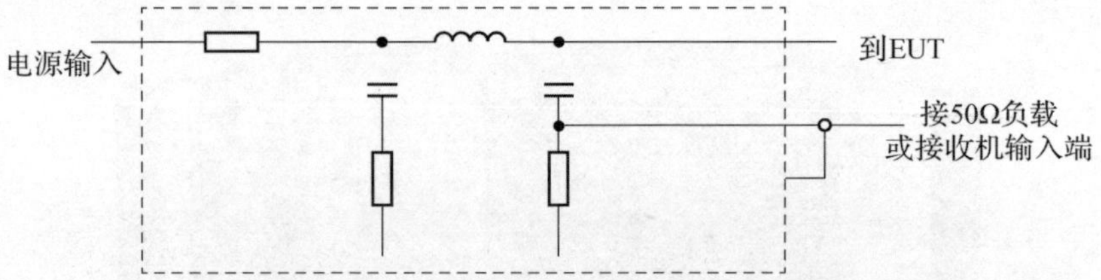

图 6 – 8　电源阻抗稳定网络结构示意图

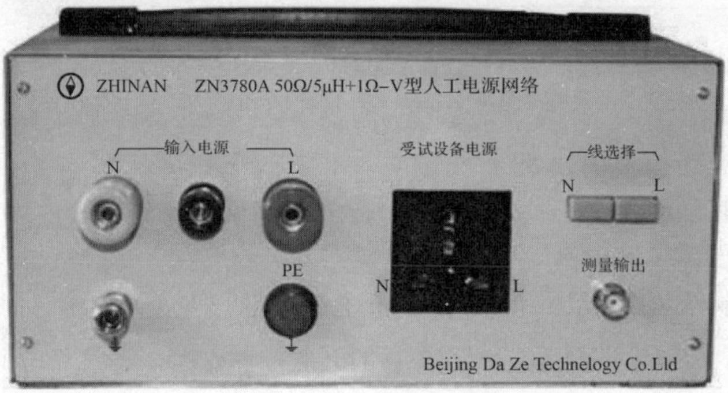

图 6 – 9　人工电源网络

3. 电流探头和电流注入探头

1）电流探头

电流探头，如图 6 – 10 所示，是测量导线上传导发射的卡扣式电流传感器，测量时不需与被测的电源导线电气接触，也不用改变电路的结构。电流探头可在不打乱正常工作或正常布置的状态下，对复杂的导线系统、电子线路等的传导干扰进行测量。低频传导发射 CE101、CE102 两个测试项目主要用电流探头做传感器，将干扰电流转换成干扰电压后再由测量接收机测量，测量传导干扰时频率最高用到 30MHz。

在被测导体不允许断开的情况下，可利用电流探头（钳）进行非对称测量。通常利用被测量导体作为电流钳的初级绕组，环形铁心与次级绕组置于屏蔽环中。电流探头的灵敏度可用传输阻抗表示，其定义为次级感应电压与初级电流之比。也就是说，电流探头为圆环形卡式结构，能方便地卡住被测导线。

2）电流注入探头

国军标中，电流注入探头，如图6-11所示，用于CS114、CS115、CS116等传导敏感度试验。将电流注入探头卡在被测物的电缆上，向该探头注入射频干扰，射频电流先在电缆中以共模方式流过，然后再进入被测设备接口。导线或电缆束穿过探头中心，相当于变压器的次级。其功率容量大，适合与功率源或放大器配合使用。

图6-10　电流探头

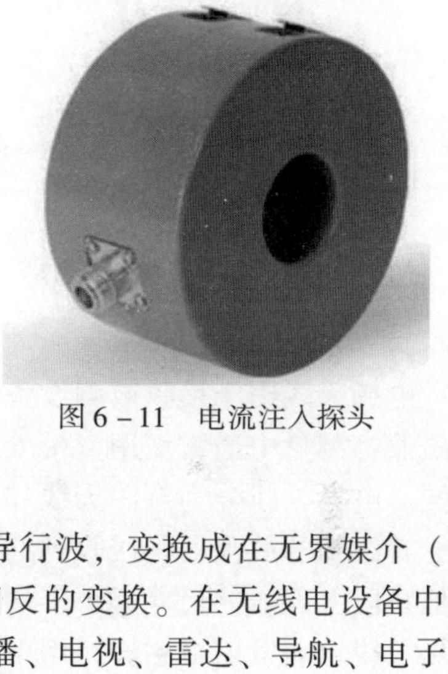

图6-11　电流注入探头

4. 测量天线

天线是一种变换器，它把传输线上传播的导行波，变换成在无界媒介（通常是自由空间）中传播的电磁波，或者进行相反的变换。在无线电设备中用来发射或接收电磁波的部件。无线电通信、广播、电视、雷达、导航、电子对抗、遥感、射电天文等工程系统，凡是利用电磁波来传递信息的，都依靠天线来进行工作。此外，在用电磁波传送能量方面，非信号的能量辐射也需要天线。一般天线都具有可逆性，即同一副天线既可用作发射天线，也可用作接收天线。同一天线作为发射或接收的基本特性参数是相同的。这就是天线的互易性。

天线的主要参数是天线系数，它是一个用于衡量天线对电磁波的响应和传输效率的参数。它描述的是天线将收到的电磁波转换为在天线接收端或发射端引入电缆等设备中的电信号的能力。天线系数通常以dB/m为单位。天线系数是天线尺寸、结构、材料和设计等因素的综合结果。它取决于天线的有效面积、辐射模式、增益和频率响应等特性。不同类型的天线具有不同的天线系数。

1）磁场天线

磁场天线，如图6-12、图6-13所示，用于接收被测设备工作时泄漏的磁场、空间电磁环境的磁场并测量屏蔽室的磁场屏蔽效能，测量频段为25Hz～30MHz。根据用途的不同，磁场天线类型分为有源天线和无源天线。通常有源天线因具有放大小信号的作用，所以非常适合测量空间的弱小磁场，此类天线有带屏蔽的环天线。

图6-12　磁场发射测试天线

图6-13　磁场敏感度测试天线

2）电场天线

电场天线用于接收被测设备工作时泄漏的电场，测量频段为10kHz～40GHz。电磁兼容测量中通常使用宽带天线，配合测量接收机进行扫频测量。根据用途的不同，电场天线分为有源天线和无源天线两类。有源天线是为测量小信号而设计的，其内部的放大器将接收到的微弱信号放大至接收机可以测量的电平，主要用在低频段，天线的尺寸远小于被测信号的波长，且接收效率很低。依据互易定理电场天线也能发射电磁波，用于电场敏感度测试。

（1）杆天线：杆长1m，用于测量10kHz～30MHz频段的电磁场，形状为垂直的单极子天线，如图6-14所示。

（2）双锥天线：双锥天线的形状与偶极子天线十分接近，它的两个振子为由6根金属杆组成的圆锥形，见图6-15。双锥天线通过传输线平衡变换器将120Ω的阻抗变为50Ω的。双锥天线的方向图与偶极子天线类似，测量的频段比偶极子天线宽，且无须调谐，适合与接收机配合，组成自动测量系统进行扫频测量。

双锥天线的典型技术指标：测量频段为30～300MHz，阻抗为50Ω，驻波比不大于2.0，最大连续波功率为50W，峰值功率为200W。

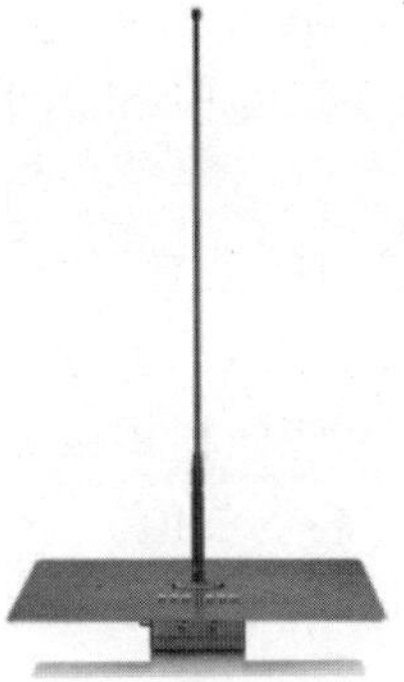

图 6 – 14　杆天线

图 6 – 15　双锥天线

（3）对数周期天线：对数周期天线的结构类似八木天线，见图 6 – 16。它上下有两组振子，从长到短依次排列，最长的振子与最低的使用频率相对应，最短的振子与最高的使用频率相对应。对数周期天线有很强的方向性，其最大接收/辐射方向是锥底到锥顶的轴线方向。对数周期天线为线极化天线，测量中可根据需要调节极化方向，以接收最大的发射值。它还具有高增益、低驻波比和宽频带等特点，适用于电磁干扰和电磁敏感度测量。

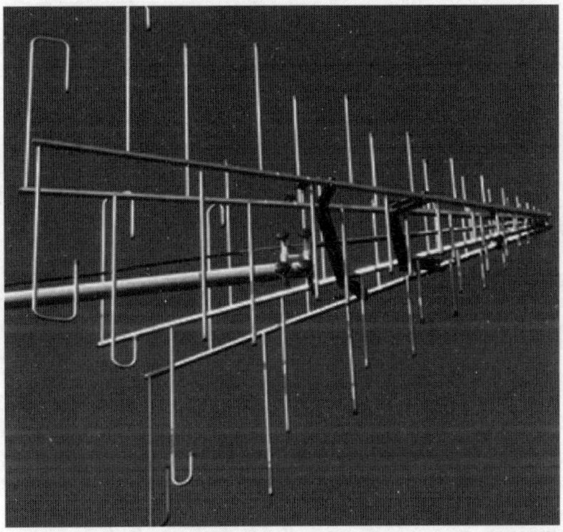

图 6 – 16　对数周期天线

对数周期天线的典型技术指标：测量频段为 80 ~ 1000MHz，阻抗为 50Ω，驻波比不大于 1.5，最大连续波功率为 50W。

（4）喇叭天线：在电磁兼容试验中应用最广的是双脊喇叭天线和角锥喇叭天线。双脊喇叭天线的上下两块喇叭板为铝箔，铝板的中间位置是扩展频段用的弧形凸状条，两侧为环氧玻璃纤维的覆铜板，并刻蚀成细条状，连接上下铝板（图6-17）。双脊喇叭天线为线极化天线，测量时通过调整托架来改变极化方向，因而测量频段较宽，可用于0.5~18GHz辐射发射和辐射敏感度测量。

角锥喇叭天线，见图6-18，其使用频段通常由馈电口的波导尺寸决定，比双脊喇叭天线窄很多，但方向性、驻波比及增益等均优于双脊喇叭天线。在1GHz以上高场强（如200V/m）的辐射敏感度测量中，为充分利用放大器资源，选用增益高的喇叭天线作为发射天线，较容易达到所需的高场强值。

图6-17　双脊喇叭天线

图6-18　角锥喇叭天线

5. 尖峰信号发生器

尖峰信号发生器是对设备或分系统电源线进行瞬变尖峰传导敏感度试验必备的信号产生器。该测试的对象是所有从外部给被测件供电的不接地的交流或直流电源线，测试模拟了被测件工作时开关闭合或由故障引起的瞬变尖峰干扰。尖峰信号发生器，如图6-19所示，主要用于CS115试验。

6. 阻尼正弦信号发生器

阻尼正弦信号发生器是为了满足相关标准的专用信号发生器。阻尼正弦信号发生器（图6-20），可以产生频率为10kHz~100MHz的6种阻尼正弦（余弦）波形，用于所有飞机、水面舰船、潜艇、空间及地面系统的互联电缆和电源电缆的传导敏感度试验。

图6-19　尖峰信号发生器

图6-20　阻尼正弦信号发生器

6.3　航天器组件电磁发射试验

航天器组件电磁发射试验包括传导发射试验和辐射发射试验。

6.3.1　传导发射试验

传导发射试验的目的是测量被测设备通过线路向外发射的干扰，包括输入电源线、互连线、控制线等。其主要测试其产生的连续波干扰电压、连续波干扰电流或尖峰干扰信号等。依据频段及被测对象的不同，测试方法可分为以下几种。

电流法用于测试被测设备沿电源线向供电端发出的干扰，测量频率为 25Hz ~ 10kHz。测试时，利用电流探头为传感器，测试场地一般选在屏蔽室内，测试系统组成则如图 6 – 21 所示。CE101 项目采用这种测试方法。

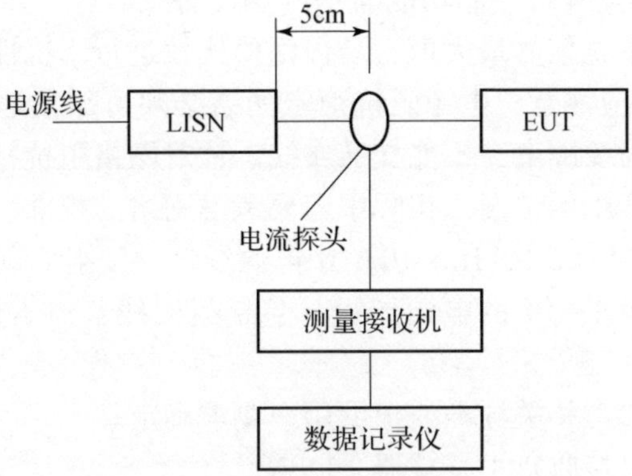

图 6 – 21　电流法测试传导发射示意图

图 6 – 21 中，电源阻抗稳定网络的作用是将电网与被测件隔离，防止电源网的干扰混入，并为测量提供稳定阻抗（通常为 50Ω）。

电流探头输出端连接测量接收机的输入端，通过探头将接收到的电压转换为电流，其表达式为

$$I = U + F$$

式中：I 为干扰电流（dBA）；U 为端口电压（dBV）；F 为电流探头转换系数（dB/Ω）。

数据记录仪用于自动完成参数设定、仪器控制、测量和数据处理功能，并得出幅/频曲线。

测量时要将被测导线放在电流探头的中心位置，并且还要注意阻抗稳定网络与受试设备之间连接线的天线效应引起的虚假信号。测前应先去掉受试设备，检

查环境电平是否存在，通常应保证环境电平小于6dB。为防止干扰信号损坏测量接收机，还应在探头与接收机之间放置抑制滤波器。

电源阻抗稳定网络法主要测试受试设备沿电源线向供电网络发射的干扰电压，测量频率在 10kHz ~ 30MHz 内，测量一般在屏蔽室内进行。CE102 项采用 LISN 法测试。

测量直接通过阻抗稳定网络上的监视测量端进行，此端口通过电容耦合的形式，将电源线上被测件产生的干扰电压引出，连续波干扰电压由测量接收机接收，并通过阻抗稳定网络将接收的电压转换为线上的实际电压，得到不同频率上干扰电压的幅度。

测量尖峰传导干扰的 CE107 项目，也采用人工电源网络（LISN）法，不能用接收机直接接收，以防止接收机损坏。同时尖峰信号通常在设备系统中的开关、继电器动作瞬间出现，测量过程中要不断作开关动作（在电源输入端进行），并用有一定带宽并带存储功能的示波器代替接收机，直接捕捉和测量一段时间内出现的尖峰干扰信号最大值，与极限值比较进行干扰性评价。

采用 LISN 法时应注意，电源阻抗稳定网络必须可靠接地。为防止网络电源线间的耦合，布线时要隔离，不能交叉布线。针对网络阻抗特性在频率变化时出现的变化及阻抗不匹配的情况，实际中还要考虑网络的校准。

下面详细介绍 CE102 10kHz ~ 10MHz 电源线传导发射的试验方法。

被测设备：所有平台上的电源导线（包括返回线，但不包括 EUT 电源的输出端导线）。

技术指标：可参考相关标准或根据用户要求确定。

测量仪器：测量接收机、衰减器、LISN。

测量方法和过程：

(1) 依据图 6 – 22 连接测试系统，EUT 通电预热，使其达到稳定工作状态。

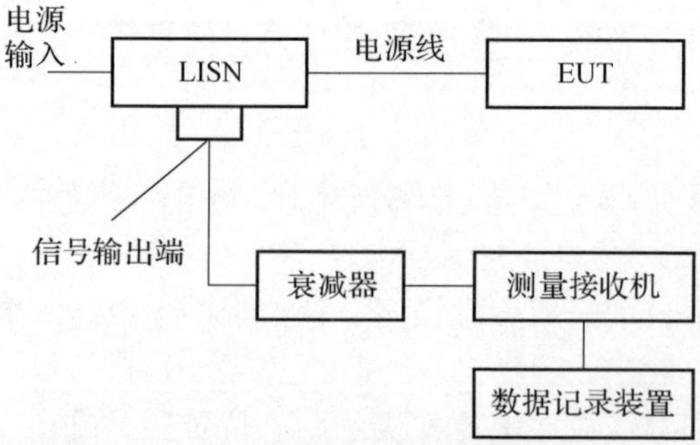

图 6 – 22　CE102 测量系统配置

（2）选择一条电源线。

（3）采用通用要求中规定的带宽和最小测量时间，使测量接收机在适用的频率范围内扫描。

（4）对其他每条电源线重复测试。

电磁兼容试验 CE102 项目的极限值，如图 6－23 所示。

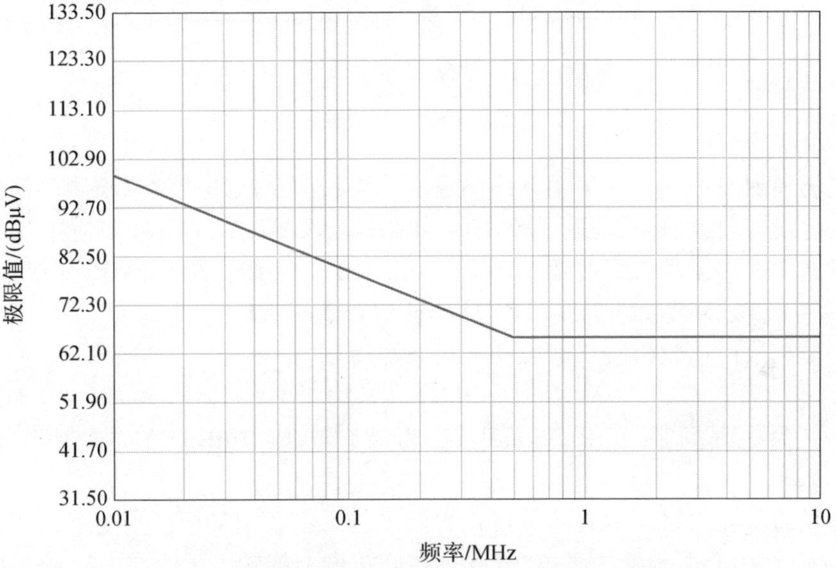

图 6－23　电磁兼容试验 CE102 项目的极限值

6.3.2　辐射发射试验

辐射发射试验是测量被测产品通过空间传播的干扰辐射场强。所测信号经天线接收，并由同轴电缆送到测量接收机测出干扰电压，再综合天线系数得到测量场值。通常辐射干扰发射测试包括磁场干扰发射测试和电场干扰发射测试。两者的区别在于所用天线不同、所测频段不同。

磁场辐射发射测试法，主要用于测量来自受试体及其电线、缝隙、连接头和电缆等产生的磁场辐射干扰，测量频段在 25Hz～100kHz。这种测试一般在屏蔽室或半电波暗室中进行。其测试系统如图 6－24 所示，RE101 项为磁场辐射发射测试。

测试时，环形天线与待测面平行，调节接收机并移动天线，利用计算机处理数据得到所测频点的磁场强度曲线。由于屏蔽室壁面的反射和天线加载，通常测量前需对天线进行校准。

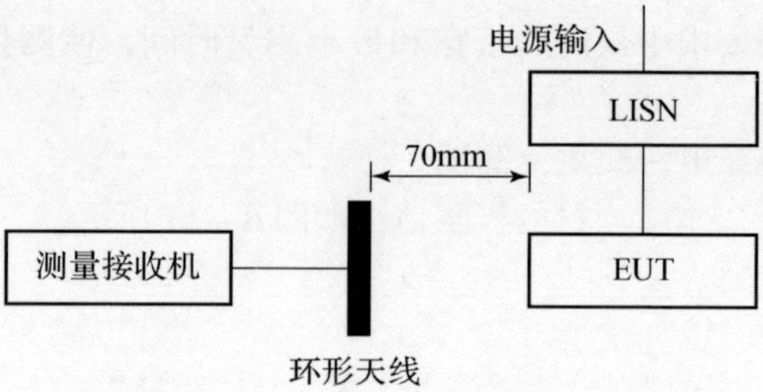

图 6-24　磁场辐射发射测试系统示意图

电场辐射发射测试，采用天线测量法。天线测量法用于测量被测产品及互联线缆的电场辐射，测量频段为 10kHz ~ 18GHz。该测试在半电波暗室中进行。测试频段通常采用 4 种天线覆盖：10kHz ~ 30MHz 杆天线，30 ~ 200MHz 双锥天线，200MHz ~ 1GHz 对数周期天线，1 ~ 18GHz 双脊喇叭天线。

测量结果由接收机端口电压和天线系数得到：

$$E = U + F \tag{6-10}$$

式中：E 为被测场强（dBμV/m）；U 为端口电压（dBμV）；F 为天线系数（dB/m）。

测试通常在水平、垂直两种极化方向进行。在我国某标准中要求天线距受试体 1m，天线中心距地 1.2m。被测体放在旋转台上旋转，天线在 1 ~ 4m 高度范围内扫描，从而检测最大的辐射场强。测试前，应对所要测量的频段进行环境电平扫描，看其是否低于极限值 6dB。若超出则应记录在案，以便在正式试验中将其剔除。

下面详细介绍 RE102 10kHz ~ 18GHz 电场辐射发射的试验方法。

被测设备：所有平台上的设备和分系统壳体和所有互连电缆的辐射发射（不包括发射机的基频或天线的辐射）；

技术指标：根据标准执行或航天器组件电磁兼容试验大纲（某航天器的试验条件，如图 6-25 和表 6-3 所示）；

测量仪器：人工电源网络、测量接收机、信号分析仪、杆天线、双锥天线、对数周期天线、双脊喇叭天线。

测量过程要求：

(1) 检查电磁环境电平；

(2) 依据图 6-26 连接测试系统，EUT 通电预热，使其达到稳定工作状态；

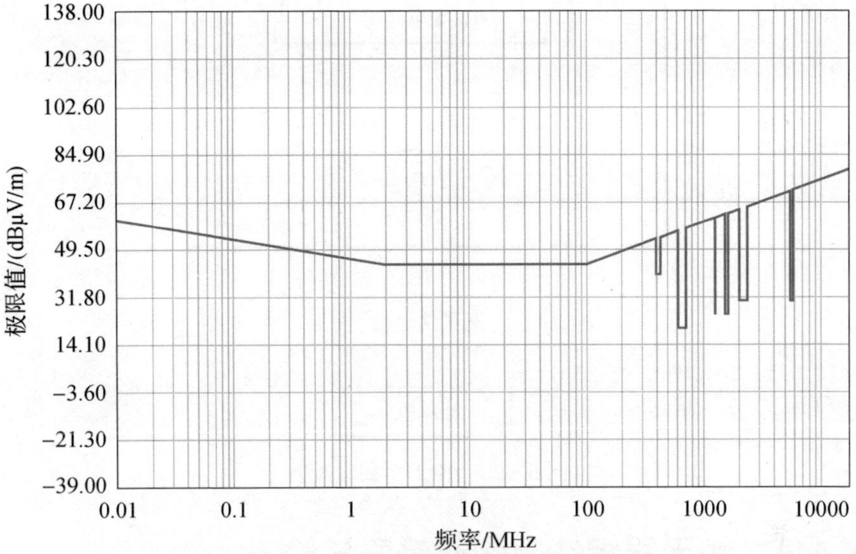

图 6－25　某航天器组件 RE102 限值要求

表 6－3　RE102 限值下凹频段说明

频段/MHz	场强/(dBμV/m)	说明
395～430	40	出舱通信链路
600～700	20	运载火箭接收机
1255～1270	25	导航定位接收频段
1550～1630	25	导航定位接收频段
2000～2350	30	测控链路频率（地基和天基）
5500－5900	30	运载火箭接收机

（3）采用规定的带宽和最小测量时间，使测量接收机在适用的频率范围内扫描；

（4）对 30MHz 以上的频率，天线应取水平极化和垂直极化两个方向；

（5）按测试频段更换相应接收天线，重复（1）、（2）测试。

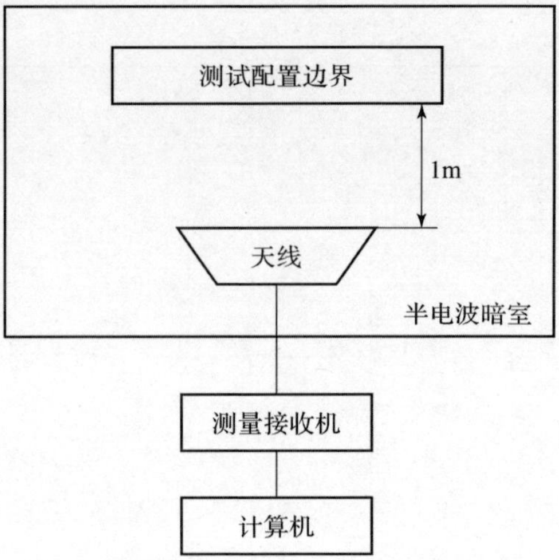

图 6-26　RE102 测量配置

6.4　航天器组件电磁敏感度试验

航天器组件电磁敏感度试验包括传导敏感度试验和辐射敏感度试验。

6.4.1　传导敏感度试验

传导敏感度试验是测量被测设备对耦合到输入电源线、互连线及机壳上的干扰信号的承受能力。通常传导干扰的来源有两个：

（1）由空间电磁场在敏感设备的各连线上产生的感应电流（或电压）；

（2）各干扰源通过连接在设备上的电缆直接对设备产生影响。干扰的形式有连续波、尖峰信号、阻尼正弦振荡、浪涌信号、快速瞬变脉冲群等。

按信号注入的形式，传导敏感度试验又可分为电压注入法和电流注入法。在发生敏感现象时，在敏感频点上，先减小注入使受试体收到的干扰信号下降至阈值以下，再逐渐上升从而达到抗扰度阈值。

1. 连续波传导抗扰度测试方法

施加的模拟干扰信号为正弦波，对电源进行测试时，50kHz 以下测试来自电源的高次谐波传导抗扰度，10kHz～400MHz 测试电缆线对电磁场感应电流的传导抗扰度。

（1）电压法。电压法主要测量电源线注入 25Hz～150kHz 频段或向地线注入 10kHz～50kHz 频段连续波干扰时受试体的抗扰度，CS101 和 CS102 两个项目都采用电压法。

（2）电流法。电流法主要用于测试 10kHz ~ 400MHz 电缆线束的连续波干扰抗扰度，CS114 项目采用电流法。测试时，在每个频点上调节信号幅度至规定极限电平，同时监测受试体是否出现性能降低现象。

2. 脉冲信号的传导敏感度测试方法

在脉冲信号的传导敏感度测试中，施加的干扰为各类脉冲信号，并测试受试体电源线及电缆线束对脉冲干扰的抗扰度。注入干扰的方法有并联注入、变压器注入、电流探头注入等。

（1）电源线尖峰信号传导抗扰度测试方法。该方法主要模拟设备进行开关动作或由故障产生的电源瞬变引起的尖峰信号。测试使用的尖峰信号产生器测试前应在 5Ω 的无感电阻上对输出信号的特性进行校准。测试时分别改变尖峰信号的脉冲宽度、脉冲极性、相位等参数，每种状态持续 5 ~ 10min 观察被测件的性能状态。

（2）阻尼正弦和瞬变脉冲传导抗扰度测试方法。该方法的主要测试对象是电源线和互连电缆束，考察其对阻尼正弦和瞬变脉冲传导干扰的承受力。一般使用电流探头注入干扰信号。监测探头距被测件 5cm，注入探头距监测探头 5cm。分别测量干扰来自电源和来自负载时对被测件的影响。测试时，改变脉冲的频率和幅度，同时监测被测件的工作状态，从而测出每个被测件的抗扰度的阈值。

3. 25Hz ~ 150kHz 电源线传导敏感度（CS101）

被测设备：设备和分系统的交流和直流输入电源线，不包括回线。

技术指标：在 25Hz ~ 150kHz 频段，注入图 6 – 27 所示稳态正弦干扰，设备应工作正常。

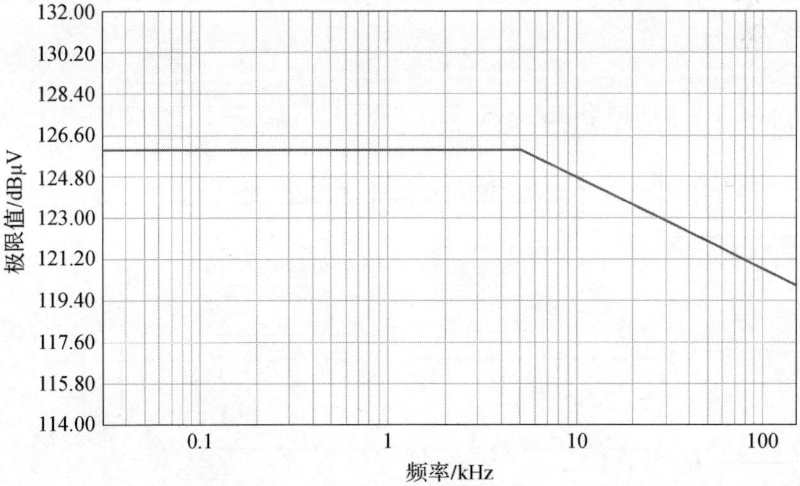

图 6 – 27　CS101 项目干扰注入极限值

测试仪器：信号发生器、功率放大器、人工电源网络、示波器。

测量方法和过程：

(1) 校准。

①依据图6－28连接测试系统，EUT通电预热，使其达到稳定工作状态。

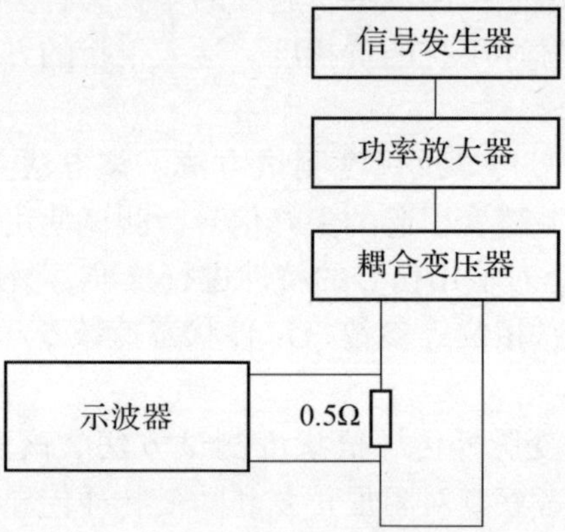

图6－28　CS 101 校准配置

②将信号源设置为正弦波，频率调整到最低，不进行调制，关闭输出。打开放大器，增益调整到32dB，信号源输出。示波器输入端口阻抗设置为1MΩ，测量RMS电压值。

③调整信号源的输出电平，直到示波器指示在0.5Ω负载上的功率达到80W。

④记录信号源的输出电平值，在整个测试频率范围内进行扫描，记录信号源的输出电平。

(2) 测试。

①依据图6－29连接测试系统，EUT通电预热，使其达到稳定工作状态。

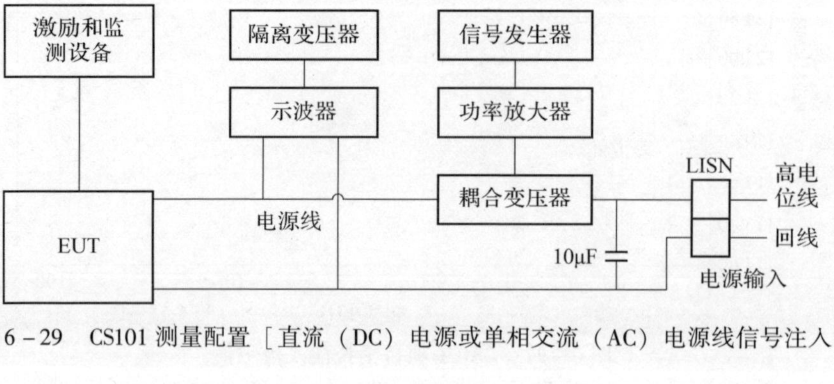

图6－29　CS101 测量配置［直流（DC）电源或单相交流（AC）电源线信号注入］

②将信号源设置为正弦波，频率调整到最低，不进行调制，关闭输出。打开放大器，增益调整到 32dB，信号源输出，示波器输入端口阻抗设置为 1MΩ，测量 RMS 电压值。

③调整信号源的输出电平，直到示波器指示达到极限值电平，且信号源输出不超过校准电平。

④在整个测试频率范围内进行扫描，观察 EUT 是否敏感。

技术指标要求：

按图 6－27 规定的试验信号电平试验时，产品工作正常。如果采用规定的信号源，当在 0.5Ω 负载上耗散功率调整到 80W 时，若试样电源输入端电压仍达不到所要求的值，只要试样对此功率信号源不敏感，则也认为满足要求。

4. 4kHz～400MHz 电缆束注入传导敏感度（CS114）

被测设备：所有平台上设备或分系统的所有互连电缆，包括电源电缆在内。

技术指标：在 4kHz～400MHz 内，电缆束上注入图 6－30 所示稳态正弦干扰，设备工作正常。

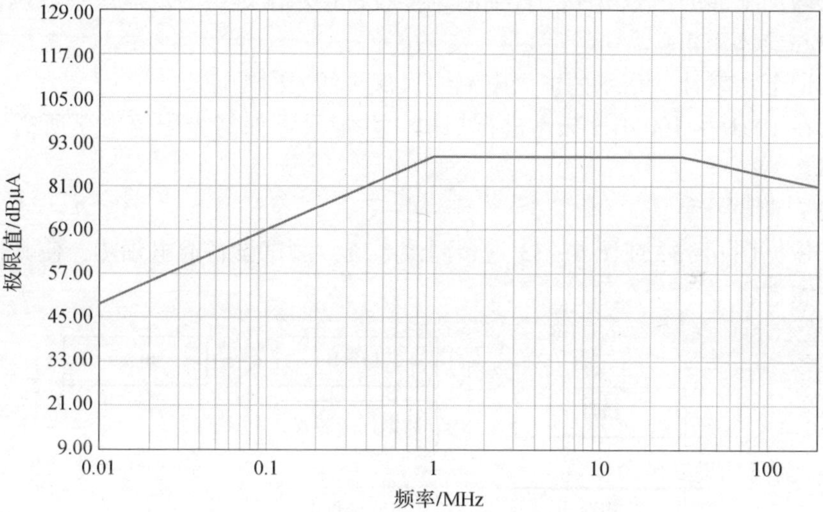

图 6－30　CS114 项目干扰注入极限值

测量仪器：信号发生器、功率放大器、电流注入探头、电流探头、人工电源网络。

测量方法和过程：

（1）校准。

①依据图 6－31 连接测试系统，测试设备通电预热，使其达到稳定工作状态；

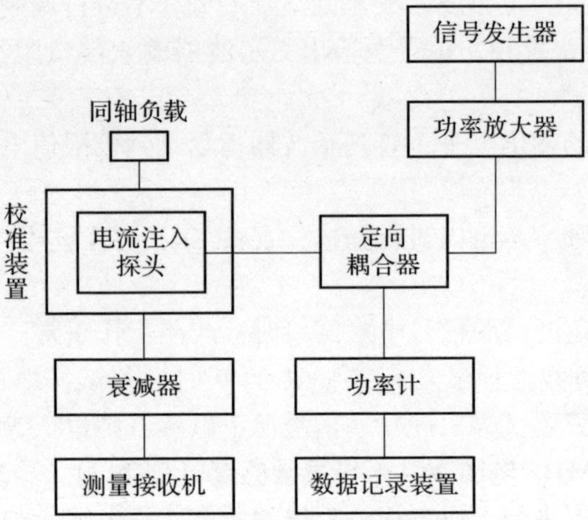

图 6-31　CS114 校准配置

②将信号发生器调到 10kHz，不调制；

③增加施加的信号电平，直到测量接收机指示出规定的电流电平流过校准装置的中心导体为止；

④记下功率计上指示的馈入电流注入探头的入射功率；

⑤在 10kHz~100MHz 频率进行扫描，并记录下保持极限值电平所需要的入射功率。

（2）测试。

①依据图 6-32 或图 6-33 连接测试系统，测试设备通电预热，使其达到稳定工作状态；

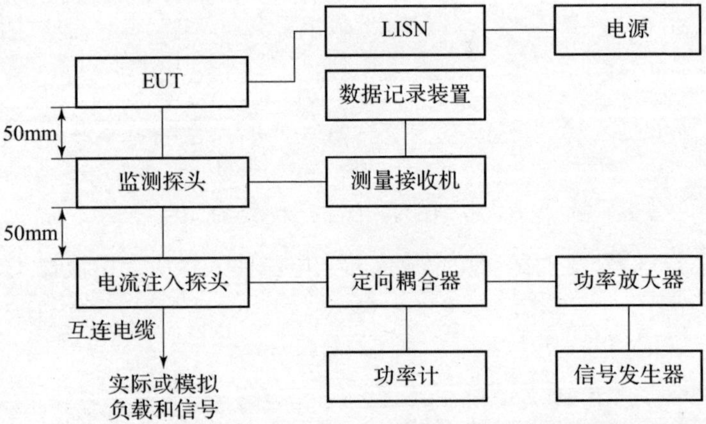

图 6-32　互连电缆（非电源线）注入测试配置

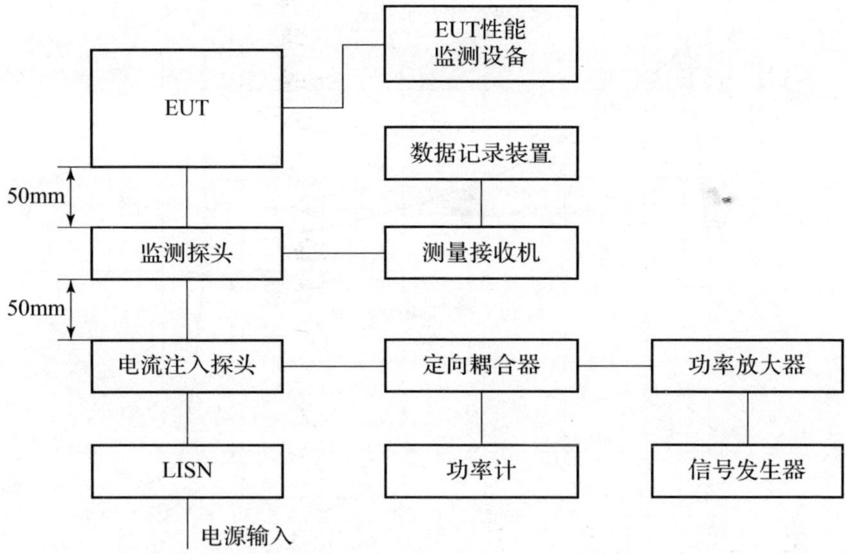

图 6－33　电源线注入测试配置

②将信号发生器调到 10kHz，用 1kHz 占空比为 50% 脉冲进行脉冲调制；

③将校准测试中确定的入射功率电平馈入注入探头，同时监测感应电流；

④在 10kHz～400MHz 频率范围内，按本标准一般要求进行扫描测试，同时使入射功率保持在校准电平或最大电流电平上（两者选电平低者）；

⑤在测试期间监测 EUT 是否性能降低；

⑥如 EUT 出现敏感，则要确定敏感度阈值电平（在该电平下，EUT 刚好不出现不希望的响应）。

5. 电缆束注入脉冲激励传导敏感度（CS115）

被测设备：所有飞机和空间系统的所有互连电缆（包括电源线）。当订购方有规定时，被测设备也包括陆军和空军地面设备与分系统。

技术指标：电缆束上注入图 6－34 规定的试验信号电平试验，$I=5\text{A}$，以 30Hz 重复频率进行试验 1min 时，设备不产生干扰现象。

测量仪器：脉冲信号发生器、电流注入探头、电流探头、示波器、人工电源网络。

测量方法和过程：

（1）校准。

①依据图 6－35 连接测试系统，测试设备通电预热，使其达到稳定工作状态；

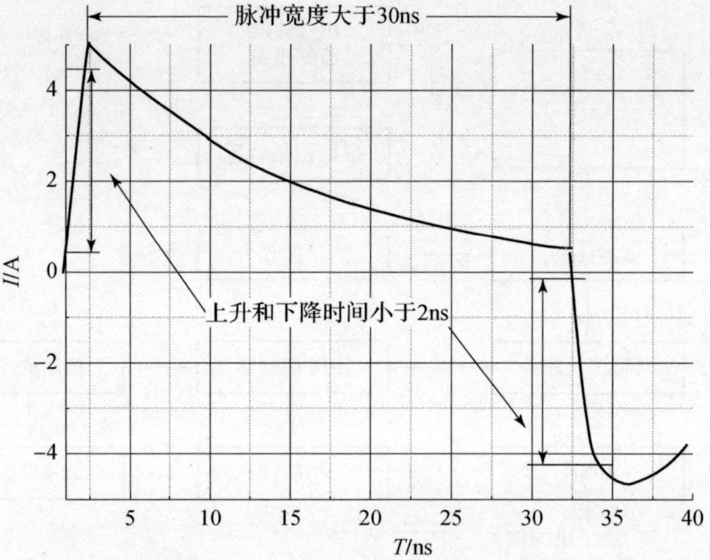

图 6-34　CS115 项目干扰注入信号

②按规定的上升、下降时间、脉宽和脉冲重复频率要求调整脉冲信号发生器；

③增加施加的信号电平，直到示波器指示出规定的电流电平流过校准装置的中心导体为止；

④检查波形的上升时间、下降时间、脉宽及重复频率；

⑤记录脉冲信号发生器的幅度调整位置。

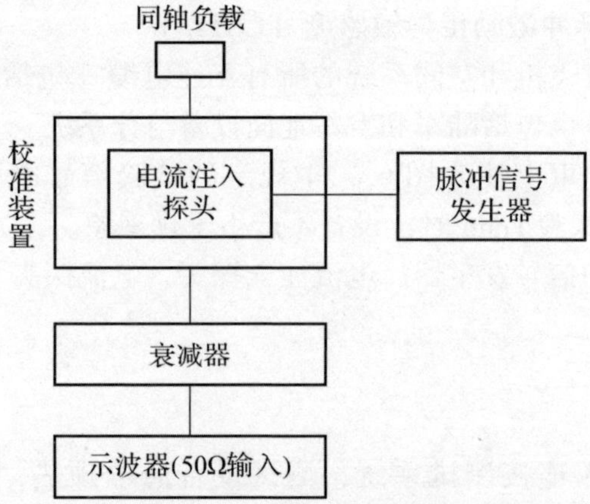

图 6-35　CS115 校准配置

（2）测试。

①依据图6－36或图6－37连接测试系统，测试设备通电预热，使其达到稳定工作状态；

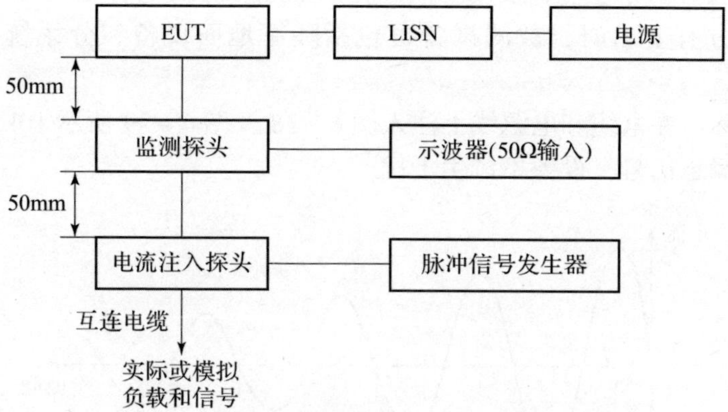

图6－36　互连电缆（非电源线）注入测试配置

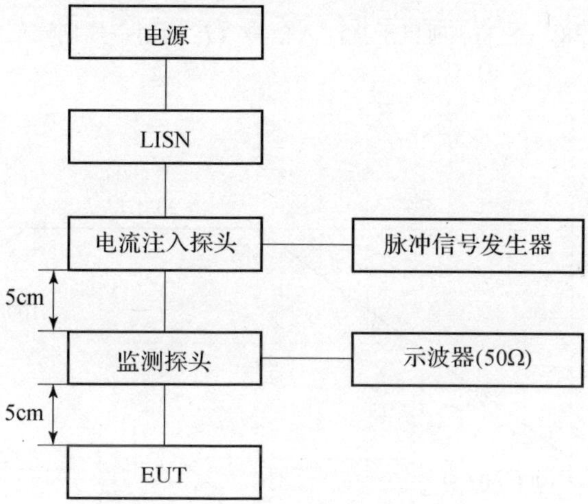

图6－37　电源线注入测试配置

②调节脉冲信号发生器，从最小值到校准测试中确定的幅度调整位置；

③以规定的脉冲重复频率和持续时间施加测试信号；

④在整个测试期间监测EUT是否性能降低；

⑤如EUT出现敏感，则要确定敏感度阈值电平（在该电平下，EUT刚好不出现不希望的响应）；

⑥按示波器上的指示值记录下电缆中感应的峰值电流；

⑦对 EUT 上每个连接器连接的每个电缆束分别测试。

6. 10kHz ~ 100MHz 电缆和电源线阻尼正弦瞬态传导敏感度（CS116）

被测设备：电源电缆和单根电源导线在内的所有互连电缆，但无须单独对电源回线试验。对于空军地面设备和分系统，仅包括电源电缆和单根电源导线。当订购方有要求时，被测设备也包括陆军地面设备和分系统、航线保障设备。

技术指标：在电缆和电源线上注入图 6－38 及图 6－39 所示 10kHz ~ 100MHz 的阻尼正弦瞬态信号，设备不产生干扰。

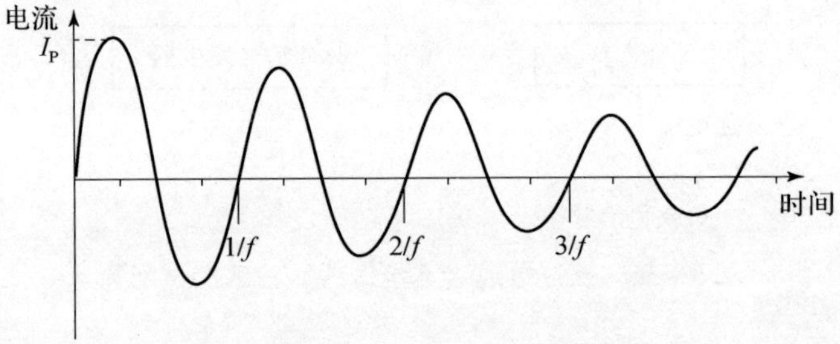

图 6－38　CS 116 项目干扰注入信号（I_P 为第一周期峰值电流）

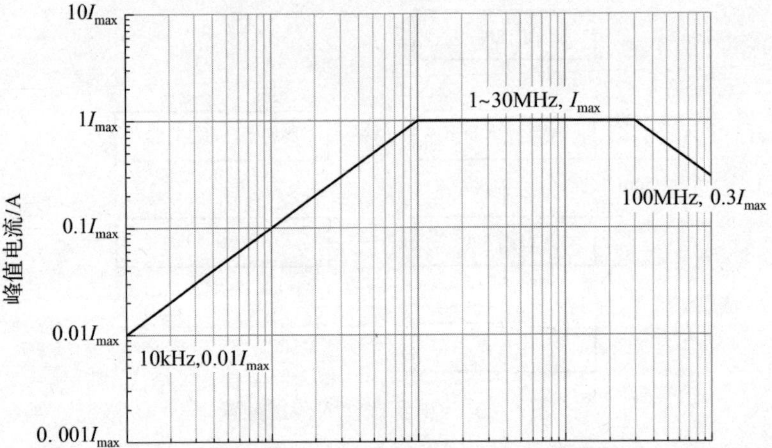

图 6－39　CS 116 峰值电流曲线（I_{max} 为峰值电流限值）

测量仪器：阻尼正弦瞬变信号发生器、电流注入探头、通用耦合器、电流探头、示波器、人工电源网络。

测量方法和过程：

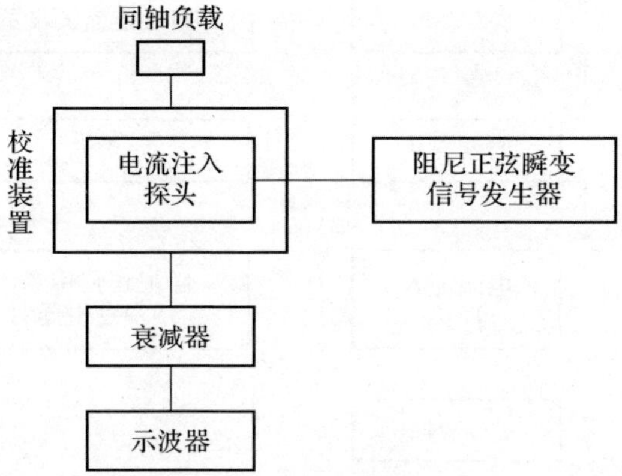

图6-40 CS 116 校准配置

（1）校准。

①依据图6-40连接测试系统，测试设备通电预热，使其达到稳定工作状态；

②将阻尼正弦信号发生器的频率调到10kHz；

③按要求的电平调整阻尼正弦瞬变信号的幅度；

④记下阻尼正弦瞬变信号发生器的调整位置；

⑤检验波形是否满足CS 116典型阻尼正弦波（图6-38）要求；

⑥依次将阻尼正弦信号发生器的频率调到100kHz、1MHz、10MHz、30MHz、100MHz，重复①~⑤过程。

（2）测试。

①依据图6-41或图6-42连接测试系统，测试设备通电预热，使其达到稳定工作状态；

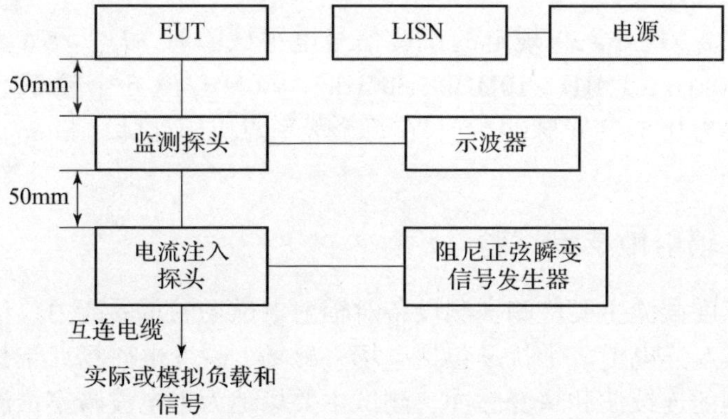

图6-41 互连电缆（非电源线）注入测试配置

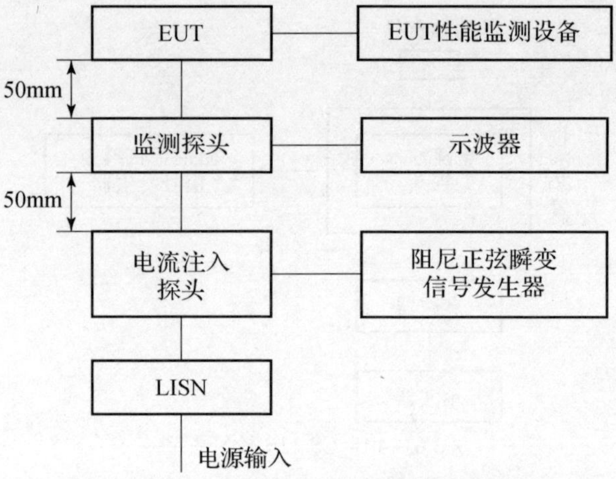

图 6-42　电源线注入测试配置

②当阻尼正弦瞬变信号发生器连接好但未被触发时，EUT 不应受影响；

③阻尼正弦瞬变信号发生器调到测试频率；

④按顺序对 EUT 每根电缆或电源线施加测试信号，缓慢地增加阻尼正弦瞬变信号发生器的输出电平以提供规定的电流，但不超过预先校准的阻尼正弦瞬变信号发生器的输出电平，记录下获得的峰值电流；

⑤监测 EUT 性能是否降低；

⑥如果 EUT 出现敏感，则要确定敏感度阈值电平（在该电平下，EUT 刚好不出现不希望的响应）；

⑦依次将阻尼正弦信号发生器的频率调到 100kHz、1MHz、10MHz、30MHz、100MHz，重复测试。

技术指标及要求：

按图 6-38、图 6-39 规定的试验信号电平试验时，$I_{max}=5A$，试验至少应在 10kHz、100kHz、1MHz、10MHz、30MHz、100MHz 这 6 个频率上实施。试验信号的重复率为 0.5～1（脉冲/s）。在每个频率点应施加脉冲 5min，产品应正常工作。

6.4.2　辐射敏感度试验

辐射敏感度试验主要检测被测设备对辐射电磁场的承受能力。试验对象包括被测设备及其互连电缆。干扰场包括电场、磁场、瞬变电磁场。干扰信号包括连续波、加调制的连续波和瞬变脉冲，测试主要场地为半电波暗室，测试方法采用天线法。

电场天线距被测件要求为 1m，磁场天线距被测件要求为 5cm，天线应照射到被测件较敏感部位，如缝隙等。用天线法测试的测量过程可由计算机自动完成，包括调节辐射能量、监控被测件性能、处理数据等。

下面介绍 RS103 10kHz～40GHz 电场辐射敏感度的测试方法。

被测设备：设备和分系统壳体及所有互连电缆。

技术指标：在 20V/m 的电场辐照下，设备工作正常。

测量仪器：信号发生器、功率放大器、场强监视器、功率计。

测量方法和过程：

(1) 依据图 6－43 连接测试系统，EUT 通电预热，使其达到稳定工作状态；

(2) 将信号源调到 1kHz，占空比 50% 脉冲调制，采用适当的功率放大器和发射天线，在测试起始频率产生一电场，逐渐增加输入的功率电平，直到电场传感器的显示达到相应极限为止；

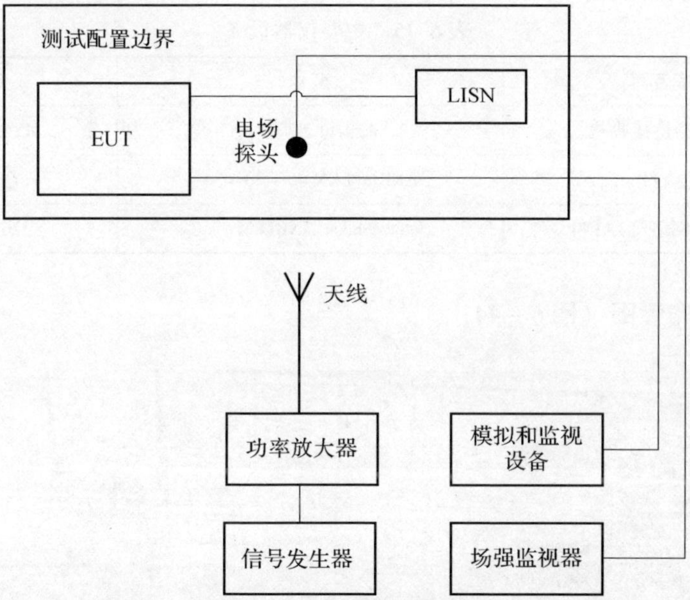

图 6－43　RS103 测量配置

(3) 采用规定的速率和驻留时间在要求的频率范围内进行扫描，保持场强电平符合适用的极限值，监测 EUT 性能是否敏感；

(4) 对发射天线垂直极化的情况，在整个要求的频率范围内进行测试，对发射天线水平极化的情况，在 30MHz 以上的频率进行重复测试。

6.5 航天器组件电磁兼容试验案例

6.5.1 CE102 10kHz ~ 10MHz 电源线传导发射

1. 技术要求（表 6-4）

表 6-4 技术要求

频率范围	极限值/dBμV	
	直流电源 100V	直流电源 28V
10 ~ 500kHz	65.5 ~ 99.5	60 ~ 94
500kHz ~ 10MHz	65.5	60

2. 主要仪器设备（表 6-5）

表 6-5 主要仪器设备

设备名称	型号	编号
全兼容测量接收机	Agilent N9038A	MY52130046
衰减器	AEROFLEX 46-20-34	CC7651
人工电源网络（LISN）	Schwarzbeck NNBL8226-2	8226-2/186

3. 检测布置图（图 6-44）

图 6-44 检测布置图

4. 测试频率范围、6dB 测试带宽及驻留时间（表 6-6）

表 6-6　测试频率范围、6dB 测试带宽及驻留时间

测试频率范围	6dB 测试带宽	驻留时间
10 ~ 250kHz	1kHz	0.015s
250kHz ~ 10MHz	10kHz	0.015s

5. 检测结果（表 6-7）

表 6-7　检测结果

EUT 技术状态	检测位置	检测曲线	是否超标	主要超标频点/频段	超标频点处/频段内最大幅度
2、3、4、5 关节，肘部相机 2，末端相机 2，末端作用器 2	100V 电源正线	图 6-45	否	无	无
	100V 电源回线	图 6-46	否	无	无

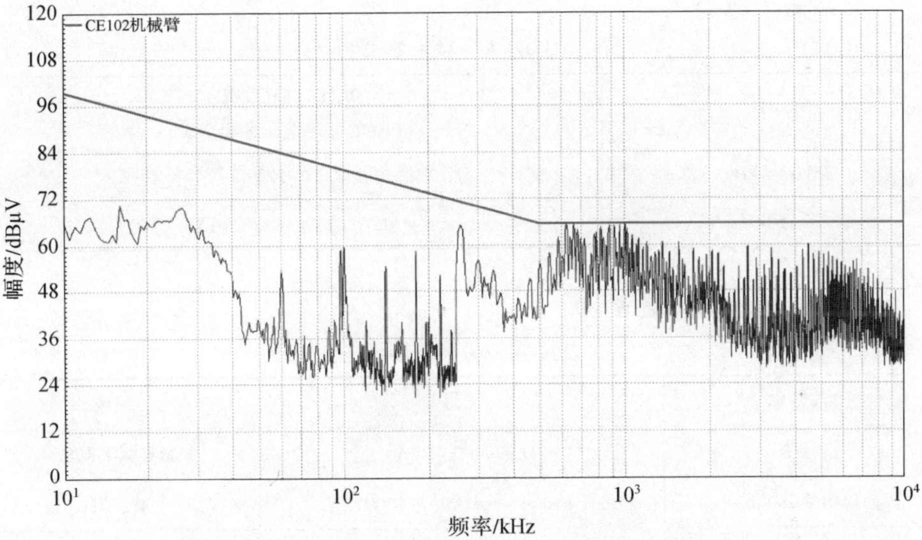

图 6-45　CE102-100V 正线测量结果

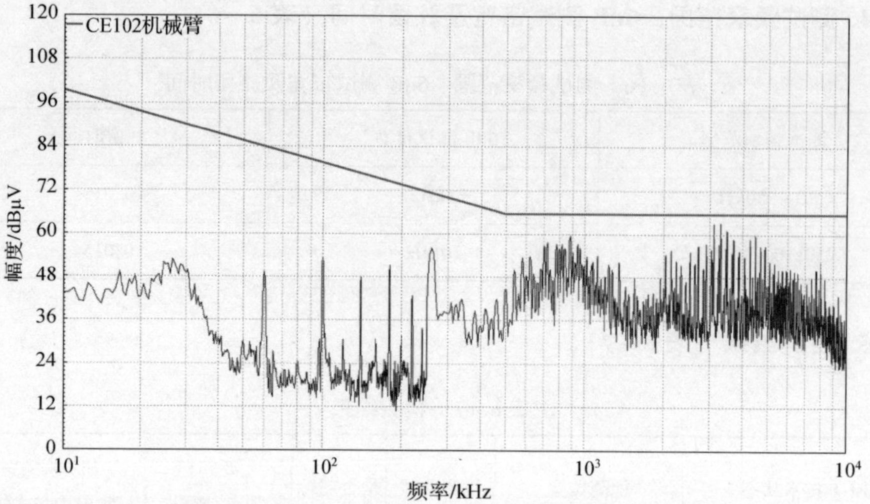

图 6－46　CE102－100V 回线测量结果

6. 检测结论

符合技术指标要求。

6.5.2　CS101 25Hz～150kHz 电源传导敏感度

1. 技术要求（表 6－8）

表 6－8　技术要求

频率范围	干扰注入幅度/dBμV（EUT 额定电压大于 28V）
25Hz～5kHz	126（2V）
5～150kHz	126（2V）～120（1V）

2. 主要仪器设备（表 6－9）

表 6－9　主要仪器设备

设备名称	型号	编号
信号源	Agilent 33220A	MY 44058667
音频功率放大器	Aero－rad APA－1200	01－011
人工电源网络	Schwarzbeck NNBL 8226	8226/272
示波器	Agilent DSOX 3102A	MY 52390715

3. 检测布置图（图6-47）

图6-47　检测布置图

4. 测试频率范围、扫描步长及驻留时间（表6-10）

表6-10　测试频率范围、扫描步长及驻留时间

测试频率范围	扫描步长	驻留时间
25Hz～150kHz	1%	1s

5. 检测结果（表6-11）

表6-11　检测结果

EUT技术状态	施加干扰位置	检测曲线	是否敏感	主要敏感频点/频段	主要敏感现象
全上电	100V电源线	图6-48、图6-49	否	无	无

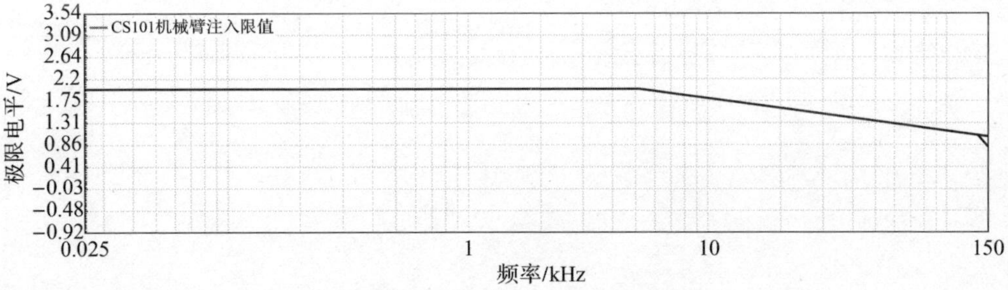

图6-48　CS101干扰注入电平

6. 检测结论

符合技术指标要求。

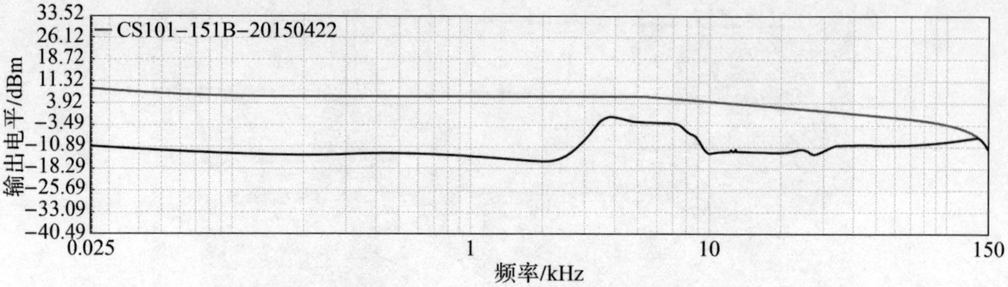

图 6-49 CS101 干扰注入功率

第7章　航天器组件其他环境试验技术

7.1　盐雾试验

盐雾试验是一种常用的环境试验方法，用于评估材料和产品在盐雾环境中的耐腐蚀性能和防护效果。盐雾试验模拟了海洋和盐雾环境中的腐蚀作用，通过将试样暴露在盐水雾中一定时间，观察其腐蚀程度和可能的损坏情况。

盐雾试验在汽车、船舶、航空航天、电子设备、金属制品等行业中得到广泛应用。在汽车和船舶制造过程中，由于材料和产品长期暴露在盐雾环境中，其耐腐蚀性能和防护效果对其可靠性和寿命有重要影响。通过盐雾试验，可以评估材料和产品的防护性能，指导防腐涂料和材料选择。在航空航天和电子设备中，由于航天器和电子器件需要经受复杂的环境条件，如温度、湿度和盐雾等，盐雾试验也是重要的考虑因素。

7.1.1　试验方法

盐雾试验通过将试样放置在一个密闭的实验室中，产生盐水雾气体，并将其喷洒在试样表面。实验室内的盐水溶液通常是由氯化钠等盐类制成的，以模拟海洋环境中的盐分。试样通常是金属、涂层、电镀、防腐涂料等材料和产品。在试验中，通过调节盐水浓度、喷洒时间和温度等条件，控制试验的参数，以模拟不同的腐蚀环境和时间。

7.1.2　试验条件

以某型号的航天器组件要求为例，说明盐雾试验的条件。

盐雾试验包括“海上运输及户外环境加速腐蚀试验”、“无温湿度控制加速腐蚀试验”及“有温湿度控制加速腐蚀试验”，其中海上运输及户外环境加速腐蚀试验适用于总装地面工装用组件，无温湿度控制室内环境适用于在××发射场等沿海地区的无温湿度控制厂房内环境下的组件，盐雾试验一个周期包括低浓度盐雾—干燥—加湿复合试验3个试验过程；有温湿度控制室内环境适用于在××发射场有温湿度控制厂房内环境下的组件，盐雾试验一个周期包括包含低浓度盐雾和恒定湿热2个试验过程。盐雾试验具体条件见表7-1~表7-3。

表7-1　海上运输及户外环境加速腐蚀试验（工况1）

试验参数名称	试验参数值
盐溶液的配制/(kΩ·cm)	50
盐溶液的pH值	6.5~7.2
盐溶液浓度/%	5±1
盐雾沉降率/($mL/80cm^2\cdot h$)	1~3
喷雾方式	连续
喷雾持续时间/h	24
干燥时间/h	24
试验循环次数/次	2
盐雾试验温度/℃	35±2

表7-2　无温湿度控制加速腐蚀试验（工况2）

试验参数名称	试验参数值
盐溶液的配制/(kΩ·cm)	50
盐溶液的pH值	6.5~7.2
盐溶液浓度/%	0.8±0.1
盐雾沉降率/($mL/80cm^2\cdot h$)	1.5
喷雾方式	连续
喷雾持续时间/min	5
加湿时间/min	30
相对湿度（RH）/%	95~100
干燥时间/min	65

续表

试验参数名称	试验参数值
试验循环周期/个	根据实际情况确定体验循环周期 （1 个循环周期模拟 1 个月的现场暴露试验）
盐雾试验温度/℃	35 ±2
加湿温度/℃	35
干燥温度/℃	35

表 7－3　有温湿度控制加速腐蚀试验（工况 3）

试验参数名称	试验参数值
盐溶液的配制/(kΩ · cm)	50
盐溶液的碱度/pH	6. 5 ~ 7. 2
盐溶液浓度/%	0. 5 ±0. 1
盐雾沉降率/($mL/80cm^2$ · h)	1. 5
喷雾方式	连续
喷雾持续时间/min	5
干燥时间/min	55
盐雾试验温度/℃	35 ±2
干燥温度/℃	35
恒定湿热试验温度/℃	30
恒定湿热试验相对湿度/%	60
恒定湿热试验时间/天	30
试验循环周期/个	根据实际情况确定体验循环周期 （1 个循环周期模拟 1 个月的现场暴露试验）

7. 1. 3　试验要求

在进行盐雾试验时，需要注意一些关键因素，以确保试验结果的准确性和可重复性。首先，试验设备的设计和制造需要满足相关标准和要求，以保持试验环境的稳定性和一致性。其次，试验条件，如盐水浓度、喷洒时间和温度等，需要根据具体要求进行准确控制。同时，试样的选择和准备也很重要，必须确保试样具有代表性，并且能够在盐雾环境下正常使用。最后，试验结果的评估和分析需要基于科学的方法和标准，以确保结果的可靠性和可比性。以下各项要求，可作为参考：

（1）盐雾试验设计应覆盖产品对盐雾敏感的特性，试验条件根据产品实际经历的盐雾环境选择，参加发射场主线流程的组件可按照 3 个月开展试验，在分析产品特性满足的前提下，允许以工况 2 替代工况 3 以提高试验效率，其他特殊情况的组件（如提前进场）根据实际情况安排；试验后组件性能指标应符合设计要求。

（2）恒定湿热过程参照电子及电气元件试验方法中稳态湿热试验进行。

（3）材料级盐雾试验方法和试验条件参照“某飞行器材料盐雾环境试验方法”执行。

（4）关于部分材料对盐雾环境适应性说明：

①根据前期暴露试验和实验室盐雾试验的结果，下列材料和工艺的腐蚀敏感性较高，需要进行耐蚀性评价；

②未经表面处理的金属：铜及铜合金、高强钢、马氏体钢等；

③固体润滑材料：二硫化钼涂覆层等；

④镁合金、镁锂合金及其各类镀覆产品（涂装除外）；

⑤铝基复合材料；

⑥镀铜、镀金、镀银、镀铬产品；

⑦蜂窝夹层结构（含埋件和螺套）；

⑧钢制紧固件；

⑨带有镀层或金属的热控材料（二次表面镜、多层隔热材料、金属箔等）；

⑩以下材料无须针对 × × 发射场有温湿度控制的厂房环境进行耐蚀性评价：

a. 钛及钛合金；

b. 部分奥氏体不锈钢；

c. 经涂装处理的各类材料和产品；

e. 铝合金阳极氧化产品；

f. 对材料表面功能性没有特殊要求的非金属材料。

7.1.4　试验结果分析

盐雾试验可以测试材料和产品的耐腐蚀性能、防护效果、涂层附着力等。在试验结束后，可以通过观察试样的外观变化、测量腐蚀程度、评估涂层附着力等参数，评估材料和产品在盐雾环境下的性能表现。通常，试验结果通过对比试样的腐蚀程度和损坏情况，确定其耐腐蚀性能和防护效果的优劣。

7.2　湿热试验

湿热试验用于评估材料和产品在高温高湿条件下的性能和耐久性。该试验模拟了炎热潮湿的气候环境，通过暴露材料或产品在高温高湿环境中一定时间，观察其性能变化和可能的损坏情况。

湿热试验的主要目的是模拟和加速材料和产品在潮湿环境中的老化和腐蚀过程，发现可能出现的问题并采取相应的措施。湿热试验可以帮助制造商确定产品的可靠性、耐久性和质量，并指导改进产品设计和材料选择。

在航天领域，湿热试验被广泛用于评估航天器材料和产品的耐久性与可靠性。在航天器及其组件制造中，各种材料和零部件需要在高湿高温的环境中能够正常工作，并且要具有良好的耐腐蚀性能。湿热试验可以模拟这些极端条件，测试材料和产品的性能。例如，航天器或组件的结构需要具有优异的耐腐蚀性能，以防在海洋环境中受到盐雾的侵蚀。通过湿热试验，可以评估材料和产品的耐久性与质量。

湿热试验利用高温高湿环境下的水分和热量来加速材料和产品的老化程度，以模拟实际使用条件下可能出现的生锈、老化等问题。在湿热试验中，试样通常放置在一个封闭的试验箱中，试验箱内加入一定量的水分，使湿度达到预定的要求。试验箱的温度可以根据需要设定，一般为 40～60℃，湿度通常为 75%～95%。试样暴露在这样的高温高湿环境中，持续一定的时间，通常为数天至数周不等。

7.2.1　交变湿热试验

1. 试验条件

某项目要求密封舱内组件交变湿热试验条件，如表 7－4 所列。

表 7－4　密封舱内组件交变湿热试验条件

试验参数名称	试验阶段			
	降温阶段	低温高湿工况	升温阶段	高温高湿工况
温度/℃	室温～2	2	2～35	35
相对湿度/%	>80	≥94	>80	≥94
持续时间/h	1～2	≥4	1～2	≥4

2. 试验要求

某项目对交变湿热试验的要求如下：

（1）密封舱舱内的组件交变湿热试验条件除考虑地面环境外，也考虑了在轨运行段环境；

（2）试验循环至少2次，建议火工装置试验循环4次；

（3）试验前箱内温度为室温，湿度值为实验室环境湿度；试验后再恢复室温，除湿到30%～35%后产品出箱；

（4）加湿，要求在1h之内达到规定值；

（5）在低温高湿工况和高温高湿工况中，当温度、湿度达到要求后应保持3h，然后通电进行产品性能、功能检测。

7.2.2 恒定湿热试验

1. 试验条件

某项目的舱外组件及非密封舱组件、对接机构组件的恒定湿热试验条件，见表7-5。

表7-5 恒定湿热试验条件

试验参数名称	试验参数值
相对湿度/%	95
温度/℃	25～30
试验时间/h	48

2. 试验要求

某项目对恒定湿热试验的要求如下：

（1）试验前箱内温度为室温，湿度值为实验室环境湿度；

（2）试验后再恢复常温，除湿到相对湿度30%～35%后产品出箱，在常温下做性能测试；

（3）对高湿环境会导致组件内润滑等功能材料特性变化的组件，通过试验确实有困难，须以呈送单的形式上报两总审批裁剪试验项目，并在采取有效的防护措施，保证满足贮存条件，并将具体措施写入产品使用说明书。

7.2.3 试验结果分析

湿热试验可以测试材料和产品的耐湿性、耐热性、防护性能、电气性能等。在试验结束后，可以通过观察试样的外观变化、测量尺寸变化、测试电气性能等参数，评估材料和产品在高温高湿环境下的性能表现。

7.3　空间环境试验

7.3.1　空间环境试验项目与要求

空间飞行器组件研制过程中主要应考虑的空间环境包括太阳电磁辐射环境、热环境、带电粒子辐射环境、原子氧和真空环境及空间碎片与微流星体等。一般情况下，组件产品的空间环境试验项目要求如下：

（1）真空放电试验；

（2）真空干摩擦和冷焊试验；

（3）紫外辐照试验；

（4）电离总剂量辐照试验；

（5）单粒子事件效应试验；

（6）原子氧试验。

以上各项试验包括采用组件或构成组件的材料、元器件进行的试验。在表 7－6 列出了某飞行器中各类组件应做和不做的空间环境试验项目。其中，真空放电试验为组件级试验，紫外辐照试验、电离总剂量辐照试验、单粒子事件效应试验和原子氧试验及真空干摩擦和冷焊试验属于材料与元器件级试验项目。

表 7－6　某飞行器中各类组件应做和不做的空间环境试验项目

试验项目	组件类型							
	电子电工组件	活动机械组件	天线	微波组件	太阳电池阵	热控组件	光学组件	阀门
真空放电试验	√	×	×	√	×	×	×	×
真空干摩擦和冷焊试验	√	√	×	×	×	×	×	√
紫外辐照试验	×	×	×	×	√	√	√	×
电离总剂量辐照试验	√	×	×	√	√	√	√	×
单粒子事件效应试验	√	×	×	×	×	×	×	×
原子氧试验	×	×	×	×	√	√	√	×

注：1. 表中“√”为必做项目，“×”为不做项目；

2. 单粒子事件效应试验是针对数字集成电路进行的试验，尤其是计算机、存储器等中、大规模集成电路；

3. 如必做试验的组件分属于不同的组件类型，此组件应进行相应类型的所有试验。

7.3.2 真空放电试验

在气压很高和很低时，电极间都能承受很高的电压，在 1000 ~ 1.33Pa 的中等气压下，电极的耐压出现最低值，可能出现真空放电。航天器发射过程中，一定会经历这个气压阶段。真空放电分为微放电和低气压放电。低气压放电对应的气压一般为 1000 ~ 1.33Pa，1.33Pa 以下是过渡区，然后就是微放电[18]。

低气压放电由电子扩散决定。布朗提出的电子扩散模型认为，低气压下，电子绕中心振荡，振荡幅度小于线性尺度，器件中电子产生来源于电子和气体分子碰撞电离，电子消失的数量等于电子产生时，发生低气压放电。

微放电，是真空环境下微波功率器件的二次电子倍增导致的射频击穿现象。气压极低时，电子平均自由程大于器件尺寸，和器壁碰撞产生二次电子。二次电子继续在器件内运动，产生新的二次电子，当数量足够多时，发生击穿。

1. 试验条件

（1）环境压力：由常压逐渐降至 1.3Pa；

（2）环境温度：室温；

（3）降压时间：环境压力从常压下降到 20Pa 的时间不少于 10min；

（4）试验次数：鉴定试验至少应重复 3 次降压过程。

2. 试验要求

（1）对在上升阶段、入轨真空运行早期阶段及气闸舱内泄复压过程中需工作的电子、电工和微波组件应进行本项试验。有断续工作的组件，在此期间还需检验重复启动能力；

（2）对于在发射过程中不工作，但在常压下密封、入轨后允许缓慢漏气而导致其真空度逐渐上升的组件，也应进行本项试验；

（3）试验过程中，在升空期间不工作和不允许经受电晕损伤的部件，应在真空度达到热真空试验的要求后再供电；

（4）试验时组件应在额定电流、电压下工作；

（5）本项试验可以与组件的鉴定级热真空试验一起进行。

7.3.3 真空干摩擦和冷焊试验

1. 试验条件

（1）环境压力：低于 1.3×10^{-7}Pa；

（2）试验温度：根据型号任务确定；

（3）试验时间：组件鉴定试验最高温度下，保持 24h 后，动作的间隔时间及次数根据设备在轨工作具体情况定。

2. 试验要求

（1）试验设备应选用无油真空系统；

（2）试验前组件材料表面清洗干净，试验过程中相对运动面的接触压力和状态应与组件实际工作状态一致并做原位测量；

（3）具体详细试验方法见 QJ 2630. 5《卫星组件空间环境试验方法　真空冷焊试验》。

7. 3. 4　紫外辐照试验

紫外辐照试验在航空航天、光电子、材料科学等领域中得到广泛应用。在航空航天领域，太空中存在大量的紫外辐射，对航天器材料和设备的耐久性与可靠性提出了严格要求。通过紫外辐照试验，可以评估材料在太空环境中的性能表现，以指导材料的选择和产品的设计。在光电子领域，如太阳能电池板、光学元件等，也需要经受紫外辐射的考验。通过紫外辐照试验，可以验证这些材料和产品的耐久性和可靠性。

紫外辐照试验是评估材料和产品在真空紫外辐射下的性能和耐久性的试验。该试验模拟了太空等真空环境中的紫外辐射，将暴露材料或产品在真空紫外辐射条件下一定时间，观察其性能变化和可能的损坏情况。

1. 试验方法

利用真空环境中的紫外辐射加速材料和产品的老化和降解过程，以模拟实际使用条件下可能出现的问题。在试验中试样通常放置在一个真空室中，通过抽取空气使其达到真空状态。通过使用紫外灯或其他紫外辐射源，对试样进行紫外辐射。辐射源的波长通常在 200 ~ 400nm，这是紫外线的波长范围。

2. 试验条件

（1）压力：不高于 1.3×10^{-3}Pa。

（2）辐照光谱：20 ~ 400nm（太阳紫外光谱）。

（3）总辐照量：918. 75kcal/cm^2（1cal = 4. 18J，15 年）。

3. 试验要求

（1）试验设备的设计和制造需要满足相关标准和要求，以保持试验环境的稳定性和真空度；选择与太阳紫外辐射相匹配的紫外光源作为试验光源。

（2）试样的选择和准备，必须确保试样具有代表性，并且能够在真空紫外辐射条件下正常使用。某飞行器要求，外表面直接受太阳光照射的有机材料、高分子材料、光学材料、薄膜、黏结剂和涂层等，均需考虑耐受太阳紫外辐射的能力。

（3）试验条件，如紫外辐射强度、波长范围和暴露时间，需要根据任务要求进行准确控制。

(4) 如果以高于一个太阳当量紫外强度的光源进行辐照时（加速试验），应根据试验样品升温情况，采取措施将其温度控制在50℃以下，以消除热效应的附加影响。

(5) 试验前、后，对受试材料的功能和性能（力学性能、电性能、热性能和透光性能等）进行测量，测得的性能参数应满足设计要求。同时要求试验结果的评估和分析要基于科学的方法和标准，以确保结果的可靠性和可比性。

4. 试验结果分析

紫外辐照试验可以测试材料和产品的抗紫外辐射性能、耐候性、耐热性、防腐性能等。在试验结束后，可以通过观察试样的外观变化、测量尺寸变化、测试强度和硬度等参数，来评估材料和产品在真空紫外辐射环境下的性能表现。

7.3.5 电离总剂量辐照试验

电离总剂量辐照试验的模拟源采用电子加速器、质子加速器或γ源（^{60}Co），根据实际条件和需要也可选择其他辐射源。某飞行器不同部位、不同功能的材料和电子元器件，其辐照试验条件不尽相同，某飞行器内一般的电子元器件、外表面及太阳电池阵的辐照试验条件如下：

(1) 飞行器在轨工作（15 年）时吸收的电离总剂量与屏蔽质量厚度的关系如表 7-7 所列。舱内一般的电子元器件和材料的带电粒子辐照试验的总剂量，可依据其对舱外辐射环境的屏蔽厚度，从表 7-7 中加以选择。飞行器外表面材料可按总吸收剂量为 9×10^{6} rad（Si）进行考核；设计使用时建议乘以 2 倍设计系数。

表 7-7 某飞行器在轨工作（15 年）时吸收的电离总剂量与屏蔽质量厚度的关系

等效铝厚度/mm(Al)	屏蔽质量厚度/(g/cm²)	捕获电子剂量/rad (Si)	韧致辐射剂量/rad(Si)	捕获质子剂量/rad(Si)	电离总剂量/rad(Si)
0.04	0.010	4.35×10^{6}	1.90×10^{3}	1.38×10^{5}	4.49×10^{6}
0.10	0.027	2.47×10^{6}	1.44×10^{3}	7.87×10^{4}	2.55×10^{6}
0.20	0.054	1.88×10^{6}	1.23×10^{3}	6.47×10^{4}	1.94×10^{6}
0.30	0.081	6.36×10^{5}	6.85×10^{2}	3.00×10^{4}	6.67×10^{5}
0.40	0.108	2.83×10^{5}	4.48×10^{2}	1.87×10^{4}	3.02×10^{5}

续表

等效铝厚度/mm(Al)	屏蔽质量厚度/(g/cm²)	捕获电子剂量/rad (Si)	韧致辐射剂量/rad(Si)	捕获质子剂量/rad(Si)	电离总剂量/rad(Si)
0.50	0.135	1.42×10^{5}	3.21×10^{2}	1.41×10^{4}	1.57×10^{5}
0.60	0.162	7.66×10^{4}	2.47×10^{2}	1.13×10^{4}	8.81×10^{4}
0.70	0.189	4.49×10^{4}	2.02×10^{2}	9.22×10^{3}	5.43×10^{4}
0.80	0.216	2.94×10^{4}	1.72×10^{2}	7.82×10^{3}	3.74×10^{4}
0.90	0.243	2.09×10^{4}	1.50×10^{2}	6.80×10^{3}	2.78×10^{4}
1.00	0.270	1.55×10^{4}	1.34×10^{2}	6.16×10^{3}	2.18×10^{4}
1.50	0.405	1.19×10^{4}	1.21×10^{2}	5.77×10^{3}	1.78×10^{4}
2.00	0.540	4.69×10^{3}	8.31×10^{1}	4.34×10^{3}	9.11×10^{3}
2.50	0.675	2.50×10^{3}	6.38×10^{1}	3.43×10^{3}	6.00×10^{3}
3.00	0.810	1.51×10^{3}	5.20×10^{1}	2.95×10^{3}	4.51×10^{3}
3.50	0.945	9.52×10^{2}	4.41×10^{1}	2.71×10^{3}	3.71×10^{3}
4.00	1.080	6.10×10^{2}	3.83×10^{1}	2.52×10^{3}	3.16×10^{3}
4.50	1.215	3.87×10^{2}	3.40×10^{1}	2.36×10^{3}	2.78×10^{3}
5.00	1.350	2.30×10^{2}	3.06×10^{1}	2.23×10^{3}	2.49×10^{3}
6.00	1.620	1.18×10^{2}	2.78×10^{1}	2.13×10^{3}	2.27×10^{3}
7.00	1.890	2.04×10^{1}	2.36×10^{1}	1.99×10^{3}	2.03×10^{3}
8.00	2.160	2.23×10^{0}	2.06×10^{1}	1.85×10^{3}	1.87×10^{3}
9.00	2.430	1.98×10^{-1}	1.83×10^{1}	1.77×10^{3}	1.79×10^{3}
10.00	2.700	8.55×10^{-3}	1.65×10^{1}	1.67×10^{3}	1.69×10^{3}
11.00	2.970	0.00	1.50×10^{1}	1.59×10^{3}	1.60×10^{3}
12.00	3.240	0.00	1.38×10^{1}	1.55×10^{3}	1.56×10^{3}
13.00	3.510	0.00	1.28×10^{1}	1.48×10^{3}	1.49×10^{3}
14.00	3.780	0.00	1.19×10^{1}	1.39×10^{3}	1.40×10^{3}

续表

等效铝厚度/mm(Al)	屏蔽质量厚度/(g/cm²)	捕获电子剂量/rad (Si)	韧致辐射剂量/rad(Si)	捕获质子剂量/rad(Si)	电离总剂量/rad(Si)
15.00	4.050	0.00	1.11×10^{1}	1.34×10^{3}	1.35×10^{3}
16.00	4.320	0.00	1.05×10^{1}	1.31×10^{3}	1.32×10^{3}
17.00	4.590	0.00	9.89	1.23×10^{3}	1.24×10^{3}
18.00	4.860	0.00	9.37	1.18×10^{3}	1.19×10^{3}
19.00	5.130	0.00	8.50	1.11×10^{3}	1.12×10^{3}
20.00	5.400	0.00	8.13	1.03×10^{3}	1.04×10^{3}

注：对于某飞行器外表面无任何屏蔽的设备或材料，吸收的总剂量按 9×10^{6} rad（Si）考虑。

（2）某飞行器轨道上单结 GaAs 太阳电池等效 1MeV 电子损伤通量（15 年）与盖片玻璃面密度的关系见表 7－8。

表 7－8　某飞行器单结 GaAs 太阳电池等效 1MeV 电子损伤通量与盖片玻璃面密度的关系

盖片玻璃面密度/(g/cm²)	轨道上 15 年等效 1MeV 电子通量/cm^{-2}		
	开路电压 V_{oc}	功率 P_{max}	短路电流 I_{sc}
0.00559	2.20×10^{14}	1.57×10^{14}	8.13×10^{13}
0.0168	8.41×10^{13}	6.02×10^{13}	2.88×10^{13}
0.0230	6.90×10^{13}	4.94×10^{13}	2.32×10^{13}
0.0335	4.34×10^{13}	3.11×10^{13}	1.37×10^{13}
0.0671	1.98×10^{13}	1.42×10^{13}	5.47×10^{12}
0.1120	1.31×10^{13}	9.40×10^{12}	3.20×10^{12}
0.1675	9.03×10^{12}	6.47×10^{12}	1.86×10^{12}
0.3350	6.59×10^{12}	4.71×10^{12}	1.16×10^{12}

（3）电离总剂量辐照试验，应按照 QJ 10004 等相关规范中的原理和方法进行。

7.3.6　单粒子事件效应试验

单粒子事件效应试验的模拟源，一般为质子源和重离子源，其选用如下：

（1）质子源采用高能质子加速器。

（2）重离子源采用重离子加速器及同位素源（如 252Cf）。

（3）根据试验器件特征，选择试验粒子种类和能量，获取线性能量传递值（LET）与反应截面关系，预示在轨工作情况，并结合设计采取有关措施，确定器件是否满足要求。具体试验与总体协商。单粒子效应试验方法按照 QJ 10005 执行。

试验要求如下：

（1）辐照试验样品是指材料、电子元器件或者用电子元器件设计成有一定功能和代表性的典型线路。典型线路板的尺寸应该根据辐射源的均匀辐照面大小决定；试验样品在辐照时应裸露，不允许加有任何屏蔽物。

（2）对于电子元器件样品的辐照试验，对其主要性能参数应进行原位测量，并监视其变化趋势。

（3）对于材料样品的辐照试验，对其主要性能参数（如光性能、电性能、热性能等）应尽可能进行原位测量，至少应在离开辐射源后尽快测量，以减少漂移、退火等效应对试验结果的影响。力学性能的测量可进行非原位测量（移位测量）。

（4）必要时，试验过程中对样品台进行温度控制，使试验样品温度尽可能保持在实际使用温度范围之内。

（5）如果厂方提供的抗辐射指标满足总体要求或已在相似轨道、寿命相当的型号上有成功应用经历的证明，并得到质量部门确认的电子元器件和材料，可不进行本项试验。

7.3.7　原子氧试验

原子氧是太空中的氧分子碰撞解离产生的一种高能氧种，对材料和器件具有强烈的侵蚀作用。

原子氧试验是一种常用的环境试验方法，用于评估材料和产品在太空等环境中原子氧的侵蚀和降解效应，在航天飞行器材料和电子器件等领域中得到广泛应用。通过原子氧试验，可以评估材料在太空环境中的原子氧侵蚀效应，以指导材料的选择和产品的设计，同时验证材料的耐久性和可靠性。

1. 试验方法

原子氧试验通过使用特殊的试验设备将原子氧引入实验室中的真空室中，暴露材料和产品在原子氧流中一定时间，其间原子氧会与材料表面发生化学反应，导致材料的氧化、腐蚀和降解。试验参数包括原子氧流量、能量和暴露时间，可以根据具体要求进行调整，以模拟实际太空环境下的原子氧侵蚀效应。

2. 试验条件

原子氧试验，是检验长期暴露在空间表面材料抗原子氧的能力。某飞行器在轨飞行期间的原子氧总累积量为 $7.83\times10^{26}/m^2$（15 年）。

3. 试验要求

（1）试验设备的设计和制造需要满足相关标准和要求，以保持试验环境的稳定性和真空度。试验样品在真空环境下试验，压力不高于 1.3×10^{-3}Pa。

（2）试验条件，如原子氧流量、能量和暴露时间，需要根据具体要求进行准确控制。试验时应根据试验样品升温情况，采取措施将其温度控制在 50℃以下，以消除热效应的附加影响。

（3）试样的选择和准备，必须确保试样具有代表性，并且能够在原子氧侵蚀条件下正常使用。

（4）试验时应尽可能减少氧原子的浓度，以消除氧原子效应的附加影响。

（5）试验前、后，对受试材料的功能和性能（力学性能、电性能、热性能和透光性能等）进行测量，测得的性能参数应满足设计要求，同时试验结果的评估和分析需要基于科学的方法和标准，以确保结果的可靠性。

4. 试验结果分析

原子氧试验可以测试材料和产品的原子氧侵蚀性能、耐候性、耐热性、抗辐射性等。在试验结束后，可以通过观察试样的外观变化、测量质量损失、评估表面形貌和化学成分等参数，评估材料和产品在原子氧侵蚀环境下的性能表现。

第8章 航天器组件热平衡试验技术

在压力低于 10^{-3} Pa 的真空环境下工作的关键电工和电子组件，尤其当组件具有较大发热量或发热量变化大时，应在真空环境下进行热平衡试验，测试组件的温度分布场，取得与热数学模型相关的试验数据，验证组件的热分析模型。一旦完成试验验证工作，热模型就可用来预示关键元器件的温度是否符合组件性能和元器件降额使用要求的温度范围。

8.1 热平衡试验概述

航天器组件热平衡试验要求在能容纳参试产品的空间模拟器内完成。空间模拟器必须具备能模拟空间热环境的能力，即宇宙空间的真空、低温、黑背景和空间外热流。对于近地轨道飞行器，空间外热流包括太阳辐射、地球辐射和地球反照。按照目前的技术水平和工程需要，空间热环境的模拟都采用近似模拟方法。并且在满足试验目的及要求的前提下，尽可能采用简单、可靠、低成本的模拟试验技术。关于热平衡试验方法，GB/T 34515—2017《航天器热平衡试验方法》[19]可作为主要参考标准。

航天器组件热平衡试验分为初样热平衡试验和正样鉴定热平衡试验。

初样热平衡试验的目的：主要是获取航天器组件温度分布数据和验证热设计的正确性及修正热分析数学模型。

正样鉴定热平衡试验的目的：主要是考核热控分系统维持航天器组件在规定工作温度范围内的能力，评价根据初样热平衡试验结果所做的热设计修改的正确性，进一步完善热分析数学模型。

8.2 热平衡试验基本方案

8.2.1 初样热平衡试验基本方案

用于初样热平衡试验的航天器或组件一般称为热控件，这种热控件的技术状态通常应满足如下要求：

（1）航天器组件的外形、结构、材料、仪器布局、电缆网和各种热控措施均应符合初样状态的要求。

（2）航天器组件一般采用外形尺寸、表面状态、安装连接方式、热功耗及热容量等与初样设计相同的模拟件，少量的仪器设备可使用初样产品。

（3）航天器组件表面的热控涂层根据空间外热流模拟方法的不同可以是真实涂层，也可以是试验涂层，但必须保证它们的热效果与初样状态相同。

（4）在航天器组件内部的各个部件和外表面要安装相当数量的热电偶和热敏电阻，以便获得尽可能多的温度数据。测温传感器的布置位置一般应按以下原则来确定：布点与热分析数学模型的结点位置相对应；布点与飞行遥测温度的位置相对应；其他位置尽量多布置测温点。

（5）使用红外加热器进行空间外热流模拟时，航天器组件表面装有热流计。一般在各个等热流区布置1个或几个热流计，布置位置应尽量使热流计能测出该区的平均热流值。热流计的正面涂覆高发射率的黑漆或与航天器组件表面相同的涂层。热流计的背面要有良好的隔热措施，并要考虑漏热对测量结果的影响。为此，最好采用热屏等温型热流计，这种热流计基本上克服了因漏热带来的测量误差。当使用太阳模拟器进行试验时，可选用片状热流计或硅太阳电池监测辐照度的变化，热流计的正面涂覆已知太阳吸收比和发射率的涂层，并在0.25～2.5μm光谱范围内要有均匀的光谱响应。热流计在使用前一般都要经过标定，其测量误差均不得超过±5%。当使用表面接触式电加热器进行试验时，只需进行功率测量，无须布热流计。

（6）航天器组件应具有合适的与试验支架相连接的支撑面（点）或吊挂用的吊点。在吊挂时必须保证热管能正常工作，同时应尽量减少热屏蔽、热反射和星体的漏热，各种测量引线也要采取隔热措施，必要时还要进行相应的漏热补偿。

（7）根据设计特点、设备能力和研制周期等因素，热控件也可分为几个相互热隔离的部分，分别进行热平衡试验。

8.2.2　正样热平衡试验基本方案

用于正样热平衡试验的航天器组件应是正样产品，其技术状态满足如下要求：

（1）航天器组件的仪器设备、结构件、总装件、电缆网和各种热控措施应是正样产品。

（2）因受到设备能力的限制或考虑到某些仪器的安全问题以及其他的特殊要求，航天器组件的个别仪器设备可用各项热性能参数均符合正样产品要求的工艺件或模拟件代替。

（3）在航天器组件表面装有适应所用空间外热流模拟装置的热流计。

（4）航天器组件内部的各个组件和外表面安装的温度传感器数量与初样热平衡试验相比可以减少，一般应保留热分析数学模型的结点位置和遥测点位置上的温度传感器，其他位置再适当保留一些即可。

（5）航天器组件应具有合适的与试验支架相连接的支撑面（点）或吊挂用的吊点。在吊挂时必须保证热管能正常工作，同时应尽量减少热屏蔽、热反射和星体的漏热，各种测量引线也要采取隔热措施，必要时还要进行相应的漏热补偿。

8.2.3　空间外热流模拟装置

对航天器组件的空间外热流进行较为准确的模拟是提高热平衡试验精度的关键因素之一，但空间外热流模拟是个很复杂的技术。空间外热流模拟方法一般包括入射热流模拟法、吸收热流模拟法和入射热流与吸收热流模拟法同时使用的组合模拟法。

空间外热流模拟装置一般包括太阳模拟器、红外加热器、表面接触式电加热器及它们所使用的电源装置。

1. 太阳模拟器

太阳模拟器及运动模拟器一般用来模拟入射热流，对它们的主要要求如下。

1）对太阳模拟器的要求

（1）光束辐照度一般为 500～1700W/m^2，并连续可调；

（2）光准直角不大于 ±2°；

（3）光束具有足够的辐照面积；

（4）试验空间内光束辐照度的不均度不超过 ±5%；

（5）辐照度的不稳定度不超过 ±1%；

（6）能消除 2 次和多次反射的影响。

(7) 太阳模拟器光谱匹配要求如表 8-1 所示，在每个波长区间内应有 2/3 的 R 值。在表中规定的范围内，R 为在规定的测量波段间隔内，太阳模拟器的实测辐照度与大气质量为零（AMO）时的太阳辐照度的比值。

表 8-1 太阳模拟器光谱匹配要求

波长区间 /μm	测量波段间隔 /μm	波段数 /个	AMO 时的辐照度 /($W \cdot m^{-2}$)	R
0.25~0.4	0.01	15	115	0.6~1.4
0.4~0.7	0.01	30	516	0.8~1.2
0.7~1.0	0.05	6	306	0.6~1.4
1.0~2.5	0.1	15	363	0.6~1.4
合计	—	66	1300	—

2）对运动模拟器的要求

各国有关公司规定不一，综合起来一般有：

(1) 承重在 3000~5000kg 之间或满足航天器试验要求；

(2) 自旋速度在 0~10r/min 范围内可调，调节精度不超过 ±0.05r/min；

(3) 俯仰角度在 −90°~90°范围内可调，调节精度一般超过 0.1°；

(4) 无论是自旋运动还是俯仰运动，都要保证航天器组件上各种引线不受损伤和导通良好，且不对测试结果带来附加影响；

(5) 对航天器组件的各种遮挡应尽量小，以减少阴影引起的试验误差；

(6) 用液氮热沉屏蔽运动模拟器支架，以减少红外辐射引起的附加热流；

(7) 固定航天器组件的位置应对准太阳模拟器辐照面的中心。

2. 红外加热器

红外加热器包括红外灯阵、红外加热笼、加热棒、加热板等。对红外加热器主要要求如下：

(1) 根据航天器组件的空间外热流模拟要求（如外形、散热面分布、散热面涂层种类、空间外热流大小等）来确定红外加热器的数量、形状、尺寸及安装方式。

(2) 红外加热器的辐射热流应满足航天器组件相应部位吸收的最大和最小空间外热流值要求。

(3) 红外加热器工作时，各加热区之间的相互干扰应尽量小，必要时可加挡板。

（4）各区的热流可独立进行调节，必要时还应能满足热流瞬时变化的要求。

（5）用红外加热笼、加热棒和加热板等远红外加热器时，各区的热流密度平均值与设计值的偏差不超过 ±5%，热流密度不均匀度不超过 ±5%；用红外灯阵加热时，各区的热流密度平均值与设计值偏差一般不超过 ±5%，热流密度不均匀度一般不超过 ±10%。

（6）红外加热器对热沉表面遮挡和关闭红外加热器辐射源后的余热等形成的背景热流，其值尽量不大于试验要求的最小热流值。使用加热笼时，加热带的面积一般占本区面积的 20% ~ 50%，使用红外灯阵时，其遮挡因子一般不要大于 12%。

（7）红外加热器的辐射源（电阻加热带、加热丝、钨丝石英灯）与支持结构之间的绝缘电阻在 500V 电压下的测量值应不小于 100MΩ。

（8）根据需要，红外加热器应留有参试航天器组件上的电缆和电连接器的引出孔或能避开航天器组件表面凸出物。

（9）红外加热器辐射源的引出线应采用耐高温不低于 200℃，耐低温不高于 –190℃的聚四氟乙烯包覆导线。

（10）红外加热器安装要牢固，安装后不允许与航天器组件表面接触，与航天器组件表面的距离误差应在试验允许范围内。在试验过程中，红外加热器出现的变形应满足试验规定的要求。

（11）红外加热器应工作可靠，在试验过程中不应出现断路、短路或绝缘电阻下降等现象。

3. 表面接触式电加热器

表面接触式电加热器的主要要求如下：

（1）加热功率应满足航天器组件相应部位吸收的最大与最小空间外热流值。

（2）每个加热区的加热器所占有的面积一般应不小于该区面积的 90%。

（3）各加热区的功率可独立进行调节。

（4）各加热区的实际加热功率与设计值的偏差不超过 ±2%。

（5）各回路电加热器的电阻值测量精度应优于 ±0.01Ω 或回路电阻值的 0.1%。

（6）各加热回路电流一般不大于 4A，电压不高于 120V。

（7）接触式电加热器的引出线要采用耐高温不低于 200℃，耐低温不高于 –190℃的聚四氟乙烯包覆导线。

（8）接触式电加热器一般用室温硫化硅橡胶粘贴在航天器组件表面，粘贴要牢固。加热器与航天器组件表面之间的绝缘电阻在 100V 电压下的测量值不低于 500MΩ，或在 500V 电压下的测量值不低于 100MΩ。

(9) 在试验过程中，施加于回路的电加热器功率应考虑空间环境模拟室内背景热流的影响，同时不能因其功率过大或散热路径被阻断导致温度过高进而使电加热器受损。

(10) 在试验过程中，电加热器一般不应出现断路、短路、绝缘电阻下降和局部脱离航天器组件表面的现象。

4. 电源装置

1) 太阳模拟器的电源装置

当采用大功率短弧氙灯为光源时，电源装置由主回路电源、辅助引弧电源和氙灯触发电源组成，对它们的主要要求有：

(1) 主回路电源电压 0 ~ 50V，电流 0 ~ 750A，功率 25kW；

(2) 辅助引弧电源电压 150V，电流 20A；

(3) 氙灯触发电源电应满足触发电压要求，为 15 ~ 40kV，电流一般不大于 100mA；

(4) 在正常环境下使用安全、工作可靠，一般连续工作时间不少于 20 天。

2) 红外加热器和接触式电加热器的电源装置

国内一般采用直流电源装置，国外既采用直流电源装置，也采用交流电源装置，对大功率的红外加热器多采用交流电源装置。对直流电源装置的主要要求有：

(1) 输出电压为 0 ~ 120V，输出电流一般为 0 ~ 5A；

(2) 输出电压在 0 ~ 120V 范围内可连续手动控制和计算机程序控制，对于恒流输出的电源应在 0 ~ 5A 范围内精确设置或用计算机程序控制，程序设定精度优于 10mA；

(3) 输出纹波电压一般小于 10mV（有效值）；

(4) 输出电压每小时随时间变化不大于 120mV 或在 24h 内的变化不大于 0.1V；对于恒流输出，电流波动值不大于 0.02A；

(5) 电源调整率和负载调整率不大于 0.1%；

(6) 有过流、过压、短路和断路保护及报警功能；

(7) 应能同时关闭和带载启动多台电源；

(8) 在正常环境下使用安全、工作可靠，一般连续工作不少于 20 天。

选用哪种空间外热流模拟方法及其相应的空间外热流模拟装置进行热平衡试验，要根据需要与可能进行综合考虑，考虑的原则有：

(1) 试验设备的能力；

(2) 空间外热流的模拟精度要求；

(3) 航天器组件形状和表面涂层的性能；

（4）兼顾初样热平衡试验和正样热平衡试验；

（5）试验经费实现的难易程度；

（6）有利于热管正常工作。

对于使用新研制平台的第 1 颗航天器，在有条件时，最好在原型飞行航天器上使用太阳模拟器进行热平衡试验。这是因为太阳模拟器与红外加热器相比，有更高的空间热流模拟精度。例如，在“国际通信 – V”卫星上曾先后用太阳模拟器和红外加热器进行热平衡试验，前者的试验结果比后者高 0 ~ 15℃，轨道遥测温度数据较好地与太阳模拟器试验结果相符合，证明了太阳模拟器试验结果相对更正确些。法国宇航公司（简称“法宇航”）也规定，对新研制平台的第 1 颗原型飞行航天器要进行用太阳模拟器模拟的完整的热平衡试验，以鉴定航天器平台的热设计。如果太阳模拟器的辐照面积或运动模拟器系统承载能力不能满足试验需要，还可将航天器上的某些形状复杂的组件（如天线）单独拿出来，用太阳模拟器进行单独试验。对于高轨道（如地球同步轨道）航天器的空间外热流，使用太阳模拟器进行入射热流模拟是非常合适的，因为航天器在这样的轨道上运行时，地球反照和地球辐射热流可以忽略不计，但选用时要考虑保证热管正常工作的问题。对于近地轨道航天器的空间外热流，一般多采用红外模拟器和表面接触式电加热器来模拟航天器表面吸收的空间外热流。如果用太阳模拟器来模拟近地轨道航天器的入射热流，一般还要加用红外加热器来模拟地球反照和地球辐射热流，这就是说，在同一次试验中，同时使用了太阳模拟器和红外加热器两种空间外热流模拟装置。

8.2.4　空间环境模拟器的要求

空间环境模拟器的主要要求如下：

（1）尺寸：应有合适的空间环境模拟室与航天器的特征尺寸（如长度和直径等）比。当采用太阳模拟器时，长径比一般不小于 3；采用红外加热器和表面接触式电加热器时，长径比一般不小于 2。

（2）压力：对空间环境模拟室内压力，中国规定不高于 1.3×10^{-3}Pa；而美国军用标 MIL – STD – 1540B（简称“1540B”）和 MIL – STD – 1540C（简称“1540C”）规定不高于 1.3×10^{-2}Pa。

（3）热沉：热沉朝向航天器组件的表面对太阳光的吸收比不小于 0.95，红外半球发射率不小于 0.90，热沉表面温度不高于 100K，温度分布不均性不超过 ±5K。

（4）支架、吊点和运动模拟器：空间环境模拟室内具有吊挂航天器组件的支架或吊点。当采用太阳模拟器进行试验时，运动模拟器必须具有模拟航天器自旋和姿态变化的能力。

(5) 洁净度和污染：空间环境模拟室内洁净度优于 100000 级，空间环境模拟室连续空载运行 24h 后有机污染量一般不超过 1×10^{-7}g/cm^2，试验过程中来自空间环境模拟器系统和航天器自身累计污染量一般不大于 1×10^{-6}g/cm^2。其他防污染的要求和措施，详见文献 [2] 的 8.2 节和 QJ 2321《卫星真空热试验污染控制方法》。

(6) 电缆通道：具有满足试验要求的测量和供电电缆通道。

(7) 空间外热流控制系统：具有足够数量的直流程控电源及空间外热流控制系统。

(8) 测量仪器：系统有监测航天器组件各部位和热沉表面温度、空间环境模拟室内压力、航天器组件表面的污染量和热流或功率的数据采集系统或仪器。

(9) 地线：空间环境模拟室内应有接地电阻不大于 1Ω 的地线。

(10) 摄像：应配有电视摄像设备，用于观察空间环境模拟室内参试产品和设备的状态。

(11) 热气氮系统：有使热沉升温的热气氮系统或其他加热措施。

(12) 复压系统：有使空间环境模拟室恢复常压的复压系统，该系统应能提供洁净、干燥的空气。

8.3 热平衡试验工况及过程控制

8.3.1 热平衡试验工况

热平衡试验工况是指航天器外部热环境与内部工作模式的动态耦合体。试验工况是指在试验中根据这种不同集合所选定的工况。试验工况的数目要根据航天器组件的任务、结构、对热控分系统的要求、研制周期和经费等因素来确定。

航天器组件在轨道上飞行时要经历各种热工况，但要完成所有工况的试验是很困难的，一般也没有这个必要。所以必须依据空间外热流、航天器组件内部仪器的热功耗及其安装界面、表面的性能进行充分的分析，然后，筛选出一些典型的工况进行热平衡试验。这种典型的试验工况至少包括 2 个极端工况，即极端高温试验工况和极端低温试验工况。

航天器组件的极端高温试验工况通常在全日照轨道、航天器组件内部仪器设备处于最大热功耗的工作状态和航天器组件表面涂层受到紫外线长期照射后对太阳的吸收比明显增加、周围设备及组件安装面处于高温边界条件等情况下出现。

航天器组件的极端低温试验工况通常在最大阴影轨道、内部仪器设备处于最小热功耗、周围设备及组件安装面处于低温边界条件的工作状态等情况下出现。

这里要注意的是，经过分析后选定的极端高温试验工况和极端低温试验工况，一定要能反映真正的、极端的高温试验工况和极端的低温试验工况。只有这样，才能获取仪器设备可能出现的最高温度和最低温度。对于少数航天器仪器设备，最高温度可能不在全日照轨道而在阴影轨道中才出现的情况，在确定试验工况时要特别注意。

根据航天器组件飞行任务的特点，初样热平衡试验可以适当增加试验工况，以便获取更多的用于修正热分析数学模型的试验数据。例如，对于地球同步轨道卫星，要分别按照转移轨道、同步轨道（包括准同步轨道和同步轨道）的情况分别进行考虑。就同步轨道情况而言，一般选择寿命初期冬至、寿命初期夏至和春秋分 3 种试验工况进行试验，同时还要增加卫星运行寿命末期外表面热控涂层性能退化后的试验工况，如寿命末期夏至试验工况、寿命末期冬至等试验工况。

8.3.2　热平衡试验过程控制

航天器组件在空间环境模拟室内安装完毕，进行航天器组件和空间环境模拟室结合状态的检查，确认合格后，就可以进行热平衡试验。

1. 试验启动

关闭空间环境模拟室的门。按操作规程依次启动机械泵、罗茨泵和制冷机低温泵（若为有油系统，则启动扩散泵）。若为正样航天器热平衡试验，在抽真空过程中，对在入轨过程中需要工作的仪器应开始工作，并检测压力降低过程中的电晕放电和微放电效应，空间环境模拟室内的压力降低速率应不大于航天器入轨过程中压力的变化速率。对在入轨过程中不工作的仪器设备，应在达到规定的最低压力后再接通电源。当空间环境模拟室内压力达到 1×10^{-2}Pa 左右时，各个系统分别进行检查。若一切正常，开始预冷热沉，在预冷热沉的过程中，可适当预加空间外热流或对航天器组件开启略低目标温度的闭环控温，以维持航天器组件温度不低于规定值。热沉充分预冷后启动液氮泵，使热沉温度低于 100K，并开始进行试验工况的试验。

2. 工况试验

按预先确定的试验工况顺序分别进行试验。首先调节和控制空间外热流模拟装置（红外加热器、接触式电加热器或太阳模拟器）的输入功率，使空间外热流达到第 1 个试验工况所规定的值，同时测量航天器组件和试验设备上的所有温度及其他性能参数，并监视航天器组件的机械功能与电性能。

热平衡试验工况稳定判据：

（1）外推试验温度：对于稳态试验工况，当具有最大时间常数的组件温度与由试验温度外推确定的温度稳态值相差不大于3℃，且温度变化率小于1℃/h[11,20]；

(2) 稳态试验工况：在进行恒定空间外热流模拟试验时，当选定的监测点(监测点的位置与数目由试验大纲规定) 温度在连续4h内的波动值不超过0.5℃或连续4h内的单调变化小于0.1℃/h时，则认为这个工况的试验可以结束；

(3) 瞬态试验工况：在进行瞬态空间外热流模拟试验时，当监测点的温度在不同周期内同一时刻的温度波动值或单调变化值不超过1℃或试验大纲规定的数值（即达到周期性的稳定）时，则认为这个工况的试验可以结束。

在结束第1个试验工况后，接着调节与控制空间外热流到第2个试验工况所规定的数值上，再重复第1个试验工况的试验程序。如此下去，直至完成所有规定试验工况的试验。这里需要说明两种情况：

(1) 为了增加安全余量，也可采用扩大空间外热流范围的方法进行试验。比如，用红外加热器和接触式电加热器进行空间外热流模拟试验时，将高温试验工况规定的空间外热流值增加10%~20%，将低温试验工况规定的空间外热流值减少10%~20%，分别再进行试验。当用太阳模拟器进行入射热流模拟试验时，有时还要将太阳辐照度变为1.3个太阳常数进行试验。

(2) 有的试验工况不一定等到温度稳定就可以结束试验，这里仅指由于实际飞行时间短，没有必要等到热稳定而结束试验的情况。比如，地球同步轨道卫星的远地点发动机进行热平衡试验时，就无须达到充分的热稳定。因为它的飞行时间不长，在规定的飞行时间内，本身不一定能够达到充分的热稳定。又如，某些短期飞行回收型遥感卫星，在规定的飞行时间内也不一定能够达到充分的热稳定。再如，安装2颗铱星的顶级飞行器，起飞后200s抛整流罩，600s与第2级火箭分离，大约到3000s，顶级飞行器上的弹射装置就将2颗铱星推到预定轨道上。很显然，在规定飞行时间内，顶级飞行器肯定达不到热稳定，实际仅用3500s，就结束了该试验工况的试验。

3. 试验结束

当完成试验大纲或技术文件所规定的所有试验工况后，即进入试验结束阶段。按操作规程停止液氮泵的运行，在排除热沉管道内的剩余液氮后，改为向热沉管道通热氮气（或用其他方式对热沉加热，不同系统加热方式有所不同)，使热沉升温。在热沉升温过程中，既要注意升温速度不要太高，又要注意保持航天器的外表面温度比热沉温度高10~15℃。当热沉温度接近室温时，停止抽气，接着对空间环境模拟室内充气负压。

充气前，空间环境模拟室内的航天器和其他设备必须全部断电，以防充气过程中发生电晕放电。接着由充气复压系统向空间环境模拟室内注入高纯氮气或清洁干燥的空气。注入空气前，必须确认注入空气的露点温度低于航天器表面和热沉温度后，再使空间环境模拟室内压力逐渐恢复到大气压，然后打开空间环境模拟室的门。在充气复压过程中，复压速度应满足有关技术文件的规定，以防某些舱段因内、外压差太大而使结构变形，并且充气也不能对航天器组件产生污染。

为了防止航天器受污染，停机过程是非常重要的。由于在热沉升温过程中，热沉上可能有污染物飞离热沉表面，为使这些污染物不飞到航天器的表面，除了保持航天器温度比热沉温度高 10～15℃以外，往往还在空间环境模拟室内设置专门的污染物收集板，从开机起一般就使这块板处于 100K 以下的低温，在以后的试验和热沉升温全过程中，这块板也仍处于低温，直至空间环境模拟室内变成黏滞流甚至恢复到大气压后，才停止向污染收集板输送液氮。

对于某些防污染要求特别高的航天器或组件，可不采用热氮气使热沉升温，而依靠实验室的温度使热沉自然升温，在升温过程中仍需维持产品外表面（尤其是重要表面）的温度比热沉温度高 10～15℃，且在开始升温后抽气系统还要继续抽气。为了缩短抽气时间，可在热沉温度升到 5℃左右时，停止抽气，但要向空间环境模拟室内充入高纯氮气，使其压力升至 100～500Pa。当热沉温度升至室温后，再进行充气复压过程。

8.4　热平衡试验结果分析

8.4.1　试验结果分析

为了说明热平衡试验结果的可靠程度，需对试验结果进行分析，但要精确地估算出试验结果的误差也是困难的，这里仅简要介绍航天器组件能量平衡误差的估算方法及产生这种误差的原因分析。

试验中航天器组件能量平衡相对误差可根据航天器表面吸收的空间外热流、航天器内仪器的总热功耗及航天器表面辐射的热流按下式进行计算：

$$\delta = \frac{Q_r - (Q_\alpha + Q_v)}{Q_\alpha + Q_v} \tag{8-1}$$

式中：δ 为航天器组件能量平衡相对误差；Q_a 为航天器组件表面吸收的空间外热流（W）；Q_V 为航天器组件内仪器或部件的总热功耗（W）；Q_r 为航天器组件表面辐射的热流量（W）。

航天器组件能量平衡相对误差的计算可以在试验结束后进行，但为了保证试验的精度，及时发现问题，最好在试验过程中进行，此时只要将同一时刻测得的航天器表面吸收的空间外热流、航天器表面的温度和航天器内仪器的总热功耗代入式（8 - 1），便可计算出航天器能量平衡相对误差。

引起航天器组件能量平衡相对误差的原因是多方面的，一般可从以下几方面进行分析：

1）附加热流误差

当采用太阳模拟器或者接触式电加热器进行空间外热流模拟时，空间环境模拟室内热沉表面的红外辐射和反射会使航天器表面的试验温度值偏高，其数值大小可由航天器组件表面温度、热沉的表面温度、航天器组件表面和热沉表面的热辐射特性及它们之间的角系数等参数确定。此外，运动模拟器或支架等机构产生的红外辐射和反射，也会使航天器组件表面的试验温度偏高。在用接触式电加热器进行空间外热流模拟试验时，为减小这些误差，可在航天器组件表面布置热流计，进入正式试验工况前测出有关表面吸收的背景热流，试验时加的实际热流应该等于计算的空间外热流减去这部分附加热流。

2）漏热误差

试验过程中，航天器组件的安装支架、航天器组件与空间环境模拟室之间的连接电缆的漏热会引起试验温度偏差，这种漏热包括导热和辐射两部分，其数值大小可由安装支架、航天器组件和电缆的温度、几何尺寸、热导率及发射率等参数来确定。为了减小这种误差，可采用隔热和漏热补偿的方法。

3）空间外热流模拟误差

各种空间外热流模拟方法的误差、热流的测量误差、加热器和热流计的布置不恰当等均会引起试验的空间外热流值与设计值之间的偏差。

4）状态不一致误差

参试航天器组件与发射件之间的状态不完全相同，如表面的太阳吸收率、发射率、连接件接触热阻、多层隔热材料松紧程度的控制和仪器的工作模式等的差异均会引起试验温度的偏差。

5）温度测量误差

温度传感器的标定、安装、引线和测量仪器等均会给温度测量结果带来误差。

8.4.2 试验的评价

在完成航天器组件的能量平衡计算、误差分析和试验中出现的故障原因分析的基础上，应对热平衡试验结果做出评价，其主要内容应包括：

（1）试验中主要参数（如空间环境模拟室压力、热沉温度、空间外热流和污染量等）是否符合试验大纲的有关规定；

（2）试验结果与热分析的预示值之差是否在规定的误差范围内，作为试验目标，试验结果与热数学模型的预示值之差在 $-3\sim3℃$ 内为宜；

（3）在高低温试验工况下得到的仪器设备温度是否在指标要求的范围内；

（4）试验中发生的各种故障原因是否清楚，需要归零的问题是否完成相关工作；

（5）试验记录和各种试验数据是否齐全。

8.5　热平衡试验注意事项

8.5.1　航天器组件的安装

在空间环境模拟室外完成航天器组件和空间环境模拟室结合状态检查并确认合格后，就要进行航天器组件的吊装及状态检查等工作，有关要求如下：

（1）使用的吊车必须经过检查和试吊规定质量合格后才能用于航天器组件的吊装工作。

（2）参试航天器组件按技术状态要求支撑或吊挂在空间环境模拟室内，并进行外观、垂直度和水平度的检查。如果安装在运动模拟器上，还要进行运动模拟能力的检查。

（3）安装后的航天器组件状态与轨道状态相当，且不影响各项功能的正常发挥。

（4）安装航天器组件的吊挂与支撑装置不应改变航天器组件表面状态和热边界条件。如有所改变，则应采取必要的补偿措施，还应尽可能减少热沉与航天器组件之间的遮挡。

（5）航天器组件上的所有引线要按规定整理成束，并加上必要的隔热措施。如果使用运动模拟器，所有导线不能因运动而受到任何损伤，所有信号不能因运动而受到影响。

8.5.2　试验前的检查

为使航天器组件及所有参试系统能够正常投入试验，在试验开始前，要对空间环境模拟器和航天器组件进行详细的检查，以免将隐患带入试验。

（1）对空间环境模拟器的检查：在通过对空间环境模拟室壁的测温线、加热线和其他各种信号线导通良好、绝缘电阻符合要求的基础上，进行空间环境模拟器各个分系统的试运转，并进行联合调试，空间环境模拟室压力、热沉表面温度和污染量等均应满足试验对空间环境模拟室的要求；如果使用红外灯阵或太阳模拟器进行空间外热流模拟，则还要进行热流密度或辐照度的不均匀性测量，其结果也必须在试验要求的范围内。这种测量可以在空间环境模拟室外的大气条件下进行，对于红外灯阵辐射热流密度不均匀性测量，还应在暗室的大气条件下进行。

（2）对航天器组件的检查：

①航天器组件表面应无划伤与污迹；

②各种传感器无翘裂；

③有气密性和充压要求的组件或舱段，其泄漏率应满足有关技术文件的规定；

④航天器组件上的各种引线均应导通良好，绝缘电阻符合要求。

（3）将通过空间环境模拟室壁的测温线、加热线和各种信号线分别与航天器组件上的对应线缆进行插接或焊接以后，所有线缆均应导通良好，绝缘电阻符合要求；将所有应接地的设备或仪器接地，接地电阻应不大于1Ω；向加热器或红外灯输入1/3左右的额定功率，相应测点温度值应随功率的增减而明显变化；航天器组件上的电器系统及测试设备都应工作正常，而且相互之间不产生电磁干扰。

（4）当航天器组件装入空间环境模拟室后，需按航天器组件与空间环境模拟室结合状态的检查要求复检，且复检内容可适当精简。

8.5.3 试验后的检查

打开空间环境模拟室的门，对试验航天器组件进行检查的项目一般有如下几方面：

（1）测量航天器组件各种性能和功能参数；

（2）检查航天器组件的外观，记录表面的损伤及污染情况；检查各种传感器的状态有无异常现象；

（3）检查空间外热流模拟装置有无异常；

（4）检查试验中发现的各种异常现象与问题。

第9章 产品状态更改后再试验和替代鉴定试验

再试验是由于产品在试验过程中出现试验异常、产品更改设计或返修、飞行环境变化、制造过程发生变化等情况时需要重复以前进行的试验。不同型号的产品宜根据产品的具体情况来处理再试验问题。

如果产品在鉴定、验收试验过程中出现试验异常，当出现异常的产品对于继续试验下去所获得的试验数据的有效性没有影响时，则试验可以继续下去而不必采取改正措施；如果初步分析认定继续试验已没有意义时应中断试验。在不改变试验设备和产品的技术状态下，进行初步故障分析确认试验异常发生的原因，进一步应考虑是否对产品进行设计更改或修复后再试验。

如果试验异常是由试验设备配置、试验设备或试验软件引起的，只要试验异常没有对产品产生过应力试验条件，故障排除后可继续开展该项试验；相反，如果试验异常对产品产生了过应力试验条件，则应分析过试验应力对产品的影响，然后决定是否需要对产品修复或重新投产后再试验。

9.1 鉴定后的再试验

1. 更改设计后的再鉴定

当需要对产品进行设计更改时，需要分析这种更改对以前鉴定试验的影响程度及新的设计是否可能引入新的失效机理，然后对再鉴定的程度作出折中考虑，这种折中需要对试验费用和可接受的风险进行权衡。如果产品的设计更改影响以前进行的其他鉴定试验项目的有效性时，则需要对该项目再鉴定试验，否则只需对发生更改的部分再鉴定试验。

2. 制造过程改变后的再鉴定

产品制造过程的改变包括加工程序、方法的变化及生产厂家的改变，这些变动要求用再鉴定试验来重新验证所制造的产品中不会被引入不可预计的变化。制造过程的变化对再鉴定程度的影响需要考虑产品重新设计的性质、重要性、设计冗余度，同样需要在试验费用和可接受的风险之间进行折中。

3. 环境变化后的再鉴定

当组件在飞行器上的安装位置有了变化或用于另一个型号的飞行器上时，如果规定的鉴定环境比以前鉴定环境更严酷，使鉴定余量减少到不足原来鉴定余量的一半，或虽然环境不比以前严酷，但产品的性能比以前要求高，宜考虑再鉴定试验。当继承以前通过了鉴定试验产品的同时需要对产品进行适应性修改时，需要进行准鉴定级的再鉴定试验。

9.2 验收后的再试验

1. 修复后的再验收

如果产品在验收试验后需要修复，宜对修复工作量的大小和严重程度作出分析和评估，重大的修复工作可能使以前的验收试验无效，需要全部重复或部分重复以前的试验，少量的修复则不一定影响以前的试验有效性。正样飞行器产品出现多次再验收时，应考虑再试验次数对产品疲劳寿命的影响。

修复对再验收的影响宜考虑以下方面：

(1) 拆卸和重新装配：为了便于修复，需要较大的拆卸然后再装配起来，这将严重影响以前试验的有效性，即使修复工作量不大，也宜考虑再验收试验。

(2) 更换元器件：由于试验失效或元器件批次性问题需要将失效的元器件取下时，简单地拔下不易损坏周围的硬件，对以前试验的有效性影响不大。如果需要使用钎焊或熔焊将增加损害周围硬件的风险，宜考虑再验收试验。更换的元器件是关键件时，宜考虑再验收试验来降低风险。

(3) 修复技术和环境：如果修复技术和修复环境与原来制造时有较大差别，宜考虑再验收试验。

2. 贮存后的再验收

如果飞行的硬件产品在验收试验后到运往发射场之前需要长期贮存（6 个月或更长时间），除定期检查产品的健康状态外，在使用之前还需要根据产品的具体情况重复全部的或部分的验收试验。

9.3 发射前合格认证试验过程中的再试验

如果在发射前合格认证试验过程中发生试验异常，试验操作者应将异常现象记录下来并对异常现象进行分析，确定该异常对以后试验的影响后，决定是继续试验还是中断试验。如果继续试验，则应指出试验从试验程序的哪一步骤开始；如果中断试验，待异常问题得到合理解释并采取改正措施后，需要再试验。

当航天器或其组件进行了技术状态更改后，为了验证产品更改后设计的正确性和有效性，需要开展再试验。根据航天器进行技术状态更改的时间阶段不同，航天器或其组件再试验分为再鉴定试验和再验收试验两大类。不同型号的产品，宜根据产品的具体情况来处理再试验问题。

9.4　再鉴定试验

如果已通过鉴定试验的组件技术状态发生了较大更改或者试验条件调整加严，则应考虑重新进行鉴定试验，如果满足相似性鉴定条件，可不再重新做鉴定试验，但需进行相似性分析。

如果鉴定试验过程中出现异常，问题定位并修复后应根据具体的异常情况确定再试验项目和再试验条件，与总体协商后执行。

用于鉴定试验的试验设备，应尽可能保证与正样验收试验时所使用的保持一致，否则应重新进行鉴定试验或进行技术状态更改的技术论证，且须经总体审批。

9.5　再验收试验

如果验收试验过程中或试验后，组件出现故障或异常，应按照以下规定处理：

（1）组件试验中发现功能故障、性能超差，甚至破坏，应中止试验，并按照质量管理规定进行归零，采取改进措施后，对故障原因分析和采取的措施有影响的全部试验应重新进行，通过后视为成功。

（2）如试验后测试发生故障，按上一条处理。此外，如果性能比对前后变化超出允许范围应按故障情况进行分析和处理。

在某项任务中要求，如果已经通过验收试验的正样产品发生技术状态更改，应按照表 9－1 规定进行再验收试验，对于状态更改较大或状态更改对性能影响重大的产品，应同时考虑重新鉴定试验问题。如果组件的再验收试验情况包括在该要求之内，产品所属分系统可自行处理，并报总体备案；如果其不在本要求范围之内或再试验次数超过 3 次，产品所属分系统应提出意见，报总体部门会签，经项目总师批准后，方可进行再试验。

表 9-1　改变技术状态后的再验收试验要求

<table>
<tr><th colspan="2">技术状态</th><th>试验项目</th><th>试验量级</th></tr>
<tr><td colspan="2">电子、电工组件，无法状态更改，连续贮存①期超过 12 个月</td><td>进行一次通电性能检查</td><td rowspan="10">分系统组件的力学再试验量级，一般建议取验收级幅值 85% 随机振动指总均方根加速度的 85%。热试验温度量级按 100% 验收级执行，时间量值和试验要求与验收级试验要求相同</td></tr>
<tr><td colspan="2">有寿命和动作次数要求的机电组件，连续贮存期超过 12 个月</td><td>进行次数减半的动作老炼试验</td></tr>
<tr><td colspan="2">装船前，贮存时间已超过 24 个月的电子、电气组件</td><td>进行一次随机振动和热循环（3.5 个循环）</td></tr>
<tr><td colspan="2">加线或减线</td><td>随机振动</td></tr>
<tr><td rowspan="2">更换或增加元器件</td><td>更换对真空敏感的元器件</td><td>随机振动、热循环（3.5 个循环）、热真空</td></tr>
<tr><td>更换对真空不敏感的元器件</td><td>随机振动、热循环（3.5 个循环）</td></tr>
<tr><td colspan="2">更换或增减电路板</td><td>进行全部的验收试验项目②</td></tr>
<tr><td rowspan="2">只对结构状态进行更改，无元器件增删</td><td>无热控状态更改</td><td>冲击、正弦振动、随机振动</td></tr>
<tr><td>有热控状态更改</td><td>冲击、正弦振动、随机振动、热循环</td></tr>
<tr><td colspan="2">落焊</td><td>随机振动、热循环（3.5 个循环）</td></tr>
</table>

①贮存条件：温度为 10~30℃；相对湿度不高于 70%；无腐蚀性气体，无污染和通风良好的环境。
②老炼试验要求高、低温循环 100h，保证无故障发生。

9.6　替代鉴定试验

由于鉴定试验的试验量级高、试验时间长，从疲劳和磨损的观点来看，经过鉴定试验的产品剩余的疲劳寿命可能变得很低，一般不再适用于飞行，如果用于飞行可能有很高的损坏风险。

在型号研制中由于产品生产数量限制、计划进度、经费等因素的影响，不是总能提供专用的鉴定试验件，为了减少没有鉴定试验件情况下引起的风险，替代鉴定试验的策略一方面规定了如何使用一种变通的试验规则，使产品既达到鉴定目的又能够用来飞行；另一方面规定了鉴定产品用于飞行的限制使用条件。

这些替代策略对于数量有限的或小批量的飞行器及其组件是适用的。按照这些策略进行试验后用于飞行的产品，比按照标准的验收试验产品有较高的风险，因为它们没有通过对专用鉴定试验件的试验来证明该产品有多少安全余量，但这些替代策略的较高风险可部分地由加强研制试验及增大安全系数等方法来降低。

鉴定产品用于飞行的策略不改变鉴定和验收试验的基线要求，在某些情况下，如果风险能减到最小，可以将鉴定产品用于飞行。

对于鉴定试验飞行器，它是由经过组件级鉴定试验合格的组件构成的，在完成飞行器鉴定试验后，如果用于飞行，则需要对飞行器进行修整，包括对飞行器的关键组件用经过验收试验后的新组件来替换，修整后再经过飞行器级验收试验。

同样对于鉴定试验组件，如果用于飞行则需要更换关键的元器件，然后再经过组件级验收试验，一般只作为备件使用。

准鉴定试验策略是在没有鉴定试验件情况下使飞行件既经过鉴定又用于飞行的策略，准鉴定试验量级一般应低于鉴定级而高于验收级，试验时间与验收试验相同。使用该策略的风险是不知道产品具有的鉴定余量，未能正式证明飞行件具有的剩余寿命。这种策略一般在以下情况下使用：

（1）对于飞行器级产品，通常是该型号的首发产品使用准鉴定试验策略，如果该型号的后续产品技术状态没有变化，则只需进行验收试验。如果该型号的后续产品技术状态有变化，也宜考虑使用准鉴定级试验策略。该策略适用于投产数量只有一个或几个的飞行器。

（2）对于组件级产品，用在某一个型号虽然经过了鉴定试验，但用在另一个型号上时，需要对产品进行适应性设计修改（继承性为 B 类的产品），则根据更改的程度宜考虑使用准鉴定试验策略。

组件准鉴定试验应按表 2－1 进行，但做以下修改。

（1）首次飞行的组件按鉴定级冲击试验要求做试验，只是试验量级高于验收试验量级 3dB，在 3 个相互正交轴的每轴向都达到一次，后续飞行的组件按验收级冲击试验要求做试验，只是试验量级高于验收试验量级 3dB。

（2）组件随机振动和声试验应按验收级进行，只是试验量级高于验收试验量级 2dB（即均方根加速度取为验收级的 1.25 倍）。

（3）组件热真空试验应按验收级进行，只是高温端和低温端应超出组件验收温度5℃。

(4) 组件热循环试验应按验收级进行，只是高温端和低温端应超出组件验收温度5℃。

(5) 首次飞行的组件应按组件鉴定级进行电磁兼容性试验。

组件准鉴定试验，对于压力容器、压力部件、低疲劳余量的结构部件和不能重新充电的电池不适用，它们仍按鉴定试验和验收试验要求进行试验。

第10章　航天器组件力热环境试验典型设备简介

10.1　振动试验设备

根据振动产生的原理和机械结构的不同，振动台分为机械振动台、电动振动台、液压振动台、压电式振动台和磁致伸缩式振动台等，在环境与可靠性试验中经常使用的是机械振动台、电动振动台和液压振动台，尤其以电动振动台的应用最为广泛。图10－1所示为典型电动振动台系统的组成示意图。

无论是机械振动台、电动振动台还是液压振动台，一个完整的振动试验系统都包括下面4个模块：

1. 振动台

振动台是振动的执行机构。由于实施的原理不同，其可细分为机械振动台、电动振动台、液压振动台、各种类型的激振器（如电磁激振器、液压作动筒）等。根据激振的方式不同，其可分为单一垂直型振动台、垂直滑台加水平滑台的组合式振动台、双轴向或三轴向振动台及六自由振动台等。

2. 功率放大器

功率放大器是进行功率转换的部件。机械振动台是用电动机直接驱动或通过齿轮变速箱间接驱动的，无须功率转换。

电动振动台控制系统输出的信号是一种低电压、小电流的信号，依靠功率放大器转换为中等电压和大电流的功率输出，驱动绕组线圈实现大功率的机械振动。按电动振动台激振力大小，功率放大器输出的电功率从几千瓦到几百千瓦不等。早期电动振动台的功率放大器是电子管功率放大器，后来发展到大功率晶体管放大器，现在绝大多数采用开关管式功率放大器。

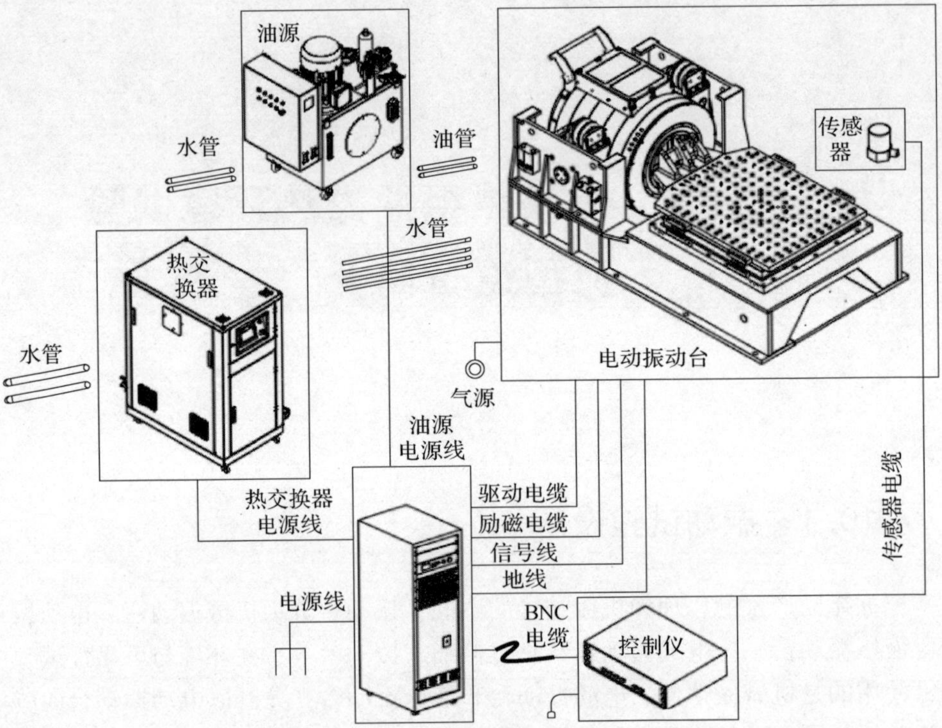

图 10－1 典型电动振动台系统的组成示意图

液压振动台控制系统的输出信号也是一种低电压、微电流的信号，经小功率电路放大后推动电液伺服阀将电信号转换为大功率的液压动力信号输出，所以液压台的功率转换装置是电液伺服阀。

3. 振动控制系统

振动控制系统是振动试验的控制中心。无论是正弦振动、随机振动，还是多种复杂波形叠加的振动，或更复杂的多维同步振动等，其振动的运动状态及振动模拟的精度等，都依靠振动控制系统进行调制和实时“均衡”。早期的振动控制是模拟式控制系统，现在则是数字控制系统。

4. 振动检测装置

振动检测装置是振动试验中判断各种“振动状态参数”量值的依据。振动检测装置实时检测（或监测）的数据反馈给振动控制系统，给控制系统判断“振动台 + 夹具 + 被试样品”当前的振动状态提供确切的信息，并据此做出修正下一步输出信号的决策和量值。因此，振动检测装置检测结果的真实性和有效性是整个振动试验结果可信度的基础和前提。

振动试验用电动式振动系统是用来产生振动（正弦或随机）激励的环境试

验设备，用于对试件进行预先规定条件的振动试验，其检验方法是质量表征的基本手段，可靠一致的检验方法是检验数据可比性的保证。衡量一个振动试验系统的主要指标[12,21]如下：

（1）正弦峰值推力；

（2）随机均方根推力；

（3）空台最大加速度；

（4）空台最大速度；

（5）最大位移；

（6）工作频率范围；

（7）最大无补偿承载能力；

（8）台面最大漏磁；

（9）移动系统的质量；

（10）移动系统一阶谐振频率横向振动比；

（11）加速度波形失真度；

（12）幅值（加速度、位移）示值误差；

（13）扫频幅度偏差；

（14）台面加速度幅值均匀度；

（15）频率示值误差；

（16）频率稳定度；

（17）扫频速率误差。

10.1.1 电动振动台

由恒定磁场和磁场中的线圈绕组（支撑在弹簧上）相互作用而产生的电磁力驱动物体运动的振动台称为电动振动台，电动振动台是目前环境与可靠性试验中用途最广、实际使用率最高的振动试验设备。

与各类振动试验设备相比，电动振动台具有很多独特的优点：

（1）频率范围宽：电动振动台低频可达 1Hz 以下，高频可达 5kHz，甚至更高；

（2）振幅较大：电动振动台的位移通常为 ±25mm，用于实施冲击试验用电动振动台的峰 – 峰值位移可达 100mm，为满足特殊的需要也可实现更长一些的峰 – 峰值冲程；

（3）激振力大：电动振动台的推力可小到几百牛，大到几十万牛；

（4）波形失真度小：可以实现各种类型的振动试验，如宽带随机、正弦 + 宽带随机、窄带随机 + 宽带随机、瞬态波形再现，等等。

10.1.2 功率放大器

功率放大器是电动振动台的功率转换和动力驱动装置，其功能有以下两项：

（1）为励磁线圈提供大功率的直流励磁电源，从而使励磁线圈成为具有高磁能积的磁体，并在与之相连接的铁磁材料及气隙中形成高强度的磁通密度。

（2）将信号源传输来的小功率的振动信号放大后输送给驱动线圈，实现大推力的振动。

根据上面的两项功能，对功率放大器有两点要求：必须具有高的传输效率。即功率放大器自身损耗很小；很小的非线性失真，即功率放大器输出信号的功率放大了，但是波形及相位必须与输入信号一致。

传统功率放大器是使用电子管或大功率晶体管的模拟式功率放大器，这类功率放大器工作时是直接对模拟信号进行放大，开关管必须工作在线性放大区，波形失真度小，但是功率损耗大，其中A类模拟式传统功率放大器的效率最低，只有25%左右。B类传统功率放大器的效率可以提高到55%左右，但失真度也随之提高很多。AB类的效率可提高到40%，波形失真较B类有所改善。但是无论采取何种措施，这类功率放大器的传输效率很难超过60%，导致无用功率转换为大量的热，给功率放大器的冷却增加很多负担。

为了提高电动振动台的传输效率，现役中绝大多数电动振动台使用开关式功率放大器，与传统功率放大器相比，开关管工作在开关状态，理论效率可以达到100%，实际使用效率也可以达到80%以上。由于开关变换器自身固有的非线性，开关功率放大器的失真通常会大于传统的工作在线性放大区的模拟式功放。但是，开关式功率放大器在要求大功率转换而且希望功耗很小的电动振动台中，有着广泛的应用。

10.1.3 120t大推力振动试验台

120t大推力振动试验台，如图10-2所示，由3台40t推力振动台组成垂直向振动试验台，由2台40t振动台组成水平向振动试验台，形成垂直向最大120t推力、水平向最大80t推力振动试验台。2021年其投入使用，突破了我国现有的单体振动台能力不足的瓶颈，是当时世界上水平推力第二大、垂直推力第二大的大推力电动振动试验台。

该设备主要承担大型空间光学载荷整机的振动试验和力学特性分析，以保证产品的结构满足实际发射时产生的振动环境要求，保证产品在经过振动环境后仍能保持应有的各项技术指标。

(a)　　(b)

图 10-2　120t 大推力振动试验台

（a）水平滑台；（b）垂直台。

1. 主要技术指标

（1）垂直向：

正弦推力：≥1200kN；

随机推力：≥960kN（RMS）；

最大速度：≥1.81m/s；

最大加速度：≥15g；

最大位移：≥41mm（峰-峰值）；

垂直加速度范围：0.5~150$\mathrm{m/s^2}$；

正弦扫频振动：0.1g 扫频 5~2000Hz；

负载 12000kg 最大加速度：6g（正弦）、4.5g_{RMS}（随机）；

负载 12000kg 最小加速度：0.05g（正弦）、0.1g_{RMS}（随机）；

最高工作频率：300Hz（正弦）、2000Hz（随机）；

最大负载：12000kg；

台面安装尺寸：内切圆直径为 5200mm。

（2）水平向：

正弦推力：≥800kN；

随机推力：≥640kN（RMS）；

最大加速度：≥20g；

加速度范围：0.5～200m/s²；

负载12000kg最大加速度：5.1g（正弦）、4.1g_{RMS}（随机）；

负载12000kg最小加速度：0.05g（正弦）、0.1g_{RMS}（随机）；

最高工作频率：300Hz（正弦）、2000Hz（随机）；

最大负载：15000kg；

台面尺寸：4500mm×4500mm。

2. 核心指标

最大正弦推力：≥1200kN；

最大随机推力：≥960kN（RMS）；

最大位移：≥41mm（峰-峰值）；

最小正弦加速度：0.05g；

最小随机加速度：0.1g_{RMS}；

垂直台面尺寸：内切圆直径为5200mm；

水平台面尺寸：4500mm×4500mm。

针对国内大型空间光学载荷的特点，为提高振动分析范围和试验的安全性，特别提出了正弦加速度0.05g，随机加速度0.1g_{RMS}的小信号要求。

3. 取得的效果

已经完成空间站多功能光学设施等多个大型空间光学载荷的振动试验和力学分析。

10.2 加速度试验设备

进行稳态加速度试验通常有两种试验设备：一种是直线加速试验机，另一种是离心加速度试验机。直线加速试验机能产生与地面、试验样品保持方向不变的直线加速度，这类试验机能保证在试验时使试验平台上的所有物体均附加相同的加速度矢量。如火箭橇，它是火箭发动机推动的一辆在平直铁轨上滑行的试验机。直线加速试验机能产生不变的加速度矢量，试验所需的加速度方向通过调整产品的安装方向来保证，直线加速试验机需要占用大量的场地，造价非常昂贵，所以试验成本高昂，若非必要通常不会采用该试验机。

离心加速度试验机通过使试验平台旋转从而产生数值不变而相对地面方向不断变化的加速度。当被试验样品固定到试验平台时，该加速度方向相对于试验样品姿态保持不变，所以对于试验样品而言，能产生与直线加速试验机相同的试验效果。不过，由于离心加速度试验机的加速度与相对转轴的位置有关，从而使被试样品不同部位会受到不同的量值的加速度，这种误差是该类试验机无法克服的，但从试验成本和试验效果等综合考虑，现在主流的稳态加速度试验基本上都采用离心加速度试验机进行。

离心恒加速度试验机有两种常见类型：一种为转盘式，适用于电子元件及微电子器件的恒加速度试验；另一种为转臂式，适用于电工电子产品部件及小型整机的恒加速度试验。

转臂式离心加速度试验机是一种转臂式结构的试验机。工作台面设在转臂两端，被试样品安装在离转轴中心具有一定距离的台面上，当转臂绕其轴线等速回转时，安装在转臂两端工作台面上的被试样品就受到一个离心加速度的作用。改变回转速度，即可获得所需的加速度值，改变样品在工作台面上的安装方向就可进行不同方向的试验。

表征离心加速度试验机的主要参数如下[22]：

（1）安装计算半径；

（2）回转速度示值和回转速度稳定值；

（3）稳态加速度容差；

（4）加速度梯度；

（5）切向加速度比；

（6）集流器接触电阻。

如图 10－3 所示的离心加速度试验机可完成有效载荷在 200kg 以下、转臂半径 3m、最大加速度 20g 的加速度试验。

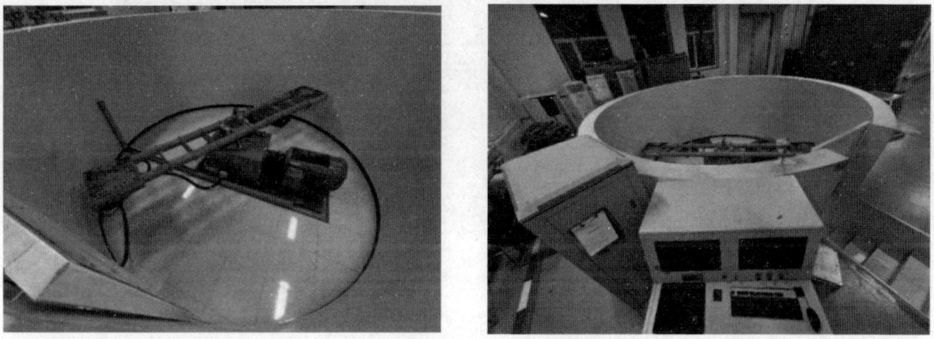

(a)　　(b)

图 10－3　200kg 离心加速度试验机

（a）俯视图；（b）侧向视图。

10.3　冲击试验设备

冲击试验设备是用于对产品施加可控的，能再现产品在运输、储存、使用中遭受冲击载荷状态的环境模拟试验设备，主要分为冲击机模拟、冲击瞬态波形模拟和冲击响应谱模拟三类设备。早期以冲击机模拟为主，随着快速傅里叶变换（FFT）、快速傅里叶逆变换（IFFT）的数字化应用，在振动台上进行冲击瞬态波形模拟得到广泛应用，近年来，能体现产品冲击失效模式及效应的冲击响应谱模拟试验更受青睐。

10.3.1 冲击瞬态波形模拟设备

冲击瞬态波形模拟是要求确保冲击试验的结果符合给定的冲击波形及基本参数（如峰值加速度、脉冲宽度）的允差要求。冲击瞬态波形模拟装置类别较多，复现单次冲击脉冲波形模拟的试验装置简称“冲击台”，复现连续多次冲击脉冲波形模拟的试验装置简称“碰撞台”。

如图 10－4 所示的自由跌落式冲击台的技术指标：

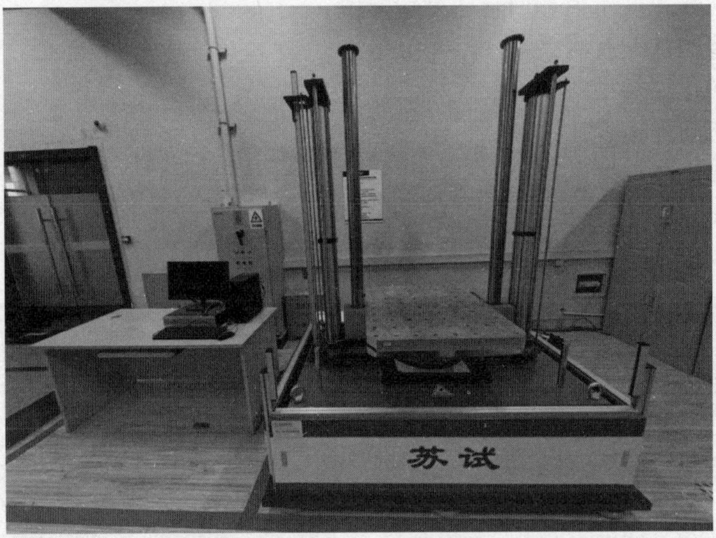

图 10－4　300kg 自由跌落式冲击台

（1）额定负载：300kg；

（2）冲击脉冲波形：半正弦波、后峰锯齿波、梯形波；

（3）脉冲形式：自由跌落；

（4）冲击峰值加速度：100～2000m/s^2（半正弦波）、150～600m/s^2（后峰锯齿波）、150～600m/s^2（梯形波）；

（5）冲击脉冲持续时间：40～3ms（半正弦波）、18～6ms（后峰锯齿波）、12～6ms（梯形波）；

（6）台面尺寸（长×宽）：800mm×1000mm；

（7）碰撞试验峰值加速度：50～1000m/s^2；

（8）碰撞脉冲持续时间：10～20ms。

10.3.2　冲击响应谱模拟设备

由于冲击响应谱模拟关注的重点是被试产品对外部冲击的响应结果，而外部的冲击方式可以是各种各样的，有摆锤式冲击响应谱试验机，也可以利用自由跌落或气动加速弹射加速式冲击试验台，更可以在电动振动台、液压振动台上实施。冲击响应谱模拟冲击机或冲击试验台是一种开环控制的方式，实现瞬态冲击波形（经典冲击）复现时，满足峰值加速度的要求是依靠提高跌落高度，减小跌落时的空气阻力（气动加速），或者是在开始跌落过程中施加外力提高碰撞时的速度（弹射加速），而满足脉宽及波形的要求是依靠缓冲器的阻尼特性。开环控制方式很难保证冲击发生后的冲击响应谱能满足谱型及试验容差的要求。所以在冲击试验台上实施冲击响应谱的模拟需要多次调整冲击试验的打击力度、接触点方位、缓冲器的形状、安装位置等去配合冲击响应谱模拟的要求。

图 10-5 所示 200kg 响应谱冲击台，是一种气动式水平冲击响应谱试验系统。该冲击响应谱试验机由气缸驱动冲击锤通过滑轨高速冲击响应台面（谐振板），响应台面根据不同的冲击能量和不同的发生器得到需要的冲击谱曲线。检测系统通过传感器采集，经分析绘制图谱直观地反映出响应台面的响应曲线图。该试验设备的主要构成包括底座、减震系统、支架、导向、气缸系统、响应台面、发生器、各个感应测试开关等。

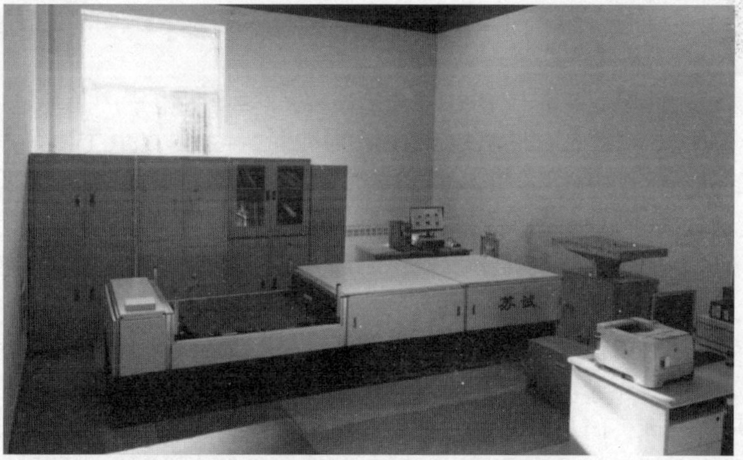

图 10-5　200kg 响应谱冲击台

减震系统可以降低系统对周边环境的振动影响，使系统在冲击试验过程中产生的能量通过减震系统自行消耗，不会对周边环境产生较大的影响。气缸提供冲击锤的动能，在精确的控制下，冲击锤产生相应的动能用以冲击响应台面，使响应台面得到激振响应，得到试验需求的谱线。支架、导向用以支撑气缸和冲击锤的直线运动，发生器与台面形成所需响应，以得到试验需求的谱线。

图 10－5 所示的冲击响应谱模拟设备技术指标：

（1）响应板尺寸：600mm×600mm（可换 800mm×800mm 工作台）；

（2）最大承载重量：≥200kg；

（3）最大冲击响应加速度（600mm×600mm）：≥100000m/s^2；

（4）最大冲击响应加速度（800mm×800mm）：≥80000m/s^2；

（5）冲击响应谱控制容差：±6dB；

（6）冲击响应谱上升斜率：6～9dB/oct；

（7）拐点频率：400～1500Hz；

（8）最大响应频率范围：10～6000Hz；

（9）测量通道：2 通道。

10.4 热循环试验设备

热循环试验设备一般选用高低温试验箱，模拟 GB/T 10589—2008《低温试验箱技术条件》，GB/T 10592—2023《高低温试验箱技术条件》，GB/T 11158—2008《高温试验箱技术条件》制造，主要为航天、航空、石油、化工、军事、汽车（摩托车）、船舶、电子、通信等科研及生产单位提供温湿度变化环境，模拟试品在温湿度变化环境条件下的适应性试验及对电子元器件的安全性测试提供可靠性试验、产品筛选等。

高低温试验箱满足标准：GB/T 2423.1—2008《电工电子产品环境试验　第 2 部分：试验方法　试验 A：低温》和 GB/T 2423.2—2008《电工电子产品环境试验　第 2 部分：试验方法　试验 B：高温》。

高低温试验箱特点：试验箱设计为整体式前后结构，箱体的前部为工作室，内有循环风道、加热器、制冷蒸发器；后部为低温制冷系统，控制面板置于箱体前部左侧。

箱体外体材料为采用优质冷轧钢板和外部结构加强件，表面经酸洗磷化处理后静电喷塑，防锈、光洁、美观。内体材料采用不锈钢板及内部加强结构件。大门采用双开门设计，门与箱体之间采用双层硅橡胶密封条，耐高温和低温，抗老化，密封性能良好。为了防止低温试验时门框和门的边沿凝露或结霜，门框和门的边沿有电热除霜装置。

电控系统：采用中文彩色液晶触摸式人机界面和高性能可编程控制器，可直接输入、显示、控制温度，搭配试验箱专用软件，控制系统采用人机对话方式，具有自动、智能、人性化的设计。控制系统采用两路输入、两路输出的控制方式，分别控制温度和湿度，可显示和设定试验参数、程序曲线、工作时间、加热器、加湿器、制冷机组、风机的工作状态。同时具有试验程序自动运行及 PID 参数自整定功能，可自动组合加热系统、加湿除湿系统、制冷系统、循环风机、超温报警等子系统工作，从而保证整个温/混度控制系统的高控制品质。

制冷系统：采用 4 台半封闭式低噪声压缩机组成的复叠式制冷机组。温度平衡方式：采用静平衡技术即“制冷过程不制热”和“制热过程不制冷”的平衡方式。配标准通用串行总线（USB）接口、RJ-45 以太网物理接口及专用通信软件一套，可实现将中央控制仪表与计算机进行远程通信管理。联机后可通过计算机对设备实现运行、温度等参数的连续监控，最大可联机 32 台设备。

设备具有良好的操作性、维护性、良好的温度稳定性及持久性、良好的安全性能、不污染环境及危害人身健康。

如图 10-6 所示的快速温变环境试验箱的主要技术指标：

(a)　　(b)

图 10-6　$8m^3$ 快速温变环境试验箱

（a）试验箱正面视图；（b）试验箱轴侧视图。

（1）工作室尺寸：2000mm×2000mm×2000mm；

（2）温度范围：-70~150℃（温度可调）；

（3）温度波动度：<0.5℃（空载，恒定状态时）；

（4）温度均匀度：<2℃（空载，恒定状态时）；

（5）温度偏差：<2℃（空载，恒定状态时）；

（6）升温速率：>10℃/min（-40~85℃，全程平均）；

（7）降温速率：>10℃/min（85~-40℃，全程平均）；

（8）噪声：≤75dB；

(9) 电压：AC 380V (1±10%)(50Hz；三相四线+接地线)；

(10) 制冷方式：水冷式；

(11) 最大安装总功率：143kW。

高低温试验箱运行技术数据均是在室温为25℃、相对湿度为85%、冷却水温为5~28℃、水压为0.2~0.5MPa的清洁淡水、试验箱空载的条件下，温度恒定2h后测得的。

10.5 真空热试验设备

上面所述的热真空试验、热平衡试验等在真空环境下开展的热试验，统称真空热试验。真空热试验所用设备的建造及使用，宜参考GB/T 32221—2015《真空技术 航天器用真空热环境模拟试验设备 通用技术条件》和GB/T 34522—2017《航天器热真空试验方法》。

10.5.1 ZM4300光学遥感器空间环境模拟试验设备

1. 设备用途

如图10-7所示，ZM4300高性能光学遥感器空间环境模拟试验设备用于模拟太空的高真空、外热流与冷黑环境，为航天光学有效载荷（光学遥感仪器）的热光学、热真空、热平衡等空间环境，以及其他航天有效载荷的各种空间环境进行模拟试验。

图10-7 ZM 4300光学遥感器空间环境模拟试验设备

2. 设备参数及系统组成

真空容器为卧式圆柱形，内径为4.3m，有效试验空间（热沉内尺寸）为$\phi3.8m\times7.2m$，容器中心高为2.8m。

设备常温空载压力≤1.3×10^{-4}Pa，极限压力≤2×10^{-5}Pa，有载压力≤1.3×10^{-3}Pa。

冷黑环境模拟试验时热沉温度小于100K，升降温速率≥1.5℃/min（热沉壁平均值）。

10.5.2　ZM3000光学遥感器空间环境模拟试验设备

1. 设备用途

如图10－8所示，ZM3000光学遥感器空间环境模拟试验设备是一种大型空间环境模拟设备，用于模拟太空的高真空、外热流与冷黑环境，为航天光学有效载荷（光学遥感仪器）的热光学、热真空、热平衡等空间环境模拟试验而设计制造，也可用于卫星及其他航天有效载荷的各种空间环境模拟试验活动。

图10－8　ZM3000光学遥感器空间环境模拟试验设备

2. 设备参数及系统组成

真空容器为卧式圆筒形，直径为3m，有效试验空间（热沉内尺寸）为$\phi2.5\text{m}\times5\text{m}$，容器中心高为（1.8±0.04）m。

设备工作压力≤1.3×10^{-3}Pa，极限压力≤2×10^{-5}Pa。

冷黑环境模拟试验时热沉温度小于100K，热循环试验时可控制温度－60～100℃，温度分布不均匀性≤±2℃（在稳定状态时）；升降温速率≥1.5℃/min（热沉壁平均值）。

10.5.3　低真空高精度光学成像质量检测环境模拟装置

1. 设备用途

如图10－9所示，低真空高精度光学成像质量检测环境模拟装置（以下简称“装置”或“ZM5600装置”）是一种大型空间环境模拟装置，具备大口径空间光学载荷热光学、热平衡、热真空环境试验能力，以及在大气、低气压、高真空环境下光学指标检测与标定作用。

图 10-9　低真空高精度光学成像质量检测环境模拟装置

2. 设备参数及系统组成

装置真空容器为卧式长方体形结构，容器内尺寸不小于 14000mm（长）×5600mm（宽）×5600mm（高），真空室内热沉有效空间尺寸不小于 13000mm（长）×5000mm（宽）×4700mm（高）。

（1）真空度指标：

①装置极限压力≤5×10^{-5}Pa（空载，热沉温度≤100K）；

②室温负载条件下，主泵抽真空 5h 后，真空度≤1.3×10^{-3}Pa。

（2）热沉指标：

①液氮制冷：空载情况下热沉壁温度≤95K，负载条件下热沉壁温度≤100K；

②气氮温度：-60～100℃温度范围可调，热沉壁温度 15～25℃，温度均匀性≤±4℃（在稳定状态时）；

③热沉内表面涂黑漆，涂黑漆热沉表面红外吸收系数 > 0.93、半球发射率 > 0.9，且在 95～373K 温度 3 年内使用不脱落。

10.5.4　立卧合一空间环境模拟试验装置

1. 设备用途

如图 10 - 10 所示，立卧合一空间环境模拟试验装置具备大口径空间光学遥感器热光学、热平衡、热真空环境试验的能力。其可用于 4m 以下口径量级航天光学载荷鉴定/验收级空间环境模拟试验任务；航天光学载荷模拟在轨测试任务；产品组件级研制阶段中空间环境模拟、测试、装调任务。

图 10 - 10　立卧合一空间环境模拟试验装置

2. 设备参数及系统组成

立卧合一低气压环境模拟装置容器系统是空间环境模拟装置的主要组成部分，由载荷室、卧式光管室、立式光管室、真空抽气分系统、氮流程分系统、综合控制与管理分系统等构成。

卧式邮箱形载荷室容器内尺寸不小于：长 20m、宽 12m，侧壁下段高 7.5m、上段顶部（为半圆形）最高 13.5m，一端为全开式大门；卧式邮箱形光管室容器内尺寸不小于：长 16m、宽 7m，侧壁下段高 4.5m、顶部（为半圆形）最高 8m，一端为全开式大门。

粗抽真空，真空室压力由大气压达到低于 10Pa 的时间不大于 200min；室温负载条件下，主抽真空单元开启（低温泵阀门开启后）400min 内，工作真空度 $\leqslant 1.3\times10^{-3}$Pa；室温空载条件下，极限压力 $\leqslant 1.3\times10^{-4}$Pa。

液氮流程：在空载情况下热沉壁温度 ≤95K，负载条件下热沉壁温度 ≤100K；气氮流程：热沉壁温度为 -100 ~ 100℃，最大允许偏差为 ±5℃；热沉壁温度为 -50 ~ 50℃时，其最大允许偏差为 ±2℃（稳定状态时）；热沉壁平均值升降温速率不小于 1.0℃/min。

10.5.5 6mφ 辐射计光学定标空间环境试验设备

1. 设备用途

如图 10-11 所示，日本宇宙航空研究开发机构（JAXA）1997 年建成的 6mφ 辐射计光学定标空间环境试验设备（简称“6m 设备”），用于在模拟空间环境条件下验证和评估空间载荷光学特性、热设计和总体性能。

图 10-11　6mφ 辐射计光学定标空间环境试验设备

2. 设备参数及系统组成

真空容器为卧式邮箱形，容积 430m³，有效使用空间（热沉内尺寸）为 6m，长为 8m。振动隔离技术是该设备的主要特色之一。6m 设备振动隔离系统包括光学平台、具有独立基础的地震厚板和振动分析系统。光学平台尺寸为 6m（长）×4m（宽），重 6.5t，共振频率高于 30Hz。

10.5.6　X 射线与低温光学检测设备

1. 设备用途

如图 10－12 所示，美国航空航天局（NASA）马歇尔飞行中心的 X 射线与低温光学检测设备（XRCF）是一台多用途低温光学检测与计量设备。

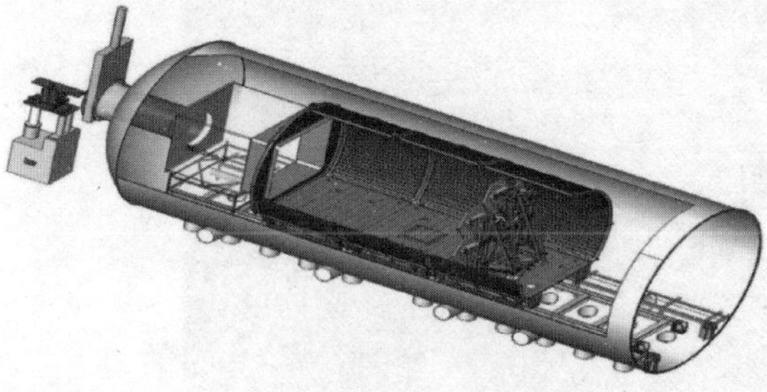

(a)

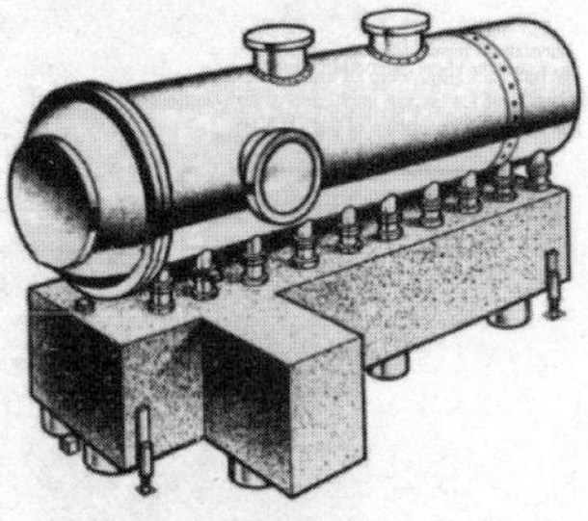

(b)

图 10－12　X 射线与低温光学检测设备（a）及其 10V 隔振系统（b）

在测试韦布空间望远镜（JWST）主镜单元面形低温形变的关键性试验中，干涉仪等光学检测仪器需放置在真空室外的大气环境。马歇尔飞行中心在 XRCF 主真空容器底端阀门处新建的钢筋混凝土独立基础上，增设了光学测试仪器平台。事实上，XRCF 载物光学平台与光学测试仪器平台处于分离减振系统，彼此不完全连接。

2. 设备参数及系统组成

XRCF 主真空容器为卧式圆柱体，内径 7.3m、长 22.8m，自 1975 年建成以来经过数次大规模的升级改造，其真空度可达 1.3×10^{-5}Pa、低温热沉温度可达 20K、垂直层流超净间洁净度达到 1000 级，真空室内配备波前测量装置及闭环控制六自由度低温转台等光学仪器。

10V 设备真空容器为卧式圆柱体，内径 3m、长 9m。隔离的 136t 惯性质量块刚性地支撑起 10V 设备的多个低温光学平台、作为一个公共隔振平台固定所有光学器件。真空室内的光学平台通过贯穿真空容器壁的立柱固定到地震质量块上，贯穿容器壁处采用膜片真空密封。

10.5.7　大型光学检测和集成现场

1. 设备用途

2008 年美国洛克希德·马丁系统公司与亚利桑那大学斯图尔特天文台合作

完成的大型光学检测和集成现场（LOTIS），用于大型光学载荷组装、集成和检测。LOTIS 包括口径达 6.5m 的水平指向平行光管、口径 1.5m 的平面反射镜自准直扫描系统等光学仪器，如图 10－13 所示。

图 10－13　LOTIS 真空容器、平行光管与隔振平台

2. 设备参数及系统组成

LOTIS 真空室为宽 12.4m、高 14.6m、长 26m 的卧式矩形容器，热沉采用去离子水循环在 15～25℃范围内精确控温。LOTIS 为大光学检测提供 1 万级垂直流动的清洁大气环境、高真空环境、理想的温度环境，以及先进的振动隔离系统。

LOTIS 振动隔离系统主要由隔振平台、气动隔振器和闭合环路控制系统三部分组成。隔振平台长 25m、宽 9.1m、高 1.1m，采用了抛光的不锈钢厚板材料和箱形梁式结构，质量达 300t，可承载质量达 110t。

10.5.8　空间环境模拟器

1. 设备用途

NASA 戈达德空间飞行中心的空间环境模拟器（SES）是 1962 年建成的大型立式圆柱体空间环境模拟试验设备，如图 10－14 所示。

2. 设备参数及系统组成

SES 容器内径 10m、高 18.3m，建造时未设置振动隔离装置；建成后因其容器结构尺寸和质量很大，无法在容器外部实施整体隔振。为满足即将开展的 JWST 集成科学仪器模块（ISIM）系统级低温真空检测和校准试验的要求，戈达德空间飞行中心在 SES 真空室内设计和安装了真空兼容气动式振动隔离系统。

图 10－14　在 SES 设备中的 JWST 集成科学仪器模块（ISIM）光学测试

10.5.9　大光学检测设施

1. 设备用途

大光学检测设施（LOTF）是俄罗斯圣彼得堡光学研究所于 20 世纪 90 年代建造的光轴垂直指向的大口径光学检测装置，如图 10－15 所示，用于模拟空间环境条件下大口径空间光学载荷的检测与试验。

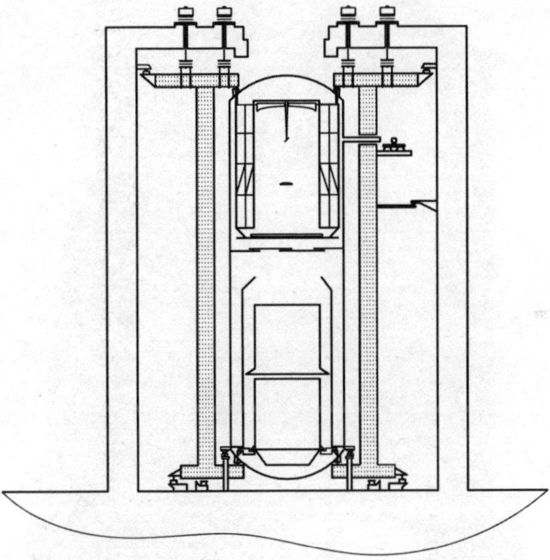

图 10－15　LOTF 光学平台结构

2. 设备参数及系统组成

LOTF 主建筑物为一个内径 56m、高 120m 的圆塔，建于一整块重 28 万 t 钢筋混凝土基础上。在圆塔建筑物内部主要包括空间环境模拟室、大口径平行光管、振动隔离系统、焦面组件、承载结构等。

LOTF 真空容器为内径 10m、高 43m 的立式圆柱体。真空室配有光轴垂直指向下方的通光口径达 1.6m（可扩展至 3.4m）的大型卡塞格林系统平行光管；可满足直径4.2m、高13m、重10t的光学载荷检测要求。高刚性光学平台围墙内设有加强肋的圆筒状壳体，内径13m、厚0.3m、高46m，总重4240t，配有振动隔离、阻尼和制动器装置。

10.5.10 约翰逊空间中心A容器

1. 设备用途

NASA约翰逊空间中心的A容器（Chamber A），如图10－16所示，是20世纪60年代美国为阿波罗登月计划而建造的特大型空间环境模拟试验装置。作为接受哈勃太空望远镜建造失误教训的结果，JWST准备进行带有集成科学仪器的全口径、系统级的最终低温光学检测。JWST结构庞大、检测与被检测光学系统复杂、实施垂直检测风险极大。因此最终低温光学检测是JWST计划初期最受质疑的检测项目之一。

图10－16　约翰逊空间中心A容器截面

2. 设备参数及系统组成

NASA约翰逊空间中心的A容器为立式圆柱体，内径19.8m、高36.6m。

10.5.11　KM7、KM7A 空间环境模拟设备

1. 设备用途

为了更好地保障导航卫星，如图 10－17 所示中国某研究院定制的 KM7 和 KM7A 环模模拟设备分别于 2009 年和 2016 年研制成功，至今为 50 余颗导航卫星开展热平衡与热真空试验任务，有力保障了北斗卫星全球组网成功。

(a)　　(b)

图 10－17　KM7 及 KM7A 空间环境模拟设备
（a）KM7；（b）KM7A。

2. 设备参数及系统组成

（1）有效试验空间（热沉内尺寸）：ϕ8500mm × 9000mm；

（2）设备工作压力：≤1.3 × 10^{-3}Pa；

（3）极限压力：≤2 × 10^{-5}Pa；

（4）冷黑环境模拟试验时热沉温度：<100K。

10.5.12　KM8 空间环境模拟设备

1. 设备用途

KM8 空间环境模拟设备，如图 10－18 所示，突破了超大型高真空密封法兰研制等多项关键技术，试验空间大、自动化程度高，截至 2024 年该设备已完成以空间站系列舱段、巡天望远镜等多个大型航天器的试验任务，为我国空间站工程任务的圆满完成发挥了不可替代的保障作用。其后续将为载人登月工程、超大型航天器研制任务等提供更加有力的支撑。

2. 设备参数及系统组成

航天器的尺寸不断增大，空间环境模拟试验设备也不断升级。为了支撑我国空间站的建造，直径达 17m、高度达 35m 的 KM8 大型空间环境模拟试验设备于 2017 年自主研制成功。

图 10－18　KM8 空间环境模拟设备

装置极限压力≤5×10^{-4}Pa（空载，热沉温度≤100K）；室温负载条件下，主泵抽真空 5h 后，真空度≤1.3×10^{-3}Pa。

热沉指标：

（1）液氮制冷：空载情况下热沉壁温度≤95K，负载条件下热沉壁温度≤100K；

（2）热沉内表面涂黑漆，涂黑漆热沉表面红外吸收系数 > 0.93、半球发射率 > 0.9。

第11章　安全措施及故障预案

航天器组件级环境试验的安全措施及故障预案，是试验规划阶段开展试验方案设计的重要内容，需在试验方案报告或试验大纲中描述清楚，并在试验全过程中落实。

11.1　环境试验阶段产品保护措施要点

众多项目均不时出现试验阶段产品受损情况，究其原因主要是安全意识不到位，安全措施不到位。各个型号、各个单位都有详细的措施，但常有落实不到位的情况发生。

安全措施，须在产品、设备、操作、测试与试验、运输等各环节全面落实。本节本着抓大放小、突出重点的原则，列举产品保护措施要点如下：

1. 产品或设备

（1）容易受损的产品或部件、部位，设计并实施专门的保护装置（护栏、护罩、保护膜、包覆层等），非必要时始终处于保护状态。可考虑在受保护部位设置临时提醒，包括注意事项或操作指示。

（2）运动机构，一旦处于非工作状态，就将其置于锁定或限位等保护状态。

（3）没有特殊要求时，临时装配可以使用工艺螺钉且不实施涂胶等防松措施。

（4）正样产品的紧定螺钉（含松不脱螺钉）及铝合金等低强度材料的螺纹，其螺钉拆解次数不能超出使用次数，原则上发射件的螺钉不存在拆解经历。

（5）需在本级产品的上级层面总装的部件，作为独立产品单独验收并做必要保护。

2. 产品工艺件

（1）随产品交付的保护装置（如连接器保护罩、入光口保护套等）、立方镜、连接器保护罩等工艺件，需发射前拆除的，须以红色为标识；

（2）不需要发射前拆除的立方镜等工艺件，作为易损件，也必须有红色保护罩，发射前只拆除保护罩；

（3）所有工艺件，都纳入“小远散”统计表中，全程统一管理。

3. 操作

（1）拧、剪、夹、焊等具体的拆装操作，均按操作规程执行，涉及力矩等有量化需求的工具时，工艺要量化，且相关工具需检定。

（2）对于非操作部位，须留出100mm以上的安全距离。不满足此要求时，须采用各方认可的特殊工艺措施。

（3）总装、测试时，对于有安全要求的，须通过实操前推演等方式使相关人员清楚了解流程、参数及安全要素及其保障措施。

（4）连接器、电缆连接前，确认连接关系和极性后，再操作。

（5）高空操作，需同时具有防跌落和多余物防护措施，人员和设备均有安全措施。

4. 测试与试验

（1）凡有电气部件的产品，原则上全程接地，测试与试验前再次确认接地良好，在对有电气部件的设备或产品执行操作人员应进行人体静电释放，操作全过程佩戴消静电手环。

（2）电源及测试工具等有极性的产品或部件，确认极性正确后，再操作。

（3）可设置参数的程控电源等设备，确认参数正确后，再启动。

（4）运动范围、运动速度等可设置参数的机构，确认参数正确后，再启动。

（5）热循环试验中，需通过试验设备或试验状态控制达到防结露或防结霜的目的。

（6）先使用工艺件试冲并确认载荷条件正确后，再对正式产品开展冲击试验。

（7）测试与试验过程中出现异常情况，按故障预案处理。

5. 实验室内部（含园区内楼宇间）搬运

（1）大于15kg的产品或部件，不能靠人力搬运，产品上要设计吊耳或吊环等起吊装置，需用地面运输车或吊车搬运。

（2）实验室间产品或零部件转运，需在包装箱等必要保护装置保护条件下，使用专用运输车或厢式货车转运；所运物品间，不能有相互摩擦、碰撞，外部电缆需排除钩挂和挤压风险，同时落实多余物防护要求。

（3）产品或大型部件起吊时，工具或吊绳不能与产品直接接触，必要时通过专用工装落实；起吊前需确认所安装螺钉等连接已拆下，并且没有挂绳、电缆等其他约束；转运过程中，允许人员直接或使用牵引绳在产品侧面牵引以减小产品晃动，但不允许处于被起吊产品或设备的下方；产品或设备到达目标位置前，须确认目标位置净空，与设计状态一致。

（4）实验室内部转运路径的设计，需满足全路径中产品和其他设备的安全和人员安全，最小安全距离为 0.5m；转运操作人员不能同时搬运和确认路径时，需安排转运指挥；吊车转运时，最大转运速度不超过 200mm/s。

（5）大型设备或产品的起吊或到位速度控制，以运输物、环境状态的特点，由吊车指挥确定。

6. 长途运输

（1）运输物无论体积或重量大还是小，均需有专用或临时包装箱，外部电缆需排除钩挂和挤压风险，运输物有良好安装和静电释放能力（必要时需有隔振、减振装置和振动监测），不能因运输振动导致产品功能或性能下降或失效，同时运输途中需满足产品或设备的温度、湿度和洁净度、防静电等要求，具体措施根据产品或设备的要求确定。

（2）采用专用飞机、火车或汽车运输，运输速度及中途搬运需满足建造规范要求。乘坐民航飞机和火车时，尽量按手提行李运送；非特殊情况或没有必要保护时，不能通过物流公司或快递公司运输产品或设备。

（3）对于没有温度控制的产品或设备处于相对低温时，开箱或进入实验室前，需确认不会产生结露现象。必要时在缓冲间内停留足够长时间后，再开箱或运送进实验室。

11.2　常见振动试验安全事故及预防措施

11.2.1　振动试验安全事故的常见错误

振动试验并不是一帆风顺的，各种错误都可能导致试验出现安全事故。以下是几种常见错误[10]：

1. 控制点选择不当

控制点选择不当是一个较常见的原因。控制点选择不当，常导致试验件整体振动量级异常，多伴有异常共振峰，时常出现组件产品不必要损坏的情况。这种现象常见于工装复杂和控制点安排在减振后的结构上的情况。工装复杂使得传递特性也较为复杂，振动传递经过复杂的路径时各处的振动量级可能差别很大，这种情况下控制点若不合适会导致风险。对于带有类减振器的结构，如果在减振后的结构或设备上安装控制点也会导致过量级。

确定控制点位置的根本原则是应与条件来源和考核目的自洽，具体情况则要具体分析。一般地说，大型试验件宜采用响应控制，尤其是夹具结构复杂的情况。如果是单台试验，一般应采取两点以上控制为宜。如细长体试验件可以在前中后安排控制点，或在与工装的不同连接点附近安排控制点。双台试验多安排在前后工装附近的试验件上，少数也有安排在需重点满足要求的舱段位置。中小型部件试验，一般控制点应布置在靠近工装与试验件连接部位的地方；特殊情况下控制点安排在其他位置，应小心调试，注意所有测点响应，有代表性测点的量级应与条件接近。

2. 控制通道错误

这个问题看似简单，但实际造成这种情况的原因有很多，有些是意想不到的。但归根结底是对控制回路的试验前检查和试验起始确认不够仔细，同时在数据判断环节犯错误造成的。常见的原因有传感器错误连接电缆，电缆标号写错，通道板看错，多台仪器并联时序号弄错，软件通道选错，等等。越是通道多而复杂的情况，越容易出现这种问题，越需要小心仔细。在不同系统间借用搬动设备也比较容易出现通道接错情况。固化系统配置，固化连接关系是一种简单好用的安全策略。

3. 物理量单位错误及物理量混淆

最常见的物理量单位错误是 g（g 表示重力加速度）和 m/s^2 的错误。这是近 10 倍的差别，弄错常会直接导致试验件破坏。振动试验发生的这种错误容易出现于正弦试验和其他一些特殊的试验，有时会以 m/s^2 的单位给出条件等。

最典型的物理量混淆，是单峰位移和峰－峰位移的混淆。条件与控制器设置需要一致。有些控制器，没有明确标识是单峰位移还是峰－峰位移，需要确认属于哪一种。

4. 控制传感器状态异常

这种情况在试验安全问题里占比较高。常见的控制传感器状态异常包括传感器与安装块连接松动、安装块与试验件连接松动、电缆破损和接头松动、接头有脏污和金属屑、接头机械损伤、传感器不绝缘。罕见的控制传感器状态异常，如传感器内部损坏的情况，其有时导致灵敏度升高或降低，外观难以发现，只能靠数据识别。

对传感器的检查应以控制传感器和限制点传感器为重点，确认状态正常。还要在低量级试振中确认响应信号正常。

5. 工装夹具设计不当

工装夹具设计不当的主要问题是，可能出现强烈的共振，给试验控制带来问题。如果不能抑制共振，将会对试验件造成过应力。

6. 驱动线异常

驱动线异常主要是指接触不良，这会导致电阻忽大忽小，造成控制信号混乱，控制不稳和过试验风险。

7. 耦合方式错误

耦合方式错误最主要的是集成电子压电效应方式和其他如 AC、DC 等耦合方式的选择错误，这也会导致数倍甚至 10 倍上的测量量级差别，也有可能导致设备出现损坏的情况。耦合方式一般不容易出错，但是在偶尔更换设备或连接方式的情况下有可能出错。

8. 控制条件错误

控制条件错误一般并不容易发生，但是在某些特殊情况下是有可能出现的：

（1）调试条件与正式条件的量级弄错；

（2）双台中，更改试验条件时只更改了一个，忘记更改另一个；

（3）在调取试验文件时，某些特殊情况导致文件选择错误。

避免控制条件错误的基本方法是，在每次单击“开始振动”按钮进行试验之前，都要对条件进行检查。

9. 未注意试验起始阶段异常信号

一个实验室只要试验足够多，则无论采取何种技术和管理措施，也无论管理措施多么严密，从统计上说，前面所说的导致安全事故的几个常见错误，一般都无法完全避免。总是会在特定情况下出现某些问题。这是客观的统计规律，这种规律的基础在于试验本身的复杂性和多样性，试验的数量和进度要求，以及人员技术、经验情况的不平衡等。

大多数原因导致的安全风险最终都会体现在试验起始阶段中的异常信号上，包括异常峰值、系统提示、驱动电压、噪声水平和声音异常等。因此，注意试验起始阶段异常信号，就成为避免前述安全问题的最后屏障。

对于很多通道都存在的峰值频率，峰值又明显较高，必须检查各个环节有无问题。

目前一般的控制器在闭环检查和均衡后，都有驱动电压提示，有的还有两次驱动电压变化的提示。各种异常最终也往往会在驱动电压有所反映。与平常经验相悖的电压范围应引起高度警惕，需排查风险环节。

声音的异常比曲线更灵敏快速，有经验的工程师往往在发现试验曲线异常之前就会听到声音的异常。但这对经验的依赖较高，并且有时不够及时。

11.2.2　振动试验安全事故的预防

对于试验人员来说，试验安全最重要的是充分认识振动试验的高风险性质，小心谨慎，不冒险。与振动相关的安全措施如下：

(1) 重点关注和检查控制通道与控制传感器，包括检查控制传感器有没有松动、噪声和增益、灵敏度、检定情况和通道的正确性等。

(2) 小增益，低起始量级。如果增益较小，起始量级较低，即便有其他错误，也不容易对试验件造成破坏。反过来，如果因为起始量级较低，增益小，导致无法起振，确认后可以逐步提高起始量级。增益小或适度，出现计算病态矩阵和大误差的概率也小。

(3) 看预期驱动电压。驱动电压应与试验条件、试验件重量和相应的功率放大器增益相匹配，感觉异常时应停止试验，排查清楚再继续。

(4) 查峰值。多数由振动过量导致的破坏，部分测点都会有远高于条件的峰值，尤其应高度重视低频段的峰值，它是很多结构受到破坏的直接原因。

(5) 听声音。某些情况声音比其他信息来得更加直接和快速，是振动量级的直观反映：①听声音的大小；②听声音是否异常。如果声音异常，应立即停止振动，进行各方面的检查。

(6) 谨慎对待系统报警，仔细核验重要设置。大多数的报警，意味着存在较大的问题。没有特殊情况或确定知道非风险性报警，都应停止振动，排查问题，尤其在量级较高的试验中，出现报警一般应立即停止。仔细核对试验条件、物理量单位等其他设置和安全事项；对陌生的设备要更加仔细地进行检查核对，并应有熟悉设备的人员参与，因为陌生设备出问题的比例也较高。

11.3 导致热试验安全事故的常见错误

1. 热循环试验的温度条件过宽

热循环试验箱，可以实现快速温度变化，确保组件产品在试验过程中达到要求的变温速度（如3~5℃/min），因此升温、降温均使用大温差驱动方式调温，因设备控制不当或设备状态异常，导致产品温度高于试验高温上限或低于低温下限，如某产品使用液氮控温的试验箱，在降温过程中因管道泄漏，液氮进入试验箱内部，产品温度被降温到-80℃左右，导致个别器件损坏。

调温初期使用大温差驱动，但接近目标温度前需适当减小温差量级，以防止试验过冲。至于设备故障问题，需通过定期保养与维护来保障。试验过程中，参试人员全程监视设备状态，也是必不可少的措施。

2. 热循环试验中产品结冰或结露

对于干燥能力不足的试验箱，在热循环试验中组件产品出现结冰或结露现象，是正常现象，但可能导致产品受污染甚至生锈。①选用降湿能力强的设备；

②对组件产品采取必要的隔湿措施，如使用塑料口袋包裹产品或封堵产品的漏气部位、对产品局部吹干燥氮气、在试验箱内部放置较产品热惯性大的陪试件等；③产品零部件选材和加工中要去除结冰或结露导致产品受损的潜在风险，如避免不锈钢表面保留淬火工艺留下贫铬层。

3. 真空热试验后发现产品表面出现污染物

这种现象多半是真空热试验过程中释放的可凝挥发物在低温条件下将产品污染了。试验过程中，产品温度低于污染源，或试验结束后回温复压过程产品温度低于热沉等设备或部件，均可能导致组件产品受污染。控制污染：一方面控制释气量大、可凝挥发物多的材料使用量；另一方面始终保证真空室内有设备（如排污冷井）或陪试件的温度低于参试产品的温度，试验准备阶段对真空容器进行清理并高温烘烤，正式试验工况开始前对产品和设备开展烘烤处理。

4. 真空热试验中加热回路或其他材料被烧坏

这种现象出现在真空热试验中，地面试验的加热回路功率过大，热量无法及时散失，导致加热器烧毁；用于模拟外热流的加热器全部或局部藏于多层隔热组件的下面，加热器或多层隔热组件因局部高温被烧毁。

合理的设计和热控实施，是解决此问题的根本措施。特别是在结构热控件的试验中，用于模拟内热源的加热回路，要控制热流密度，同时还要保证热量能散失。使用红外笼模拟外热流时，加热器不能接触或离多层组件的距离过小；使用薄膜型加热器时，加热器一定要全部处于外露状态，如果加热器在面膜内表面，更要确保多层组件不覆盖加热器。

5. 真空热试验中液氮使用量明显高于预期量

液氮用于真空热试验中，提供温度不高于 100K 的低温环境，其基本原理是通过液态氮相变为气体带走热量，而不是低温液态氮在管道内部流动，通过对流换热带走热量。1kg 液氮的相变潜热热量相当于等量液氮温升近 200℃所需的热量。因此，虽然在一定条件下适当提高液氮流量可以降低热沉的温度，但不能以对流换热为主来保证低温。有效的措施是通过适当控制液氮的压力和液量，保证大部分液氮均气化，达到最高的性价比。

11.4　试验安全措施

试验安全措施，需面向参试产品、参试设备及参试人员全方案展开，涉及试验前中后全流程，具有爆炸或辐射等特殊危险的试验，有专门的安全措施。对于一般航天器组件的环境试验，可采取如下安全措施（包含但不限于）：

（1）设备搬运，如大于 15kg 的产品或设备，需使用吊车等机械设备辅助完成，不能直接由人工搬运；

(2) 对于临时或长期放置于平面上的无突出支点的设备，放置时手指等任何部位均不能处于设备下方，避免压伤操作人员；

(3) 无论室内还是室外，转运设备均需对其有姿态稳定性保障，如使用吊车起吊大型设备时，通过拉绳在侧面斜拉设备，防止转运时设备转动；

(4) 使用吊车等起重设备对产品或设备转运时，设备下方不能停留人员；

(5) 运输设备或产品时，须对其固定，防止运输过程中移位、侧翻、跌落等，造成不必要的损伤；

(6) 长途运输时，不仅需对车辆有要求，还需有减振、保温、控湿等要求，对运输车辆的速度也要满足相关要求；

(7) 必须在产品或设备下方操作时，将产品或设备的高度提升且对其牢固固定后方可进入操作区工作，同时要求无关人员不进入操作区；

(8) 有电特性的参试产品和参试设备须有良好接地，上电操作必须按操作规范或细则落实；

(9) 力学试验中保证参试产品和参试设备有效固定，试验过程中所有人员撤离试验区，特别是主振方向所在区域；

(10) 正式冲击试验前，使用等质量的设备试冲击，将试验条件调整好后，再更换参试产品试验，避免对产品实施不必要的多次冲击；

(11) 对于高温或低温条件下需人工操作的试验，必须有防护手套等防止高温或低温烫伤的措施；

(12) 对于有光线刺激的试验，操作人员佩戴防护眼镜或面部防护罩等；

(13) 有腐蚀风险的操作，在有防护条件下使用专用工具进行；

(14) 常压热循环试验中需采取充氮气或干燥空气等措施，避免大热容设备结露甚至结冰；

(15) 在真空热循环中，通过适当措施保证参试产品的温度高于热沉或排污冷进的温度10~15℃，避免参试产品被低温污染，重点关注试验的升温段和试验工况结束后的回温过程；

(16) 对于临时使用氮气，特别注意氮气的排放，防止人员窒息。

11.5 试验故障及其预案

对于开展故障模式分析并制定故障预案，有时部分人员并不重视，理由是故障都是那些没有预料到的情况，故障预案没什么用。这理由乍一听是对的，其实正是需要通过故障预案的制定，提前做好相关准备才能避免大量的故障和大量不必要的损失，所提的故障预案越多，试验过程中再发生故障的概率就会越低。

不同的产品和设备，因其自身功能、性能及其实现方式不同，其发生故障的模式也千差万别，因此很难在本书中提出完全适用于某个产品或设备的故障预案，仅以振动试验、热真空试验和 EMC 试验的一般情况为例，进行试验故障模式描述和制定故障预案，如表 11－1、表 11－2 和表 11－3 所列。

表 11－1　振动试验的典型故障及预案

序号	故障模式描述	故障预案	备注
1	控制传感器超限，系统自动停止	• 检查传感器安装状态，若不正常，重新安装传感器； • 传感器状态正常，但单个传感器超限，调整其位置，增大其受控程度； • 若分析确认工装响应大，导致试验无法进行，移动传感器到振动台台面附近，适当修正载荷参数，在产品安装面处设置测量传感器，通过小量级试验确定工装的响应倍数，为正式试验时修正载荷参数打下基础	工装响应大的情况，尽量在试验方案及工装设计时通过增大工装刚度来规避
2	试验后产品或工装的安装螺钉松动	• 如果确认螺钉未受损，逐一紧固螺钉，继续试验； • 如果螺钉受损，分析并查明原因后，再决定继续试验或中止试验	每次随机振动后，建议检查螺钉松动情况
3	试验后工装的安装螺钉断裂	中止试验。如果试验量级正常，重新设计或更改工装，加大螺钉的规格或数量，降低连接螺钉的强度需求；如果试验量级过大，重新复核正常量级下螺钉的安全系数，同时查找超量级的原因，确认无安全隐患后可继续试验	
4	小量级预振时发现产品的响应量级超出预期	暂停试验。分析原因，确认参试产品和参试设备均正常后，方可继续试验	
5	局部频率下的试验量级不足，不满足试验容差要求	与总体及相关人员协调，适当调整试验参数，降低试验量级或提高输入参数	对于大型组件，正弦振动的低频位移段常出现此故障
6	随机振动中高频段载荷超容差	• 确认设备和产品状态正常时，与总体或相关人员协调，适当放大容差范围； • 如果设备或产品状态异常，中止试验	

续表

序号	故障模式描述	故障预案	备注
7	试验中出现异常声音	• 检查、确认声音的来源，确认与产品、设备无关后，继续试验； • 如果声音来自产品或设备，查清原因后由试验技术组决定中止还是继续试验	
8	试验中产品的螺钉松动或脱落	查明螺钉松动或脱落原因，由试验技术组制定处理措施，决定中止还是继续试验	随机振动中时有发生
9	主振方向的传感信号异常或传感器脱落	暂停试验，加强处理传感器或更换传感器后继续试验。出现二次故障时，需中止试验	
10	非主振方向的传感信号异常或传感器脱落	明确故障并确认对产品和试验考核无明显影响时，继续试验。出现故障的传感器数量≥2时，须暂停试验，加强处理传感器或更换传感器后继续试验	
11	振动过程中参试产品的部件飞出	这是严重试验事故。中止试验，排故并确认产品状态正常后再重启试验。必要时需重新开展已完成的试验项目	
12	对比振动前后的特征扫描曲线，发现共振频率或放大倍数变化超指标	暂停试验，分析原因，确认产品状态正常后方可继续试验。必要时，中止试验，必要时需进行产品状态更改，以满足其动态刚度要求	
13	振动过程中加电监视的产品，或振动后测试的产品，出现性能参数不满足要求	试验技术组制定处理措施，决定试验中止还是继续。如果继续试验，在满足考核要求前提下，可适当下调试验量级	
14	振动过程中加电监视的产品，或振动后测试的产品，出现产品功能不满足要求	中止试验。确认产品状态，适当更改其状态，通过仿真等方式确认其功能正常后再重启试验	

表 11－2　热真空试验的典型故障及预案

序号	故障模式描述	故障预案	备注
1	部分产品或产品的局部温度明显低于试验低温目标	• 在允许情况下，适当放宽相关产品或部位的试验条件。 • 对相关产品或部位增加临时加热回路，保证其温度不超差，注意：不能因加热保护妨碍温度下降。 • 对于地面参试设备，做必要的保温处理，保证其正确工作	对于机构类产品，可能因低温导致不运转情况
2	实现低温目标温度的速度过低	• 热沉温度尽量设置为低温值。 • 对产品安装扩热装置，提高其降温能力。有条件时，将产品直接与液氮热沉相连接，但需采取适当措施保证其温度条件正确。 • 在不明显影响产品的温度分布或性能的前提下，热惯性大的产品局部或整个产品处于不包覆状态。 • 关闭不必要的加热回路或有加热能力的设备。 • 在试验规范允许情况下，产品的发热单元处于最小发热功耗状态。 • 必要时与上级总体沟通，降温时关闭产品内热源	
3	产品升温速度慢	• 开启所有可能使产品升温的地面设备。 • 产品工作在大热耗状态下。 • 真空罐的热沉温度处于低于产品温度且无污染风险的最高温状态	
4	振动量级超出产品探测允许值	• 探测时段，避免人为引起振动。 • 进罐前预先设置减振、隔振装置。 • 探测时段关闭产品内部的制冷机等振源。 • 探测时段关闭低温泵等真空系统的振源	关罐前测试基础振动情况
5	产品受可凝挥发物污染	• 使用满足质损和可凝挥发物指标合格的材料。 • 试验前对真空系统、工装等进行清洗和高温烘烤；必要时，试验工况开始前，对产品进行烘烤。 • 试验全程保证产品的温度高于热沉或防污染板的温度，包括回温过程	
6	鉴定级试验条件下产品性能不满足要求	• 对于光学仪器等需要产品状态稳定性较高的产品，适当延长高温、低温停留段时间，再开展性能测试。 • 试验过程中将试验温度调整到验收级条件，再开展性能测试，但要保障产品至少在验收级条件下满足性能要求。 • 分析原因，对产品进行优化设计或排除故障，提高产品性能	

续表

序号	故障模式描述	故障预案	备注
7	产品状态不正常	• 涉及关键或重要性能的产品状态不正常，停止试验，排故完成后继续试验。 • 不涉及关键或重要性能的产品状态不正常，经试验技术组讨论决策是否继续试验	
8	产品个别加热、测温回路故障	• 切换到备份回路。 • 在不影响试验进行时，忽略该故障，继续试验，完成试验后排故。 • 利用其他回路或热沉辅助控温。 • 对试验状态有严重影响时，暂停试验，纠正后再试验	
9	真空罐内压力不达标	• 通常试验要求真空容器内部的压力 $\leqslant 1.3\times10^{-3}$ Pa，允许压力 $\leqslant 6.65\times10^{-2}$ Pa。 • 真空容器内部的压力 $>6.65\times10^{-2}$ Pa 时，需排故后再继续试验	
10	液氮流程不受控	• 试验前发现该问题，属试验设备不具备状态，须排故后再开始试验。 • 试验中如果液氮流程可以保证低温状态，且不影响的高温段试验，经判断设备状态安全状态时，可以继续试验。 • 试验中若液氮流程已经无法保证低温状态或已判断有（潜在）安全风险，停止试验，排故后再开始试验	

表 11 - 3　EMC 试验的典型故障及预案

序号	故障模式描述	故障预案	备注
1	CE102 电源线传导发射超出限值	• 在 LISN 和设备间接入 EMI 滤波器，检查测试结果是否仍超差。若无超差现象，则判定滤波器的插入损耗不够或滤波器未充分发生效能。 • 检查设备 EMI 滤波器的接地情况，滤波器的外壳是否以最短路径接地。 • 检查 EMI 滤波器的输入与输出线是否有耦合情况。若有，应将输入与输出线分隔得尽量远。 • 若在 100kHz 以下超出限值，分析开关电源的设计是否合理，必要时加装共模电感等器件	

续表

序号	故障模式描述	故障预案	备注
2	CS101 电源线敏感度测试出现敏感现象	• 检查 EMI 滤波器的安装情况。 • 在电源输入端采用合适的磁性元件	
3	CS114、CS115、CS116 线缆敏感度测试出现敏感现象	• 采用高频滤波和低频电磁衰耗相结合的抗干扰措施。 • 电源输入端采用浪涌抑制设计。 • 在电缆接入设备机箱的地方，考虑选用内部衬有磁性材料的接插件。这类接插件内除了插针、插孔的金属接触偶以外的部位都衬了高频磁性体，相当于在每根导线上都串了磁环，能够在电缆接入设备处吸收高频干扰	
4	RE102 辐射发射超出限值	• 采用近场探头等工具检测设备的主要电磁泄漏点。 • 采用屏蔽措施，测试辐射发射是否被抑制。若屏蔽措施有效，考查该措施能否在工艺上固化实施。 • 检查各连接线缆及电连接器处的电磁泄漏情况，并采取屏蔽、磁性元件吸收的方式排查故障。 • 对于 30MHz 以下频段超标，检查电源滤波是否完善	
5	RS103 辐射敏感度试验出现敏感现象	• 检查机箱的屏蔽情况，尽量保持整个机箱的导电连续性，仔细处理好机箱上的每一处接缝和开口；电缆孔、操作按钮、显示面板等是外来电场干扰窜入机箱的薄弱点，要着重注意。 • 为避免外来辐射干扰通过电源电缆进入机箱，电源电缆要有屏蔽层，而且这一屏蔽层要在机箱外部接地，不能随电源电缆进入机箱内再接地	

第12章 航天器组件环境试验大纲编写建议

结合审查某项目鉴定产品的试验大纲的编写情况，整理成本章内容，旨在提高读者特别是初涉航天产品环境试验大纲的编写者的工作效率、提高文档质量，从而保障试验准备工作的质量。

12.1 试验相关文件的规划

环境试验大纲，要求考虑以下几方面内容：

(1) 参试产品技术状态、试验工况、参试试验设备配置。

(2) 试验条件和试验要求，如试验条件容差、加载控制方式、控制点位置等。

(3) 参试试验设备要求，如设备能力、精度等。

(4) 参试产品的工作模式，如主备份切换、通/断电、内压力、工质等。

(5) 参试产品测量参数、试验数据输出格式与记录要求。

(6) 试验通过/不通过的判据。

(7) 安全性要求。

在单机、子系统、分系统层面，通常要求全面完成试验规划、试验方案、试验大纲、试验细则、试验报告（含或附加试验证明）和试验总结等六类文件。根据研制对象特点的不同，这六类文件，可以适当合并或调整，但内容不可或缺。各文件的主要内容和目的如下：

(1) 试验规划：通常需包含（不限于）试验矩阵、试验简易方案说明、试验覆盖性分析等内容。对于研制对象较简单、试验方案较常见的，可以省略试验方案说明部分的内容。

(2) 试验方案：说明某项试验的产品状态、试验状态、主要测试或试验的项目（含试验原理或方法说明、重要数据的处理等）、试验工况、主要参试设备及要求、试验场地及条件需求、参试人员/单位及分工、工程指标测试覆盖性分析等内容。当试验并不复杂时，可以将试验方案的内容直接融合到试验大纲中。

（3）试验大纲：作为试验操作的指导性文件，详细说明试验目的、参试产品状态、试验状态、试验条件、过程控制、故障预案、安全措施、试验分工等内容。通常要求每个试验项目单独编写一个试验大纲。如果多个试验项目合并到一个大纲文件中，也不能缺少相关内容。

（4）试验细则：试验操作文件，包括试验准备、试验记录及数据处理等内容。

（5）试验总结报告（或直接附加试验证明）：试验目的、产品状态、试验状态（尽量以照片为证据）、试验条件及其满足情况、过程控制情况、试验结果（数据、表格、曲线、照片等）、数据处理与分析、试验前中后发生的质量问题及其处理情况、结论。其中结论，要求详细摘要；并清楚地说明试验的时间、地点、事件等自然信息；针对所有试验目的和主要参试产品或部件，逐条写结论，明确说明试验结论，特别是要说明是否达到预先确定的目的。

（6）试验总结：研制对象所经历的全部试验的总结信息汇总，特别是要回答产品的试验覆盖性。

12.2　试验大纲的总体框架

试验大纲的总体框架，一般包括：

（1）任务来源、试验时间、试验地点。

（2）试验名称、试验性质与目的。

（3）试验内容、条件、方式、方法。

（4）参试产品的技术状态。

（5）试验系统技术状态。

（6）试验准备技术状态。

（7）测试项目、测试设备、测量要求。

（8）试验程序。

（9）两个以上单位参试时，应明确分工与质量控制要求。

（10）试验现场重大问题的预案与处界原则。

（11）安全分析与措施。

（12）质量要求与措施。

（13）技术难点及关键试验项目的技术保障措施。

（14）试验风险分析。

（15）试验结果评定准则。

（16）现场使用技术文件清单与要求。

必要时可以增加附录或特殊正文章节，如测试内容较多时，可以单独写一章“测试方案”。试验大纲文件，至少要包含以下章节：

（1）概述/前言。

（2）引用及参考文件。

（3）试验项目及试验目的。

（4）参试产品配套及产品状态。

（5）参试设备及状态。

（6）试验条件及相关要求。

（7）试验过程控制。

（8）故障预案。

（9）安全措施。

（10）试验分工。

（11）对试验报告的要求。

（12）附录。

12.3　试验大纲的各章节编写建议

1. 大纲编写的总原则或总要求

试验大纲是操作指导文件，不是试验规范，也不是操作文件，因此其编写总原则或总要求如下：

（1）不能把试验规范中的内容直接照搬地写出来，如“力学试验工装的刚度要求大于参试产品的3~5倍”是试验要求，需在工装设计时落实，在试验方案中可以作为要求提出来，但在大纲中应将已设计好的工装的基频等信息直接写出来。

（2）要把试验状态、过程控制都讲清楚，不能有二义性或不确定性，要求达到“根据《大纲》就可以写《细则》”的程度，不能存在《细则》编写人员拿着《大纲》还要找《大纲》编写者沟通确认的情况。

（3）所写内容要求在顶层管理层面上达到“可操作、可检查”。

2. 概述/前言

这部分的内容和形式，相对较自由，没有严格的要求。

建议如下：

（1）用一句话，说明参试产品及其规划的主要环境试验项目。

（2）在开展本大纲对应的试验项目前，该产品已经开展过的试验项目，其间有没有质量问题或技术状态变化。

（3）本大纲的主要内容概述。

（4）其他需要提前说明的内容。

（5）本大纲的适用阶段。

（6）根据本章的实际内容的不同，选择标题为“概述”或“前言”。

3. 引用及参考文件

这一章的内容，表面上看就是文件编号和名称集，其内容的全面性表征研制方对行业标准的掌握情况、对上级总体要求（试验规范、建造规范、产品保证要求等）的贯彻及本产品的了解程度，因此包含且不限于以下文件：

（1）行业标准和规范，包括国军标、航天标准、特殊企业标准等。

（2）型号要求，包括试验规范、建造规范、产品保证要求等。

（3）上级产品设计报告（技术状态更改报告等）、本级产品设计报告、上级和本级产品试验规划等。

（4）本产品已开展过的本项目的试验报告。

（5）其他相关报告或文件，如重要通知、会议纪要等。

注意：所有文件，均要求文件编号和名称齐全。确实没有编号的文件，须附加编写或批准日期等说明其“版本”的信息。

4. 试验项目及试验目的

首先要解决的问题不是总体强行要求各承制方开展试验，而是需要“全面验证”产品承受环境载荷的能力，从而“验证设计”合理性和正确性。每个试验项目的综合目的，都是这个，只是每个试验项目的手段或措施有所不同或侧重点不同。

在策划试验项目及量级时，还需考虑多层级试验的综合影响，在满足“全面验证”或“全覆盖”要求前提下，尽量减少试验次数或量级。另外，需考虑试验的先后顺序，必要时在试验大纲的前言或概述部分简略说明参试产品已开展的试验项目情况。

常见的环境试验项目的试验目的如下：

（1）正弦振动试验：通过正弦振动获得产品的动态特性，验证设计合理性；验证其抵抗转动机构等部件引起的定频载荷的能力。

（2）随机振动试验（噪声试验）：考核参试产品对主动段来自整流罩等部位的噪声类随机载荷的能力；验证产品及其材料、工艺的合理性。

（3）冲击试验：考核参试产品承受发射或局部解锁机构等部件产品冲击载

荷的能力；验证产品设计的合理性。

(4) 加速度试验：验证产品承受主动段准静态载荷的能力。

(5) 热循环试验：在常压条件下，通过快速温度变化等方式考核产品承受高温、低温及温度变化的能力，剔除器件、工艺等的早期失效。

(6) 热真空试验：在真空条件下，通过快速温度变化等方式考核产品承受高温、低温及温度变化的能力，剔除器件、工艺等的早期失效。

(7) 贮存温度试验（有的型号的贮存温度试验单独拆分为高温贮存试验和低温贮存试验）：考核产品在非工作状态的生存能力。

(8) 温度梯度试验（部分型号的温度梯度试验称全温度试验）：在参试产品的全工作温度范围内开展开关机、功能性能测试，筛选产品的温度敏感点。

(9) EMC 试验：测试参试产品的电磁发射特性和对干扰信号的敏感特性，全面考核其电磁兼容设计合理性及对干扰信号的承受能力。

(10) 老炼试验：通过足够长的开机工作，确保参试产品的早期失效已被筛除。

(11) 寿命试验：对于有限寿命产品或长寿命产品，要求开展寿命试验。通过寿命试验件或鉴定件，证明产品满足其设计寿命要求。

补充说明：严格地讲，老炼试验和寿命试验不是环境试验，而是可靠性试验，它们通过施加相对不太严酷的环境应力来进一步剔除早期失效、验证产品的设计寿命；反过来讲，环境试验其实都是可靠性试验，因为它们都可以归结为环境应力筛选试验（虽然某些型号的试验规范中还有专门的环境应力筛选试验）。

5. 参试产品配套及参试产品状态

参试产品（注意，它是参加试验的研制产品，不是工装、地检等设备）配套，相对较简单。如果只有一台套参试产品，则文字说明；如果一个试验项目涉及多个产品，则列表说明。产品配套信息包括（但不限于）产品名称、编号、飞行件配套数量、本状态生产数量及产品批次号、参加本次试验的产品等信息。

参试产品状态，如果是完整的正样飞行件或鉴定件，直接写用正样件、鉴定件等信息就可以了。但对于与正样飞行件有一定差异的产品，要细致说明其不一致情况，同时要说明“不一致”对试验的影响和对试验目的“无影响”。如果“有影响”，需要后续进一步补充试验，否则本试验无效。

注意：不同试验项目，对“不一致”的关注度有所不同，或者“不一致”的影响对不同试验的效果有所不同，因此对于已生产的产品，其技术状态“不一致”是固定的，但在不同的试验项目大纲中，其影响分析是不一样的。

对于有方向要求的试验项目，如力学试验，需说明产品坐标系及其与飞行器坐标系间的关系。

对于初样阶段的试验大纲，这章的产品状态是大纲的重点；对于方案阶段的试验，通常其目的是验证“可行性”，参试产品状态简单叙述，不必回答与正样飞行件的一致性，因为正样状态还没有完全确定。

6. 参试设备及状态

本章重点说明参试设备及参试方案，包括设备之间的连接关系（建议使用系统构成图表示）及其注意事项等。参试设备信息的策划，有利于清理需求并提前准备相关条件。

参试设备（含专用电缆、通用电缆），建议列表说明，包含（但不限于）设备名称、设备编号、设备规格、生产厂家、计量设备有效期、设备需求数量等信息。

对于需要设置传感器、工装等部件或设备的试验项目，在本章说明有关信息，包括传感器名称、编号、型号、通道号、安装位置等。涉及新研电缆的试验项目，其连接器节点分配信息建议通过附录给予说明。

7. 试验条件及相关要求

试验条件，包括一般要求，通常是力、热、电磁的载荷条件容差及具体的试验条件。

试验条件，在编写试验大纲前，已经是确定的信息，直接抄写到大纲中就可以。

对于正弦振动试验和随机振动试验等可能存在安全问题的试验项目，在试验条件说明中，可以给一个现场调整的机会：“必要时，可以通过下凹或响应限幅等方式在特殊频段适当降低试验条件”。该调整项，从管理层面需各方认可，建议采用试验条件更改单记录。

确定热真空试验和热循环试验的条件，不同项目的要求有所不同，常见办法如下：

（1）简单地统一，如“电子产品的鉴定级条件是 -35~70℃，验收级条件是 -25~60℃”；舱外无热控产品，鉴定级温度试验条件为 -100~100℃。

（2）根据 IDS 表中热表单的工作温度外推，鉴定级高温、低温外推 10℃、验收级外推 5℃。另外，也有鉴定级外推 15℃的项目。

（3）热真空试验和热循环试验等项目的试验条件，高温、低温均有 4℃的允许偏差，建议将目标温度直接外推 2℃，更改允许偏差为 ±2℃。环境试验条件的允许偏差，如表 12 -1 所列。

表 12－1　环境试验条件的允许偏差

序号	试验参数		试验条件的允许偏差
1	温度	低温	$(T_{-4}^{\ 0})$℃
		高温	$(T_{\ 0}^{+4})$℃
2	相对湿度		±5%
3	加速度		0～10%
4	静载荷和工作压力		0～5%
5	热平衡、热真空试验压力	>133Pa	±10%
		0.133～133Pa	±25%
		<0.133Pa	±80%
6	试验持续时间		0～10%
7	振动频率		±2%
8	正弦振动加速度幅值		±10%
9	随机振动功率谱密度	频率范围　最大控制带宽	
		20～100Hz　10Hz 或者更窄	±1.5dB
		100～1000Hz　中心频率的 10%	±1.5dB
		1000～2000Hz　100Hz	±3.0dB
		随机振动总均方根加速度值	±1.0dB
	为了估计允许偏差，可以将控制带宽合并，统计自由度至少为 100		
10	声压级	1/3 倍频程中心频率	
		31.5～40Hz	±5.0dB
		50～2000Hz	±3.0dB
		2500～10000Hz	±5.0dB
		总声压级	±1.5dB
	统计自由度至少为 100		
11	冲击响应谱（峰值绝对加速度，$Q=10$）	谱分析频率间隔为 1/6 倍频程	
		≤3000Hz	±6.0dB
		>3000Hz	－6.0～9.0dB
	至少有 50% 的谱值应大于额定试验规范值		
12	电磁兼容性		±3.0dB

其他技术要求：

（1）具有电特性的参试产品，在试验过程中要求良好“接地”。

（2）在试验中外部环境、操作、安全等方面的要求，如“控制多余物”要求、火工品安全、起吊运输、通断电源灯。如果有相关规范，也应引用，如《××污染与多余物控制要求》等。

8. 试验过程控制

对于热真空、热循环这样的试验，总体规范就已经规范了主要试验流程，但对于过程控制的细节，需在大纲中落实，需特别明确的事项（不限于）如下：

（1）试验温度，是指参试产品自身的温度，不是“环境温度”。

（2）除冷热启动前断电，试验过程中全程开机；加电设备或部件需在大纲中明确。

（3）温度稳定时间，试验规范中有温度稳定判据标准和固定时间标准两种办法确定温度稳定时间，根据产品特点和试验团队特点，在大纲中明确。

（4）在低温段和高温段，需模拟参试产品在轨状态并开展功能、性能测试。对于不常开机设备、单次开机时间较短的设备，在大纲中明确开机测试时机和次数。

（5）对于鉴定条件下性能测试超差的产品，可调整到验收级条件再测试，如果性能测试不再超差，产品性能满足要求。

（6）热真空、热循环的低温段和高温段持续时间，计入老炼试验有效时间。

（7）在大纲中提醒，力学试验过程中做好试验过程中的检查，如测点的检查、螺钉有无松动的检查、控制测量数据完整性的检查、结构状态有无改变的检查等。

对于力学试验，重点要落实试验内容及试验方向。对于鉴定产品的鉴定级力学试验，建议中间插入验收级试验，且先完成三个方向的验收级试验，产品测试无问题后，再开展鉴定级试验。

9. 故障预案

故障预案的编写，重点落实“有针对性”，虽然试验规范或总体要求已经有部分预案，但总体上讲相对比较通用，在具体试验项目大纲编写时注意以下几方面内容：

（1）通用的预案，留下可用、适用的，其他部分去掉。

（2）结合参试产品和参试设备的特点，从产品、工装、设备、基本条件、试验过程等方面提出针对性故障预案。

（3）故障预案，要有操作性和实现性。

10. 安全措施

从设计、操作、试验、转运各方面，逐项提安全措施。有关安全措施，参见本书第11章。请注意，这不是对付读者的“八股文”，如果安全出了问题，特别是参试产品和人员的安全出了问题，还谈什么质量？举几个例子，作为参考。

（1）在热平衡试验中“早上3：00~7：00之间，不切换工况”。

（2）真空热试验中，始终保证热沉的温度较参试产品的温度低10℃以上。

（3）正弦振动和随机振动试验中，加速度传感器的导线，需绝缘并临时可靠固定。

（4）热偶等不直接绝缘的传感器，粘贴表面预先作绝缘处理。

11. 试验分工

试验分工，不仅有推进试验项目的技术需求，还有审价、审计等管理需求。

要求试验项目各责任单位均要参加，操作岗需双岗。提前策划，责任到单位甚至个人，避免临时找人沟通落实。

12. 对试验报告的要求

在试验大纲中，本章节至少写如下几方面要求：

（1）试验概述。

（2）试验项目及其过程控制。

（3）主要数据（包含照片等证据）。

（4）试验结果分析（如有故障，应包含处理方法）。

（5）试验结论。

13. 附录

附录的内容规划，自由度较大，凡是不适合在正文中出现的信息，都可以在附录中落实，建议包含以下内容：

（1）性能测试项目说明：包括测试项目、方案、记录表等内容。在记录表中，明确测试参数的合格判据。内容较少时，可以直接转移到正文中。

（2）设备及电缆网的连接关系。

（3）试验专用电缆的连接器接点分配表。

（4）其他需求补充说明的内容。

第13章 航天器组件环境试验总结报告编写建议

航天器组件环境试验总结报告是一个重要的文档，需要清晰地总结试验的目的、方法、结果和结论，其报告的内容一般包括：

（1）试验依据、目的、条件、内容、要求。

（2）试验过程控制情况。

（3）试验结果分析与评价。

（4）故障分析及处理意见。

（5）试验结论。

（6）存在的问题及改进意见。

（7）其他。

以下是航天器组件环境试验总结报告的一些编写建议。

13.1 报告结构

1. 概述

（1）简要介绍试验的目的和重要性。

（2）说明试验的背景（包含前期试验履历）和前提条件。

（3）该述试验所涉及的航天器组件。

2. 试验目的和方法

（1）详细描述试验目的和预期结果。

（2）解释所采用的试验方法、工具和设备。参试产品及参试设备，主要信息可以从试验大纲移植过来，建议增加试验现场及产品、设备照片等记录信息，信息尽量全面。

（3）说明试验执行的步骤和过程，其中试验条件部分直接写清楚试验的控制曲线或参数，需回答是否“满足大纲要求”，包括参数及其偏差允许量。

3. 试验结果

（1）提供收集到的数据、观察结果和分析。试验数据不多时，可以直接使用试验记录原件。

（2）使用表格或图片支持结果的表达（注意：正文和图表均需有独立的可读性。图表中要有适当的标注，正文中要将作者拟在图表中表达的信息、思想直接用文字写出来，不能仅仅使用“××内容如图×所示”就收笔了）。

（3）对结果进行客观分析和解释，对比产品的设计要求，说明所得结果的任务满足度，对于不合格的项目，需说明原因并提出后续改进措施、计划等。

4. 讨论与分析

（1）分析结果并将其与预期结果进行比较。

（2）探讨可能的异常结果或意外发现。

（3）讨论试验中发现的任何问题或局限性。产生质量问题并开展归零工作[23]的，在总结报告中简述归零活动及归零措施落实情况。

5. 结论

（1）简明扼要地总结试验的主要内容、关键结果等，针对“试验目的”逐条说明是否达到了试验考核目标，同时针对各参试产品或主要部件说明其试验结论。

（2）强调对航天器组件的环境适应性的评估。

（3）提出进一步研究或改进的建议。

13.2 写作建议

写作过程中，有以下几点要求或建议：

（1）清晰简明：使用清晰、简洁的语言表达，避免使用过多的行话或术语。

（2）数据支持全面：用数据和事实支持结论，附上插图、表格更有说服力。

（3）客观性：在结果和分析中保持客观，避免主观假设或推测。

（4）准确性：报告中的数据和信息要准确无误，审查确认数值和内容的准确性。

（5）结构清晰：使用标题、段落和编号，确保报告结构清晰，方便阅读和理解。

（6）内容合理：所写的内容，应该是用于总结的，不能简单地把大纲的内容直接抄写过来，即使是试验条件部分，也需要在给出试验条件的同时，给出试验过程的温度曲线、加速度控制曲线等输入信息，并给出“满足大纲的试验条件要求”的结论。

（7）规范格式：遵照研制单位的文件模板的格式要求，确保报告符合相关的标准。

（8）结论全面：将结论部分写成摘要 + 结论，写成较详细的摘要，同时突出结论部分。这样的结论，可以给读者清晰的全貌，在写更高层次的文件或报告时，可以直接抄录试验总结部分就可以了，效率极高。最简洁的结论，只有“通过试验考核”6 个字，虽然在本报告中显示出高效率的效果，但是仅仅看结论时，没有任何营养。

13.3　编写过程

（1）数据整理：整理收集到的数据，当数据量很大时，可只选择具有代表性的和关键的数据加入报告中。

（2）结论优先：着重写结论，这有助于在撰写报告的过程中突出重点。

（3）反复审查：多次审查和修改，确保报告中的逻辑、内容和语法没有问题。

编写航天器组件环境试验总结报告，需要一定的专业知识和技术经验。如果可能，最好由参与试验的人员参与报告的编写，以确保报告的准确性和专业性。

参考文献

[1] 杨晓宁，杨勇．航天器空间环境工程［M］．北京：北京理工大学出版社，2018.
[2] 黄本诚．航天器空间环境试验技术［M］．北京：国防工业出版社，2002.
[3] 向树红．航天器力学环境试验技术［M］．北京：中国科学技术出版社，2010.
[4] 国防技术工业委员会．运载器、上面级和航天器试验要求：GJB 1027A—2005［S］．北京：国防科工委军标出版发行部，2005.
[5] 中国航天工业总公司．航天产品可靠性保证要求：QJ 1408A—98［S］．北京：中国航天工业总公司，1995.
[6] 王家骐，金光，杨秀彬．光学仪器总体设计［M］．北京：国防工业出版社，2022.
[7] 刘志全．航天器机构的可靠性试验方法［J］．中国空间科学技术，2007，27（3）39－45.
[8] 中国航天工业总公司．航天产品环境应力筛选指南：QJ 3138—2001［S］．北京：中国航天工业总公司，2001.
[9] 克里斯蒂安·拉兰内．正弦振动［M］．吴飒，叶建华，译．北京：国防工业出版社，2021.
[10] 杨蔚原，任杰安．振动试验技术疑难解析［M］．北京：中国宇航出版社，2023.
[11] 柯受全．卫星环境工程和模拟试验［M］．北京：中国宇航出版社，1996.
[12] 胡志强，法庆衍．随机振动试验应用技术［M］．北京：中国计量出版社，1996.
[13] 国家市场监督管理总局，国家标准化管理委员会．环境试验设备检验方法　第22部分：声振试验用混响场试验设备：GB/T 5170.22—2024［S］．北京：中国标准出版社，2024.
[14] 闵桂荣．卫星热控制技术［M］．北京：中国宇航出版社，1991.
[15] 中华人民共和国国家质量监督检验检疫局，中国国家标准化管理委员会．航天器热真空试验方法：GB/T 34522—2017［S］．北京：中国标准出版社，2017.
[16] 中国航天工业总公司．卫星热真空试验方法：QJ 1446A—98［S］．北京：中国航天工业总公司，1998.
[17] 中华人民共和国国家质量监督检验检疫总局，中国国家标准化管理委员会．航天器用真空热环境试验设备通用技术条件：GB/T 32221—2015［S］．北京：中国标准出版社，2015.
[18] 谭维炽，胡金刚．航天器系统工程［M］．北京：中国科学技术出版社，2009.
[19] 国家市场监督管理总局，国家标准化管理委员会．航天器热平衡试验方法：GB/T 34515—2017［S］．北京：中国标准出版社，2017.
[20] 石进峰，吴清文，黄勇，等．空间相机热平衡试验温度预测方法改进及应用［J］．中国空间科学技术，2013（1）：45－52.

[21] 国家市场监督管理总局，国家标准化管理委员会．环境试验设备检验方法　第 14 部分：振动（正弦）试验用电动式振动系统：GB/T 5170．14—2023［S］．北京：中国标准出版社，2023.
[22] 国家市场监督管理总局，国家标准化管理委员会．环境试验设备检验方法　第 16 部分：稳态加速度试验用离心机：GB/T 5170．16—2018［S］．北京：中国标准出版社，2018.
[23] 李京苑．归零：中国航天质量的核心方法［M］．北京：首都经济贸易大学出版社，2020.